超高比能量锂氟化碳一次电池

王希文　主编

科学出版社

北　京

内 容 简 介

一次电池是国民经济和国防建设不可缺少的能源支柱之一，其中作为目前比能量最高的一次电池体系，锂氟化碳一次电池以其比能量高、安全性好、自放电低等显著技术优势，越来越引起国内外学者和行业专家的高度重视。本书系统介绍了锂氟化碳一次电池的特点、研究现状和需要关注的问题，针对锂氟化碳一次电池的主要组成部分——正极、负极、电解质等进行了详细的分析，阐述了锂氟化碳一次电池的制备及计算、表征方法，概述了锂氟化碳一次电池的工程应用情况，探讨了锂氟化碳一次电池的发展方向。

本书内容翔实、图文并茂，同时考虑了学术界和实业界的不同关注点，既有学术性描述，满足学生和老师的需求，又讲述了实用性工艺和应用，对锂氟化碳一次电池学术研究及产业发展均将起到极大的推动作用。

本书可供高等院校电化学专业学生、教师、化学电池研究及开发工程师、一次电池供电系统开发者、远程控制终端和物联网终端设备设计者等学习参考。

图书在版编目(CIP)数据

超高比能量锂氟化碳一次电池 / 王希文主编. 北京 : 科学出版社, 2024. 6. -- ISBN 978-7-03-078744-6

Ⅰ. TM911

中国国家版本馆 CIP 数据核字第 20240XT028 号

责任编辑：杨新改　霍志国 / 责任校对：杜子昂

责任印制：赵　博 / 封面设计：东方人华

科学出版社 出版

北京东黄城根北街 16 号

邮政编码:100717

http://www.sciencep.com

涿州市般润文化传播有限公司印刷

科学出版社发行　各地新华书店经销

*

2024 年 6 月第　一　版　开本：720×1000　1/16

2025 年 1 月第二次印刷　印张：12

字数：242 000

定价：118.00 元

（如有印装质量问题，我社负责调换）

作者简介

王希文　中国电子科技集团有限公司中电科蓝天科技股份有限公司副总工程师，研究员。先后担任天津市青年联合会委员、中国电子工业标准化技术协会常务理事、部委电子元器件标准化技术委员会委员、国家国防科技工业局科研生产许可证审核专家、部委电能源专业组成员。

大学毕业后一直从事电能源的开发和管理工作，先后主持国家“863 计划”电动汽车重大专项 2 项，国家重大工程 1 项，部委创新特区重大项目 1 项、一般项目 3 项，部委电子元器件预先研究 10 项。科研成果先后荣获中国电子科技集团有限公司科技进步奖特等奖 1 项，国防科技进步奖二等奖、三等奖各 1 项，军队科技进步奖二等奖 1 项；先后在 *Rare Metals*、*Materials Letters*、《电源技术》、《可再生能源》等期刊上发表论文 10 篇。个人先后荣获中国电子科技集团有限公司“五一”劳动模范、天津市国防工业系统“五一”劳动奖章。

从 2014 年以来，围绕工程应用急需，开展了锂氟化碳一次电池及系统应用研究。通过研究，揭示了氟化碳材料与锂氟化碳一次电池的构效关系，提出了改善氟化碳材料比能量的有效方法，展示了提高锂氟化碳一次电池功率特性的可能途径，解决了困扰全球行业界的锂氟化碳一次电池膨胀难题，推动了锂氟化碳一次电池的工程化应用。开发的 10Ah 级能量型锂氟化碳一次电池比能量高达 1116Wh/kg（2021 年），是当时全球范围内报道的最高水平。

前　言

锂氟化碳一次电池是目前已知比能量最高的电池体系之一，具有比能量高、安全性好、自放电率低等突出优点，得到了全世界学者和业内专家的高度关注，其工程化已经拉开序幕，随着研究的深入和工艺技术的成熟，锂氟化碳一次电池必将在国民经济和国防建设中起到重要的支撑作用。

本书重点围绕锂氟化碳一次电池的技术进步和应用需求，从基础研究到工程化技术，详细阐述了锂氟化碳一次电池的正极材料、负极材料、电解质材料等关键材料的物理化学特性、研究现状和技术发展方向以及不同种类电池的制备方法，讲述了锂氟化碳一次电池的计算方法和理论以及物性表征方法，介绍了锂氟化碳一次电池的应用情况和前景，重点提出了锂氟化碳一次电池的技术发展方向。

本书的撰写是集体智慧的体现。王希文研究员主笔并负责统稿工作，天津大学李瑀教授、电子科技大学简贤研究员、中国电子科技集团有限公司第十八研究所王松蕊研究员、中国科学院福建物质结构研究所岳红军研究员以及天津蓝天特种电源科技股份公司的王伯良高工、张冠军高工、白宝生高工等分别负责部分章节的编写工作。在本书成书过程中，得到陈志娟工程师、刘一凡副研究员、张如定副研究员、研究生徐航、范涌等的大力协助，在此一并表示感谢。同时，感谢厦门中科希弗科技有限公司对本书出版的支持。同时，感谢厦门中科希弗科技有限公司对本书出版的支持。

锂氟化碳一次电池是一个既古老又新兴的电池体系，经过一段发展停滞期后，近几年呈现出蓬勃发展的趋势，具有良好的发展前景。本书是全球第一部关于锂氟化碳一次电池的专著，加上编者学识有限，书中难免存在疏漏之处，还请广大读者批评指正。

编　者

2024 年 4 月

目　录

第 1 章　锂氟化碳一次电池概述

1.1　一次电池发展史

1.1.1　一次电池的起源

电池已经广泛应用于人们生活和工作的方方面面，成为人们生活和工作必不可少的一部分。电池是将化学能、太阳能、热能等能量转化成电能的装置，根据能量转化过程，一般可将电池分为物理电池和化学电池两大类。化学电池是将化学能转化成电能的装置，根据充放电特性，可将化学电池分为一次电池（原电池）和二次电池（蓄电池）等。一次电池只能一次使用，不能进行充放电。1800 年，伏特发明了世界上第一个电池——伏特电堆，就是一次电池，而二次电池一直到 50 年后才由法国人普兰特发明。一次电池自发明以来，技术发展迅速，产品种类繁多，逐步形成了碳性一次电池、碱性一次电池、锂一次电池、贮备式一次电池等系列。

一次电池的起源可以追溯到 18 世纪末期，当时意大利生物学家伽尔瓦尼（Luigi Galvani）进行并记录了著名的青蛙实验：当他用刀尖触碰蛙腿上外露的神经时，蛙腿剧烈地痉挛，同时出现电火花。意大利科学家伏特（Alessandro Volt）认真分析了这种现象并认为这是金属与蛙腿组织液（电解质溶液）之间产生的电流刺激造成的。基于此认识，伏特进行了深入的研究，并于 1800 年 3 月 20 日宣布发明了伏特电堆（图 1.1）——世界第一个化学电池原型[1]。伏特的电池由锌作为阳极，银作为阴极，中间是吸满饱和电解质的隔离纸。为了纪念伽尔瓦尼，伏特还把伏特电堆叫作伽尔瓦尼电堆，引出的电流称为伽尔瓦尼电流。

伏特电堆的电极反应方程式如下：

正极：$2H^{+}+2e^{-} \longrightarrow H_2$　　(1-1)

负极：$Zn \longrightarrow Zn^{2+}+2e^{-}$　　(1-2)

1836 年英国的丹尼尔（John Daniell）在伏特电堆的基础上发明了全球第一个实际应用的电池，即著名的丹尼尔电池，丹尼尔电池有现代化学电池的基本形式（图 1.2）[2]。这个电池的阴极其实是铜片插在硫酸铜溶液中，阳极是锌片插入硫酸锌溶液中，两个溶液之间由多孔隔膜（如素瓷片）隔开。这个电池在早期用于铁路上信号灯和电报网络的电源。

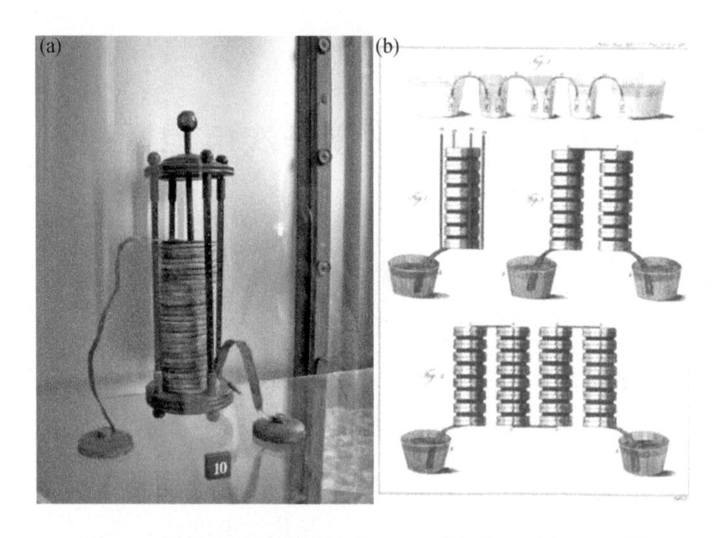

图 1.1 伏特电堆实物图片（a）及其结构示意图（b）[1]

丹尼尔电池的电极反应方程式如下：

正极：$Cu^{2+}+2e^{-}\longrightarrow Cu$ (1-3)

负极：$Zn\longrightarrow Zn^{2+}+2e^{-}$ (1-4)

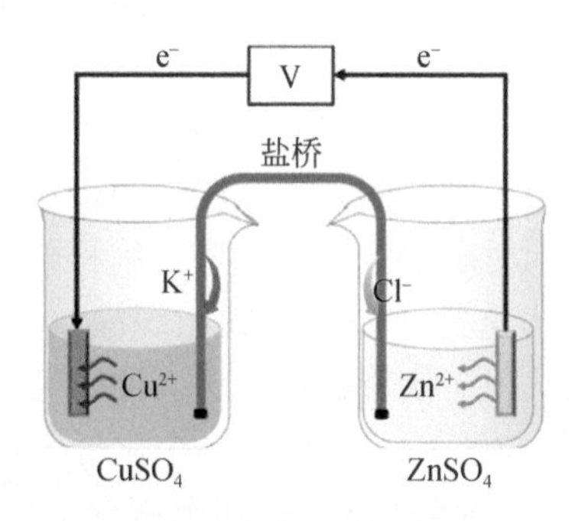

图 1.2 丹尼尔电池示意图[2]

1866 年法国科学家勒克朗谢（Georges Leclanche）发明了锌锰电池，他将二氧化锰装入作阴极，以锌为阳极，氯化铵溶液作电解质，这个电池在电池发展史上是一个重大的转折，这种类型的电池延续使用至今。

1888 年德国科学家加斯纳（Carl Gassner）将淀粉加入氯化铵中，制成浆糊状，发明了新型锌二氧化锰电池。从此锌锰电池就成为“干电池”，构建了第一个商业上成功的“干电池”，这使得电池使用起来更加安全，并且它们最终可以用于便携式设备，而无需担心电解液或各种有毒蒸气泄漏到电池外壳之外。“干电池”的发明导致20世纪初手电筒的发明，使“干电池”的应用深入到广大民众的生活之中。

1.1.2 一次电池的发展

以锌锰电池为主的一次电池的商业化应用，极大方便了人们的生活，同时推动了各种便携式用电器的发明。但随着人们对新型便携式用电器的功率和工作时间要求的不断提高，同时军事、航空、医药等领域也对电源提出新的要求，而当时的电池已不能满足对电池能量密度的需求，人们迫切需要一种更高比能量的一次电池；特别是20世纪中叶的石油危机，迫使人们去寻找新的替代能源，极大地推动了新体系高能电池的研发。科学家为了进一步提高电池的比能量，将目光聚焦到以锂为负极的一次电池研究上。从20世纪中叶开始，锂氟化碳电池、锂二氧化锰电池、锂碘电池等不同类型的一次电池陆续登上历史舞台，开辟了高能锂一次电池的新时代。

锂一次电池的分类十分复杂，一种方法是按正极材料的主要成分来分类，如锂氟化碳电池、锂二氧化锰电池、锂碘电池等；另一种方法是按所选电解质的性质来分类，可分为以下四类：锂有机电解质电池、锂无机电解质电池、锂固体电解质电池、锂熔盐电池。

目前商品化生产的锂一次电池有：锂氟化碳一次电池（Li/CF_x）、锂碘电池（Li/I_2）、锂二氧化锰电池（Li/MnO_2）、锂亚硫酰氯电池（$Li/SOCl_2$）、锂二氧化硫电池（Li/SO_2）、锂五氧化二钒电池（Li/V_2O_5）、锂氧化铜电池（Li/CuO）等。

随着社会的进步和科学技术的发展，智能化、移动式、便携式用电器越来越普及到人们生活和工作的方方面面，一次电池需求巨大，但已有的一次电池还不能满足各行业和消费者对电池比能量、温度适应性、输出功率特性、安全性能等要求。锂一次电池具有先天的高比能量特点，近几年，各国均非常重视新型锂一次电池的开发工作，从正极材料改善、负极处理、电解液优化等方面开展了卓有成效的研究，取得了世人瞩目的研究成果，电池的比能量不断提升，特别是近几年锂氟化碳一次电池的比能量已经达到创纪录的1116Wh/kg，让人类进入了kWh/kg的电池时代。

1.2 锂氟化碳一次电池简介

1.2.1 锂氟化碳一次电池发展历史

锂氟化碳一次电池是世界上第一种以锂金属为负极的一次电池，它的出现标志着高能锂一次电池时代的到来。氟化碳锂一次电池的发明是锂电池发展史上的一件大事，不仅因为它实现了锂一次电池的量产，全面提升了商品化电池的能量密度；还在于它第一次将“嵌入化合物”引入到锂电池设计中，而“嵌入化合物”概念的引入推动了锂系列电池的发明，具有里程碑式的意义。

1817 年，瑞典化学家贝齐里乌斯的学生阿尔费特森在分析透锂长石时，最终发现一种新金属，贝齐里乌斯将这一新金属命名为 lithium，元素符号定为 Li。但由于锂金属化学性质过于活泼，很难在常态下制取，直到 1893 年锂才实现工业化制备。

科学家通过对锂金属特性的深入研究，很快意识到它的理化性能决定了它是天生用来做电池的材料。锂金属密度低（0.534g/cm^3）、容量大（3860mAh/g）并且电势低（-3.04V 相对于标准氢电极），是理想的电池负极材料。但是锂金属本身化学性质过于活泼，与水就能发生剧烈反应，对操作环境要求很高，因此在当时的条件下，用锂做负极制作电池还停留在梦想中。但锂金属的独特诱惑力还是吸引了众多科学家为梦想而战，积极寻找着能用于锂负极电池的非水电解液。例如高氯酸锂 $LiClO_4$的碳酸丙烯酯（PC）电解质等有机电解液。

1913 年，美国麻省理工学院的刘易斯（Gilbert N. Lewis）教授在美国化学学会会刊上发表“The potential of the lithium electrode”论文，首次系统阐述和测量金属锂电化学电位，被视为最早的系统研究锂金属电池的工作之一[3]。

1958 年，哈里斯（William Sidney Harris）在他的博士毕业论文中提到把锂金属放在不同的有机酯溶液中观察到一系列钝化层的生成（其中包括锂金属在高氯酸锂 $LiClO_4$的碳酸丙烯酯（PC）溶液中的钝化现象，而这个溶液正是日后锂电池中的一个重要的电解液体系），并且观察到一定的离子传输现象，于是基于此做了一些初步的电沉积实验。历史证实这些实验引领了之后锂电池的发展[4]。

1965 年，美国国家航空航天局（NASA）对 Li ‖ Cu 电池在高氯酸锂的 PC 溶液等电解液体系中的充放电现象进行了深入的研究，其中就包括对 $LiBF_4$、LiI、$LiAlCl_4$、LiCl 的研究，这个研究引发了人们对有机电解液体系的极大兴趣。

1969 年，有专利显示有人已经开始使用锂、钠、钾金属尝试商业化有机溶液电池。

1970 年，日本松下电器公司与美国军方几乎同时独立合成新的正极材料——氟化碳。松下电器成功制备了分子表达式为（CF_x）$_n$（$0.5 \leqslant x \leqslant 1$）的结晶碳氟化物，将它作为锂电池正极[5]。美国军方研究人员设计了（C_xF）$_n$（$x=3.5$，7.5）无机锂盐+有机溶剂电化学体系，用于开发太空探索用高能电池[6]。

1973 年，锂氟化碳一次电池在松下电器实现量产。至此，氟化碳一次电池开始进入人们的视野，并被广泛应用于国民经济和国防领域。

1.2.2　锂氟化碳一次电池工作原理及特点

锂氟化碳一次电池是以氟化碳为正极、锂为负极的一类电池，属于一次电池。放电过程中锂离子从负极经过电解液穿过隔膜，迁移到正极，在正极与氟化碳反应生成氟化锂和碳（图 1.3）[7]。

具体反应式如下：

负极：$x\mathrm{Li} \longrightarrow x\mathrm{Li}^+ + x\mathrm{e}^-$　(1-5)

正极：$\mathrm{CF}_x + x\mathrm{Li}^+ + x\mathrm{e}^- \longrightarrow x\mathrm{LiF} + \mathrm{C}$　(1-6)

总反应方程式：$x\mathrm{Li} + \mathrm{CF}_x \longrightarrow x\mathrm{LiF} + \mathrm{C}$　(1-7)

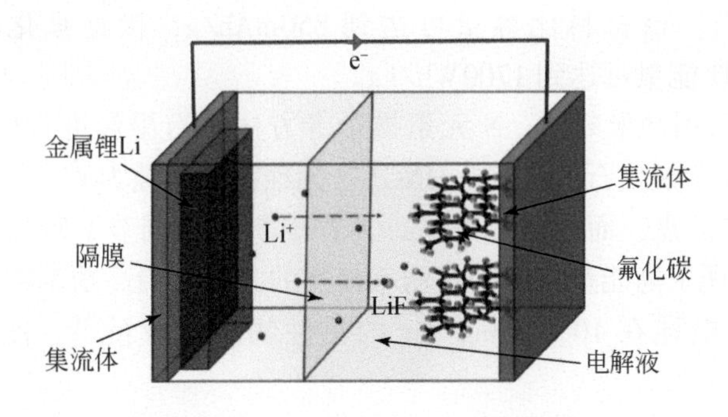

图 1.3　锂氟化碳电池工作原理图[7]

锂氟化碳一次电池的优点如下：

①高的开路电压 3～4.5V；

②平缓的放电平台；

③高的比能量：是目前可商品化的最高比能量电池体系；

④适应温度范围宽：−40～150℃；

⑤储存时间长（可超过 10 年）。

1.2.3　锂氟化碳一次电池研究现状

随着智能化和信息化时代的到来，人们对高比能量一次电池的需求日益迫切，目前一次电池的比能量已经远远不能满足社会的需求，因此锂氟化碳一次电池再次成为一次电池的研究热点。

为了进一步提高电池的比能量、功率特性、环境适应性以及推进氟化碳一次电池的实用化应用，近几年国内外研究人员主要从以下几个方面进行了深入研究并取得了可喜的进展。

1. 氟化碳材料研究

(1) 碳材选择与处理技术

在氟化碳材料技术中碳材料选择与处理技术是基础。几乎所有的碳材料都可以用来氟化，如硬碳、软碳、天然石墨、石墨烯、碳纳米管等，但不同的碳材料由于其内部结构千差万别，氟化后的材料性能也差异很大，所以必须对已有的碳材料进行科学地筛选，选择氟化后具有克容量高、电导率高、致密性好等特点的碳材料。为了在氟化过程中获得更多活性位点，提高氟化碳的电化学性能，就需要对选择的碳材进行元素掺杂、造孔、表面改性等处理。

Sosunov 等[8]通过等离子处理方式制备出一种氟化碳纳米笼材料作为锂氟化碳电池正极材料，该材料比容量可达到 850mAh/g，接近氟化碳理论比容量（865mAh/g），比能量可达到 1700Wh/kg。

Kong 等[9]采用纳米刻蚀、N 元素掺杂等方法对石墨烯进行处理，通过氟化生成蜂窝状氮掺杂氟化石墨烯（F-HNG），其独特的孔隙为 Li^+迁移提供了通畅的传输通道和存储位点，而电负性更强的 N 原子进一步调节了碳骨架的电荷分布，使得 F-HNG 实现了高能量密度和高功率密度的共存，最高功率密度达 73kW/kg，Li/F-HNG 软包电池在 10 ~ 15mg/cm^2 的活性物质负载量下，能量密度能达到 707.52Wh/kg。

Mar 等[10]提出使用氟氧化物作为锂氟化碳电池的正极材料来提高电池比能量的一种方法。他首先通过 Hummers 法制成氧化石墨，通过对氧化石墨进行氟化，这样就能保持 sp^2 碳原子结构。氟化后的氟氧化物中含有 C—F、—COC、—COH、—COOH 和 sp^2C 等官能团，这些官能团提高了氟碳键的活性，从而可以提升氟化碳电池的比能量。他利用扣式电池测出了氟化碳材料 2825Wh/kg 的最高比能量。

Peng 等[11]对夏威夷果壳进行煅烧后，充分利用夏威夷果壳碳的特殊微观晶格常数，在 300℃ 以下进行氟化，形成的氟化碳具有超高的克容量，达到 900mAh/g，以此为正极活性物质制备的锂氟化碳扣式电池测得氟化碳材料的比能量达到了 2585Wh/kg。用此材料制作的软包 1Ah 电池，在 0.01 放电过程中电压平台接近 3V。

(2) 氟化技术

氟化技术是生成氟化碳的关键技术。氟化技术主要是通过改变氟化气氛、氟化温度、氟化压力以及氟化时间等参数来改变氟化碳的氟碳比、氟碳键型、氟化的均匀性以及 CF、CF_2、CF_3的占比等，从而改变氟化碳材料的电化学性能。氟化技术主要包括气相高温合成、气相低温氟化、液相合成、等离子方式等。

Zhou 等[12]团队研究了一种增强等离子氟化的方法对碳纳米管进行低温氟化，获得的氟化碳材料在扣式电池测试中表现出很好的功率性能，在 527.4mAh/g 情况下，最大比功率可以达到58206W/kg。

Wang等[13]首先对纳米石墨前驱体进行研磨处理，然后在不同温度下进行氟化，发现氟化纳米石墨的结构与氟化温度直接相关。在300～450℃下氟化可以得到0.67～0.89等不同氟碳比的氟化纳米石墨材料，其中450℃下氟化后得到的氟碳比最高。用FG-450作为正极，制作成电池后可以在10mA/g电流密度下放出837.4mAh/g的高克容量，接近理论克容量。电池的放电平台为2.54V，电池中正极的比能量达到2004.5Wh/kg。

（3）氟化碳后处理技术

氟化碳制成后，为了达到更好的放电效果，会对制成后的氟化碳进行进一步的处理，一方面可以提高氟化碳的导电性，特别是高氟碳比的氟化碳材料，通过后处理方法如碳包覆等可以大大改善其导电性能；另一方面通过掺杂S、N、P等元素，或者调整CF_3、CF_2为CF，可以将部分共价键转变为半离子键甚至离子键，从而在电池放电时提高电池的放电电压平台，有助于电池能量密度和功率密度的提升。Zhou等[14]利用尿素和氟化碳通过球磨法进行混合，使小分子尿素插入到氟化碳层间，扩大氟化碳的层间距，增加氟化碳的比表面积，从而提升锂氟化碳电池的功率特性。经过不同重量比的实验，当尿素和氟化碳的重量比为5时，电池的性能改善最佳，在10309W/kg功率密度下氟化碳材料的克容量仍能保持在550.6mAh/g。

为了提升氟化碳电池的功率性能，在产业界较早使用的是MnO_2在氟化碳中进行混合，利用二氧化锰的功率特性来提高混合正极的功率型，但是不同的混合方式取得的效果有所不同。Li等[15]通过研究CF_x/MnO_2的四种不同混合方式，发现正极的导电性和电池的电性能直接取决于CF_x/MnO_2的混合结构方式。由平行的CF_x和MnO_2结构组成的电池正极表现出最佳的电性能，这是因为在平行结构中MnO_2相一直存在，这样电荷就在CF_x-MnO_2表面转移，从而降低了电池内阻，提高了电池的电性能。

为了提高氟化碳材料的导电性，一种有效的氟化碳改性方法就是表面脱氟，表面脱氟主要包括直接形成低氟含量的碳壳或者逐渐降低氟含量。脱氟后的氟化碳会形成富碳的外表层，碳外壳的存在提高了材料的导电性。热液脱氟能够通过移除材料表面的CF_2和CF_3从而减少氟含量。Dai等[16]将氟化碳浸没于H_2O/CH_3CH_2OH的NaOH溶液中，在180℃下，氟化碳颗粒很容易与NaOH发生反应，在氟化碳表面形成氟碳外壳，这种脱氟材料的最大功率密度可以达到44800W/kg。

将掺杂与表面包覆等方法结合使用，也是提高氟化碳电池综合性能的有效方法。Li等[17]首先使用酸处理的方法在氟化碳中增加氧功能团，然后通过水热法对δ-MnO_2在氟化碳表面进行修饰，处理后的材料表现出倍率放电性能。在扣式电池中，材料的比能量达到1940Wh/kg@0.2C；在功率放电时更是表现突出，在

40C 放电倍率下，材料的比功率可以达到惊人的 54900W/kg，同时材料的比能量仍可达到 439Wh/kg。

2. 电解液研究

电解液是正负极之间的离子通道，通过优化电解液配方，可以提升其离子导电率，从而提高电池的放电电压平台，或改善其低温性能，或提升电池的倍率放电性能。

Li 等[18]利用钾离子电解液（KPF_6）提高锂氟化碳电池的功率特性，实现 5C 倍率下放电比能量 20% 以上的提升（对比 $LiPF_6$）。

Wang 等[19]利用琥腈（SN）作为电解液添加剂，有效提升了氟化碳电池的低温放电性能。

Ding 等[20]使用一种二甲基亚砜（DMSO）和 1,3-二氧五环（DOL）混合液替代传统的 PC 和 DME。DMSO 与氟化石墨有良好的浸润性，导致在 0.01C 放电过程中电池的放电电压从 2.6V 提高到 2.8V。

Jiang 等[21]对不同锂离子浓度、不同溶剂的电解液对锂氟化碳电池的影响进行了研究。通过研究，他们认为电解液不仅仅用来传输锂离子，而且会决定电池的热力学行为。实验表明低锂盐浓度电解液和溶解了高摩尔含量锂离子的溶剂均可以提高电池的放电电压。

Ban 等[22]为了改善氟化碳的浸润性和导电性，使用 1,1,2,2-四氟乙基-2,2,3,3-四氟丙基醚（1,1,2,2-tetrafluoroethyl-2,2,3,3-tetrafluoropropyl ether，TTE）作为助溶剂添加到电解液中。由于 TTE 的低黏度和低凝固点特性，电解液的浸润性和导电性得到大幅提高。实验表明，添加 TTE 的锂氟化碳电池的最大功率密度可达 10046W/kg，而且在 -50℃ 低温下仍能保持 1.91V 的放电电压平台和 299mAh/g@100mA/g 的克容量。

3. 锂氟化碳电池研究

锂氟化碳电池主要包括以氟化碳为主要活性物质的正极，以锂为主要成分的负极，以及隔膜、电解液等组成。如何将氟化碳的性能充分发挥出来，是锂氟化碳电池研究的主要目的。

（1）氟化碳正极技术研究

氟化碳正极是锂氟化碳电池的核心部件。氟化碳正极的研究主要包括对电池正极的活性物质处理、活性物质添加剂、正极导电剂以及正极成型工艺等的研究。研究的目的主要是：①提高电极的电化学活性，尽可能发挥活性物质的既有能量；②提高电极的导电性，提升电池的放电功率特性和低温特性。

Li 等[17]用 δ-MnO_2 对氟化碳材料进行修饰改性，获得新材料在软包电池中表现出优异的性能，在 30C 放电情况下，电池的比功率达到 4.39×10^4 W/kg，比能量达到 760Wh/kg。

Qiu 等[23]在氟化碳正极制作过程中加入碳酸氢铵，后期通过加热方式脱去碳酸氢铵，使得氟化碳正极内部生成大量的孔洞，增大了电极的比表面积，增加了离子的通道。通过扣式和软包电池的电性能测试，证明这种方式提高了电池的放电电压和比能量，电池的倍率性能也有所提升。此研究为厚电极设计提供了一个提高电化学动力的有效方法。

Luo 等[24]通过水热法将二氧化锰纳米线与氟化碳合为一体，使二氧化锰纳米线紧紧缠在氟化碳表面，在氟化碳内部构建立体的导电网络，大大提升了氟化碳材料的电化学性能。混合20%二氧化锰纳米线的正极克容量达到724mAh/g，同时具备优秀的倍率性能和高低温性能（-30～100℃），最大放电倍率达到6C(纯氟化碳为2C)。

Sideris 等[25]利用 $Ag_2V_4O_{11}$ 和 CF_x 进行混合后制成电极，用此电极制成的氟化碳电池具有高稳定性和高能量密度，同时，由于添加了 $Ag_2V_4O_{11}$，电池具备更宽的电压窗口（2.2～3.1V）和更好的脉冲功率特性，非常适用于心脏起搏器等重要场合。

（2）锂氟化碳电池性能研究

研究锂氟化碳电池的目的就是要提高电池的能量密度、功率密度、储存寿命和环境适应性等。

锂氟化碳电池的理论比能量高达2180Wh/kg，目前有报道的实验室最高水平是 Yang 等[26]利用氟化石墨烯纳米片制作的电池，其比能量达到1116Wh/kg，仍仅为理论值的51%，而可量产的实用化电池的比能量仅达到理论值的40%左右，不断提高锂氟化碳电池的比能量是科技界共同的追求目标。从电池的角度提高电池的比能量，主要从以下几个方面考虑：①平衡：正负极的平衡设计；②匹配：电解液与正负极的匹配；③减重：减少非活性物质的重量，如集流体、隔膜、电池壳等。

锂氟化碳电池功率特性差一直困扰着科学家和学者，通过电池活性物质的处理、工艺的改善、功率型电解液的开发等方法，可以改善锂氟化碳电池的放电功率特性，但目前看改善效果还不明显，未来锂氟化碳电池的功率特性提高还路途漫长且艰辛。

（3）锂氟化碳电池机理研究

锂氟化碳电池具有极高的比能量，但其放电过程中存在的膨胀问题、放热问题以及实际放电电压与理论放电电压存在巨大的差距等问题，一直困扰着学术界。要解决这一系列问题，就必须深入研究锂氟化碳电池的放电过程，深入了解锂氟化碳电池的放电机理，阐明锂氟化碳电池放电过程中这些问题的理论根源，进而提出可行措施推进这些问题的改善和解决。

Leung 等[27]利用第一性原理对锂氟化碳电池的边沿传输放电机理进行了研

究，并通过密度泛函理论（DFT）计算得出，在锂离子插入氟化碳边沿，部分放电时电池的电压在2.5～2.9V，并提出了放电过程中存在中间相，同时也预测了可充电锂氟化碳电池的充电途径可能是不同于放电的另一途径。

Chen等[28]通过研究发现，在0.5～4.8V宽的电压范围内，氟化碳作为锂离子电池的正极是可逆的。$CF_{0.88}$首次放电可以放出1382mAh/g的克容量，达到2362Wh/kg的比能量。在20次循环后仍有543mAh/g，对应的比能量为508Wh/kg。并提出了可逆反应的方程式［式（1-8）］。从而证明了一种可用于可充电电池的无锂正极材料以及提高二次锂氟化碳电池性能的途径。

$$LiF+C+xLi^{+}+xe^{-} \rightleftharpoons Li_{1+x}FC \tag{1-8}$$

（4）锂氟化碳电池应用研究

锂氟化碳电池由于超高比能量、自放电率低、适应宽温域等显著特点，受到研究人员的关注，随着锂氟化碳电池的技术进步和产业化水平的提升，锂氟化碳电池在国民经济、国防建设等领域的应用范围不断扩大。近些年，锂氟化碳电池除了在传统的智能仪器仪表、军事通信等领域应用外，还先后成功应用于油田钻探、深海探测、月球登陆、远太空飞行等重大科研领域，显示了良好的电性能和工作可靠性，也预示着锂氟化碳电池将来还会在更广阔、更重要领域承担更重要的角色。

何巍巍等[29]分析了锂氟化碳电池在全海深载人潜航器上应用的可能性，说明了采用锂氟化碳电池作为应急电池替代铅酸电池的优越性，并列出了在“奋斗者”号全海深载人潜水器采用锂氟化碳-二氧化锰体系锂一次电池作为应急电池的实验数据，表明锂氟化碳电池首次在全海深载人潜航器上应用的成功案例。

1.2.4 锂氟化碳一次电池存在的问题

锂氟化碳电池具有很多别的电池体系不具备的优点，同时，也由于氟化碳本身的特性，锂氟化碳电池也存在一些先天的缺陷，必须通过进一步深入分析锂氟化碳电池的反应机理，深刻了解存在这些问题的根源，并提出切实可行的解决办法，逐步加以改善提高，才能进一步扩大锂氟化碳电池的适用范围，推动锂氟化碳电池的产业发展。以下提出锂氟化碳电池目前存在的主要问题，也是今后行业研究的主要方向。

①氟化碳的导电性问题：氟化碳几乎是绝缘体，而且随着氟化程度的提高（氟碳比提升），氟化碳材料的导电性能越差，因此以氟化碳为正极活性物质的锂氟化碳电池的功率特性很差。氟化碳的导电性与CF_x的电子局域化有关，主要取决于氟化的纳米畴环境，包括层内不同排布的C–F键和纳米畴的层间排列，此外，层间距不仅影响电子电导率还影响离子电导率，扩大层间距有利于提高材料的导电性能。

②锂氟化碳电池放电过程中膨胀问题：在放电过程中，锂离子通过电解液进入氟化碳内部，使得电池正极体积膨胀，从而导致电池体积膨胀。电池放电过程中膨胀可能导致放电过程的中断，严重影响电池性能的发挥。电池放电过程中膨胀也会影响电池组合设计，严重影响电池的实际使用。

③锂氟化碳电池放电过程中大量放热问题：锂氟化碳电池的理论放电电压为4.5V，而实际锂氟化碳电池的放电电压一般在3V以下，远远低于理论值，根据能量守恒定律，这部分能量就会变成热量释放出去；另外由于放电过程中生成氟化锂，而溶剂化的氟化锂在形成晶胞的过程中会释放大量的热。因此伴随锂氟化碳电池的放电过程热量的释放导致电池温度快速上升，影响电池的正常放电，特别是在组合应用过程中，由于电池组的散热速率进一步降低，电池组的升温速率进一步升高，很快就到了电池组可以承受的温度极限，放电被迫停止。所以锂氟化碳电池在较大功率应用场景由于温升问题而受到很大的限制。

④氟化碳材料的成本问题：目前氟化碳氟化过程控制难度大，耗电量多，造成氟化碳生产成本高，从而导致氟化碳电池成本居高不下，严重影响了锂氟化碳电池的推广应用。

1.3　总结和展望

锂氟化碳一次电池是目前可以产业化的比能量最高的电池体系。作为具有广泛应用价值的电池体系，锂氟化碳一次电池受到了学术界和电池实业界的高度重视，其比能量、功率特性均取得了快速的提升。但锂氟化碳电池的发展也遇到了其固有特性带来的困难，必须进一步深入研究电池的反应机理，揭示固有问题存在的根本原因，才有可能采取有效的科学方法，从而逐步解决这些顽疾，进一步推动锂氟化碳电池的综合性能提升和更广泛应用推广。

参考文献

[1] 白刃行走．电池发展简史［OL］. 2024-01-13. https：//baijiahao. baidu. com/s? id = 178792826 3376435525&wfr=spider&for=pc.

[2] He Z，Guo J，Xiong F，et al. Re-imagining the daniell cell：ampere-hour-level rechargeable Zn-Cu batteries［J］. Energy & Environmental Science，2023，16（12）：5832-5841.

[3] Tan J，Matz J，Dong P，et al. Agrowing appreciation for the role of LiF in the solid electrolyte interphase［J］. Advanced Energy Materials，2021，11（16）：2100046.

[4] He X，Bresser D，Passerini S，et al. The passivity of lithium electrodes in liquid electrolytes for secondary batteries［J］. Nature Reviews Materials，2021，6（11）：1036-1052.

[5] Watanabe N，Fukuba M. Primary cell for electric batteries［P］. U. S.，1970.

[6] Braeuer K，Moyes K R. High energy density battery［P］. U. S.，1970.

[7] 彭艺. 等离子体改性氟化碳材料及其锂一次电池性能研究 [D]. 成都：电子科技大学，2023.

[8] Sosunov A V, Ziolkowska D A, Ponomarev R S, et al. CF_x primary batteries based on fluorinated carbon nanocages [J]. New Journal of Chemistry, 2019, 43 (33): 12892-12895.

[9] Kong L, Li Y, Peng C, et al. Defective nano- structure regulating C—F bond for lithium/fluorinated carbon batteries with dual high- performance [J]. Nano Energy, 2022, 104: 107905.

[10] Mar M, Dubois M, Guérin K, et al. High energy primary lithium battery using oxidized sub-fluorinated graphite fluorides [J]. Journal of Fluorine Chemistry, 2019, 227: 109369.

[11] Peng C, Li Y, Yao F, et al. Ultrahigh- energy- density fluorinated calcinated macadamia nut shell cathodes for lithium/fluorinated carbon batteries [J]. Carbon, 2019, 153: 783-791.

[12] Zhou H P, Chen G T, Yao L S, et al. Plasma- enhanced fluorination of layered carbon precursors for high-performance CF_x cathode materials [J]. Journal of Alloys and Compounds, 2023, 941: 168998.

[13] Wang L, Li Y, Wang S, et al. Fluorinated nanographite as a cathode material for lithium primary batteries [J]. ChemElectroChem, 2019, 6 (8): 2201-2207.

[14] Zhou P, Weng J, Liu X, et al. Urea-assistant ball-milled CF_x as electrode material for primary lithium battery with improved energy density and power density [J]. Journal of Power Sources, 2019, 414: 210-217.

[15] Li Y, Feng W. The tunable electrochemical performances of carbon fluorides/manganese dioxide hybrid cathodes by their arrangements [J]. Journal of Power Sources, 2015, 274: 1292-1299.

[16] Dai Y, Cai S, Wu L, et al. Surface modified CF_x cathode material for ultrafast discharge and high energy density [J]. Journal of Materials Chemistry A, 2014, 2 (48): 20896-20901.

[17] Li L, Wu R, Ma H, et al. Toward the high- performance lithium primary batteries by chemically modified fluorinate carbon with δ-MnO_2 [J]. Small, 2023, 19 (26): 2300762.

[18] Li L, Zhang S, Chen C, et al. Potassium ion electrolytes enable high rate performance of Li/CF_x primary batteries [J]. Journal of The Electrochemical Society, 2023, 170 (4): 040506.

[19] Wang N, Luo Z y, Zhang Q f, et al. Succinonitrile broadening the temperature range of Li/CF_x primary batteries [J]. Journal of Central South University, 2023, 30 (2): 443-453.

[20] Pang C, Ding F, Sun W, et al. A novel dimethyl sulfoxide/1, 3-dioxolane based electrolyte for lithium/carbon fluorides batteries with a high discharge voltage plateau [J]. Electrochimica Acta, 2015, 174: 230-237.

[21] Jiang J, Ji H, Chen P, et al. The influence of electrolyte concentration and solvent on operational voltage of Li/CF_x primary batteries elucidated by Nernst equation [J]. Journal of Power Sources, 2022, 527: 231193.

[22] Ban J, Jiao X, Feng Y, et al. All-temperature, high-energy-density Li/CF_x batteries enabled by a fluorinated ether as a cosolvent [J]. ACS Applied Energy Materials, 2021, 4 (4):

3777-3784.

[23] Qiu H, Zhang H, Song L, et al. Ammonium bicarbonate template-assisted thick cathode for Li-CF_x primary batteries with enhanced surface loading and energy density [J]. Energy & Fuels, 2023, 37 (6): 4650-4657.

[24] Luo Z, Wan J, Lei W, et al. A simple strategy to synthesis CF_x@ MnO_2-nanowires composite cathode materials for high energy density and high power density primary lithium batteries [J]. Materials Technology, 2020, 35 (13-14): 836-842.

[25] Sideris P J, Yew R, Nieves I, et al. Charge transfer in Li/CF_x- silver vanadium oxide hybrid cathode batteries revealed by solid state ^{7}Li and ^{19}F nuclear magnetic resonance spectroscopy [J]. Journal of Power Sources, 2014, 254: 293-297.

[26] Yang X X, Wang X W. Fluorinated graphite nanosheets for ultrahigh- capacity lithium primary batteries [J]. Rare Metals, 2021, 40 (7), 1708-1718.

[27] Leung K, Schorr N B, Mayer M, et al. Edge- propagation discharge mechanism in CF_x batteries—a first- principles and experimental study [J]. Chemistry of Materials, 2021, 33 (5): 1760-1770.

[28] Chen P, Jiang C, Jiang J, et al. Fluorinated carbons as rechargeable Li-ion battery cathodes in the voltage window of 0.5 ~ 4.8 V [J]. ACS Applied Materials & Interfaces, 2021, 13 (26): 30576-30582.

[29] 何巍巍，叶聪，张祥功，等. 锂一次应急电池在全海深载人潜水器中的应用分析 [J]. 舰船科学技术，2022，44 (16): 180-184.

第 2 章　锂氟化碳电池正极材料

锂氟化碳电池的正极活性物质主要是氟化碳材料，锂氟化碳电池的电性能主要由氟化碳材料的性质决定，因此研究氟化碳材料的特性对发展锂氟化碳电池起着至关重要的作用。

2.1　氟化碳材料的特性

氟化碳是一种碳和氟构成的插层化合物，代表性合成条件为碳材料与氟气在一定高温（180～600℃）下氟化[1]。氟化过程中，氟原子插入碳层并打破具有 sp^2 杂化的碳-碳 π 键，与碳原子键合成 C—F 共价键、半离子键或离子键。通常，氟化碳分子式可表示为（CF_x）$_n$，x 为氟/碳原子比，一般 x 范围在 0～2。氟化技术常用来改善碳材料的物理、化学和表界面性能，例如导电性、极性和电容量、吸附能力等[2]。所制备氟化碳的性能主要取决于两部分：一是碳源的基体结构性质，二是氟化工艺参数（温度、压力、气相组成等）。文献报道氟化碳（CF_x）主要有聚单氟化碳（CF）$_n$ 和聚单氟化二碳（C_2F）$_n$ 两种晶体结构。随着科研人员不断探索，氟化碳的种类逐渐丰富多样，发展出氟化石墨（图 2.1）、氟化富勒烯（F-C_{60}，实验中氟化富勒烯 F-C_{48} 较稳定，F-C_{60} 易瓦解而结构崩塌）、氟化碳纳米管（F-CNT）和氟化石墨烯等，其典型结构如图 2.2 所示。氟化石墨是氟化碳代表性材料之一。当石墨作为碳源时，由于石墨为片层状结构，碳原子层内间距是 0.142nm，为共价键结合；层间距为 0.334nm，靠范德瓦耳斯力结合，故石墨片层间容易嵌入其他物质。当氟元素插层进入石墨中，石墨层中碳原子间距和层间距会发生变化，从而其物理化学性能会较石墨发生质的变化。氟化碳通常有以下几个方面的特点：①化学结构稳定；②可作一次电池正极放电；③氟化度较高的氟化碳极化现象明显[2]。

氟化碳（CF_x）中 C—F 键的键型含量（共价键、半离子键、离子键）与氟化工艺密切相关，这些键型并无明显的划分。通常，在含 F_2 气氛中高温（大约 300～600℃）反应制备的 CF_x 中 C—F 键表现出共价键的特性；在低温（180～300℃）条件下，通过含氟路易斯酸引发的氟化插层反应所制备的 CF_x 中 C—F 键表现出半离子键特性[3]。在含有氟离子的溶液中通过电化学法也能够制备的同时包含离子 C—F 键和半离子 C—F 键的 CF_x，其中甚至还存在部分氟原子插层产物[3]。

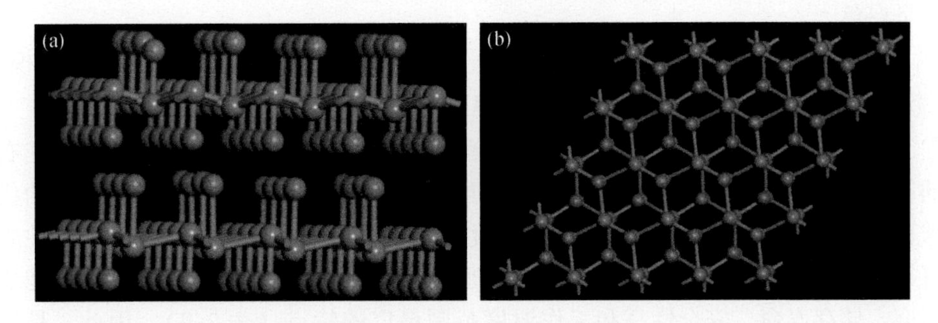

图2.1　氟化石墨的结构示意图：(a) 侧视图和 (b) 俯视图

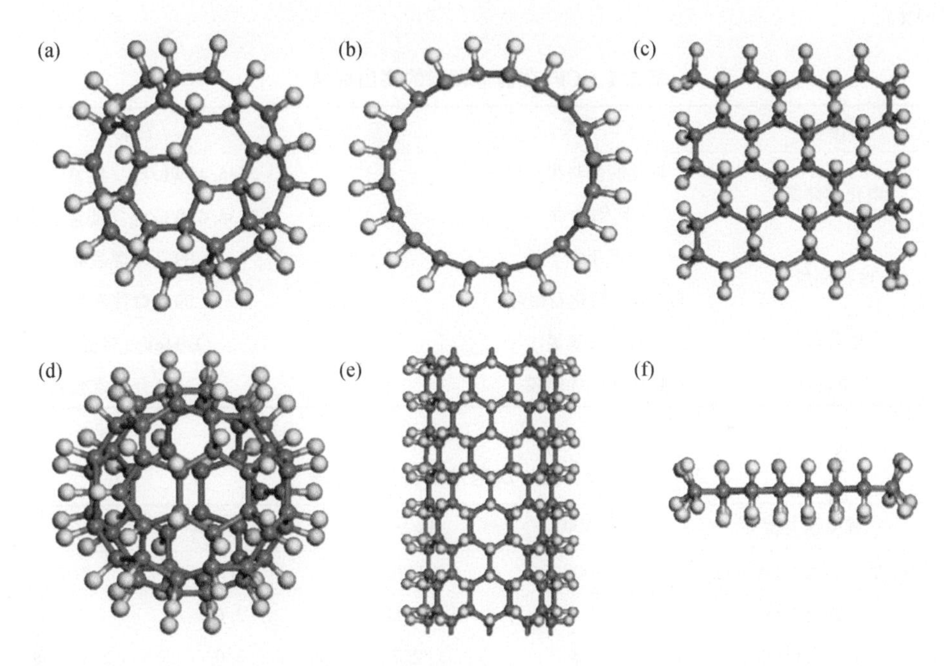

图2.2　氟碳比为1∶1时的典型氟化碳的示意图：(a) 氟化 C_{60} 俯视图；(b) 氟化碳纳米管俯视图；(c) 氟化石墨俯视图；(d) 氟化 C_{60} 侧视；(e) 氟化碳纳米管侧视；(f) 氟化石墨侧视图[1]

CF_x 中 C—F 键型与碳材料结构也有密切的联系，比如以石墨为碳源经过高温气相法得到的氟化石墨均由共价 C—F 键组成；而选用活性炭或者富勒烯为碳源，含氟气体为氟源，则能够在室温至200℃的范围内获得结构组成为 $CF_{0.84}$ ~ $CF_{1.27}$ 的化合物，其中部分 C—F 键表现出半离子键特性。氟化碳的颜色还与碳源、氟化温度密切相关[2]。当氟化温度较低时，CF_x 颜色逐渐由黑色变为灰色；当较高温下氟化时，生成 C—F 键共价性强，CF_x 芳香度降低，氟化碳材料粉体多呈白色[2,3]。

如表 2.1 所示，CF_x应用场景丰富，覆盖了储能（正极）、机械润滑和脱模、防水抗腐蚀等领域[2-4]，具体描述包括以下七个方面：

①电化学储能材料。Li/CF_x一次电池具有许多优点，如理论上达到 3V 左右的工作电压，高达 2180Wh/kg 的质量比能量，以及每年容量损失率小于 1% 的优秀存储性能，在-40℃到 150℃的宽温度范围正常使用的能力，良好的安全性和可靠性等。此外，相较于其他锂一次电池，Li/CF_x一次电池具有最高的理论能量密度、储存寿命、安全性高和工作温度范围最广的特点（表 2.2）。因此，具有优异性能的 Li/CF_x电池被开发用于航天航空、军事装备和植入式医疗器件等领域。

表 2.1　CF_x在各个领域的突出成绩[4]

应用领域	CF_x种类	F/C 比	性能
电化学储能	氟化煅烧坚果壳	1.17	2585.43Wh/kg（能量密度）
	CF_x纳米带	1.21	2738.45Wh/kg（能量密度）
摩擦润滑	CF_x粉体	~1.0	0.09（摩擦系数）
	PEI 接枝氟化石墨烯	~1.0	0.09（摩擦系数）
半导体	氟化石墨烯	0.54	2.94eV（带隙）
介电特性	氟化石墨烯薄膜	1.09	1.30（介电常数）

表 2.2　锂一次电池的性能对比表

锂电池类型	Li/MnO_2	Li/SO_2	$Li/SOCl_2$	Li/CF_x
理论能量密度/（Wh/kg）	1005	1170	1470	2180
开路电压/V	3.0	2.95	3.6	3.3
工作电压/V	2.8	2.7	3.0	2.2 ~ 2.8
工作温度/℃	-40 ~ 70	-54 ~ 71	-55 ~ 85	-40 ~ 150
储存寿命/年	10	5 ~ 10	10	15
电解液体系	非水有机	非水有机	非水无机	非水有机
安全性	高	低	低	很高
价格	较低	低	低	高

此外，近年来研究人员正在探索高性能的 Na/CF_x和 K/CF_x一次电池作为 Li/CF_x一次电池的替代储能系统，以追求更低成本及更好的电化学性能。

②固体润滑剂。石墨层间电子与氟产生了结合力强的共价键，C—F 键不易

断开，层间键能比纯石墨要小。CF_x的层间结合能非常小（约为9.36kJ/mol），远低于石墨层间结合能（41.8kJ/mol），故CF_x层间更容易滑移产生薄片状体。CF_x中氟原子间有相互的斥力，能抵消外部压力，因此，即使在高温度、高速度和高压力的条件下，也能表现出良好的润滑性。CF_x已经成功用作高温高压的润滑添加剂，各类泵压盖填料的润滑剂等。近年来，CF_x通过悬浮或添加到油中，用作汽车、飞机等领域的润滑剂，颇受人们关注。然而，由于CF_x高温分解，其不能在500℃以上正常润滑。

③脱模剂。CF_x表面能低，可用于多种材料模具脱模。例如，扬声器模具表面电镀CF_x/Ni复合镀层，可以便于扬声器脱模。另外，CF_x还可用于制备塑料、粉末成型等的金属模具脱模剂，并可以作为助磨剂用于光学研磨。

④防水、疏油材料。由于CF_x的共价性强，并且C—F键极化性低，是最憎水的一种材料。同时，CF_x表面能低，用于疏油材料上，可以减缓各种液体对材料表面的浸润。

⑤电气散热材料。用于电气中绝缘材料导热性往往较差，热量累积导致电气系统不稳定。氟化石墨纤维化学稳定性好、不导电，同时具有较好的导热能力，是理想的电气绝缘散热材料。

⑥表面漆。将含CF_x的漆膜涂覆在飞机表面可减小摩擦阻力，提高漆膜高低温稳定性。此外，用于船舶表面漆，可降低表面能，减小摩擦力，减缓水生物附着，提高航行速度和漆膜寿命。

⑦其他应用。将CF_x涂于有机材料表面可制得吸音材料。CF_x可作核反应堆中的反射材料、减速剂和涂敷材料。

然而，由于C—F键的共价性极强，氟化碳$(CF_x)_n$材料的本征电导率低，并且CF_x的表面能低而使其与电解液浸润性差，因此将CF_x用作电极材料时，容易导致电池极化、容量发挥不完全和倍率性能较差等严重问题，既造成了巨大的能源浪费，也无法满足特定环境中对电池高功率放电的要求。

2.2　碳　　材

2.2.1　碳块体材料

碳块体材料主要有模具和粉体材料。根据同素异形体分类可分为：金刚石、石墨、软碳和硬碳。每种同素异形体有明显不同的电学和机械性能。本节讨论石墨、软碳及硬碳3种典型碳基材料，目前这是最为普遍且应用在氟化碳领域的碳源。

2.2.1.1　石墨

石墨粉作为最具代表性的碳源结构之一，在商业化进程中是最早出现的。石墨结构呈现出蜂窝结构。石墨是由碳元素组成的自然元素矿物，为六方晶系或三方晶系的鳞片状晶体或块状集合体（图 2.3）[5]。铅灰色，不透明，半金属光泽。石墨虽然只具有由蜂窝状碳原子排布形成的晶体结构，但其复杂性却远远超乎我们的想象。在石墨结构中，不同单原子层之间的堆叠次序会产生不同类型的石墨——常见的堆叠次序包括六方石墨（hexagonal graphite）和菱方石墨（rhombohedral graphite）[6]。其中，菱方石墨在自然界中较为罕见（通常只有不到 15% 的自然石墨具有菱方堆叠）。相比之下，六方石墨更为普遍存在。

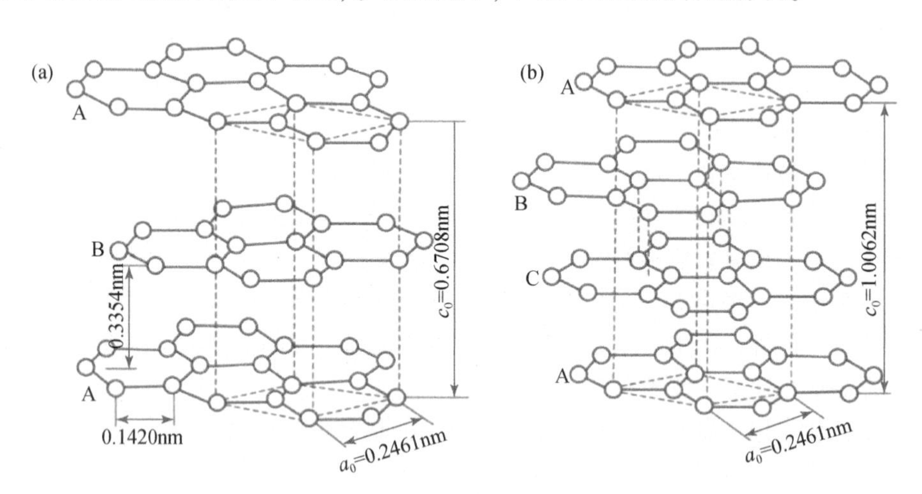

图 2.3　石墨的晶体结构示意图：（a）六方石墨和（b）菱方石墨[5]

2.2.1.2　软碳

块体碳材料具有以下优点：发达的连续分级孔结构，保证其与电解质离子的良好接触，从而实现快速的离子传输；大的比表面积，增加了离子吸附的活性位点；相对较高的电导率[7]。块体碳表现出优异的电化学性能，被广泛应用于能量转换和存储领域，主要包括软碳和硬碳等[7]。

软碳（soft carbon，SC，图 2.4）由缺陷和无序相对较少的类石墨晶体组成，具有结晶度高、晶粒尺寸小、电子导电性高、晶格平面间距大的特点[8]。其石墨化程度和层间距离都可以通过热处理来调节[7]。相较于硬碳，软碳富含 sp^2 碳，具有更高的电子导电性和更优的倍率性能[7]。制备软碳材料的前驱体主要包括石油化工原料及其下游产品，如煤、沥青、石油焦、针状焦、中间相碳微球

(MCMB)、无烟煤等[7]。

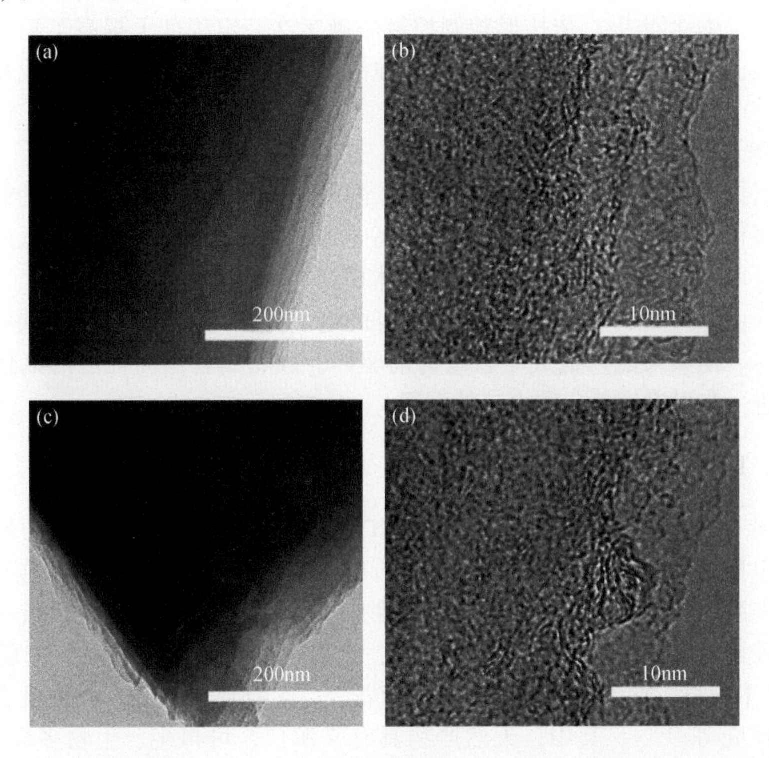

图2.4　软碳微观结构：(a)、(c) 软碳TEM图；(b)、(d) 软碳边缘HRTEM图[7]

从维度上看，软碳相对石墨来讲，石墨微晶尺寸较小，石墨微晶的排列较为有序；硬碳的碳微晶尺寸更小，并且呈无序排列，形成不同程度的微孔[9]。碳材料的化学组成虽然基本相同，结晶性和碳层组成及排列方式不同造成了电化学性质的差异，层间距见表2.3。硬碳结构内排列呈无序状，由各向异性的类石墨微晶随机构成，结晶度低。

表2.3　不同碳材料层间距对比[10]

	石墨	硬碳	软碳	单层石墨烯
层间距/nm	0.335	0.36~0.4	~0.34	0

软碳材料常见的改性方法有形貌调控和原子掺杂等[11]。

1. 形貌调控

近年来，通过构建多孔软碳等策略，可以引入更多的活性位点和缺陷，从而提高氟化软碳的容量。软碳材料是一类具有发达孔隙结构的碳材料，其内部较多的缺陷可作为活性位点，此外，多孔结构可以有效缩短锂离子在碳固相中的扩散距离并缓冲放电过程中的体积膨胀，故多孔碳材料通常具有较高的比容量和优异的循环及倍率性能[11]。依托形貌调控策略确实在一定程度上提高了氟化软碳材料的性能，但由于其放电过程中一次电池的体积膨胀和放热问题，商业化应用有待完善。

2. 原子掺杂

根据报道，杂原子掺杂可以调控软碳的微观结构，改善氟化软碳的性能。杂原子以多种方式影响碳的性质，包括提高电导率、增加缺陷密度、降低反应和扩散势垒、增大层间距以及增加纳米空隙体积等[12]。

软碳由于其低成本、高产碳率和良好的电子传导性，是制备氟化碳材料的理想前驱体。但如果能以低成本软碳为前驱体，成功制备出高性能的氟化软碳材料，将进一步促进锂氟化碳电池的发展。

2.2.1.3 硬碳

硬碳（hard carbon，HC）指在2800℃以上的高温仍难以石墨化的聚合物热解碳，包括随机取向的短程有序的少层石墨层畴、纳米微孔和无定形碳区域[13]。硬碳的来源主要有天然产物和人工聚合物，人工聚合物包括聚丙烯腈（PAN）、商品纤维素、聚合物海绵和酚醛树脂等，天然产物包括木本植物，如硬木（橡木）、草本植物，如高粱秸秆、竹子、棉花等，生物质废弃物，如核桃壳、橄榄壳和荔枝壳等[13,14]。其中，天然产物具有来源广、可再生、生物多样性丰富、环境友好等特点，并且，在碳材料的制备过程中，往往会出现一些天然结构，很难人工合成，而其中的一些结构展现出巨大的潜力。目前，硬碳作为氟化碳源的性能改善主要有如下方法。

1. 结构优化

通过前驱体和碳化温度的选择可以对硬碳材料进行结构优化以改善 Li^+ 的传输效率，进而提离氟化硬碳的性能。硬碳通常是通过热解具有强交联结构的前驱体获得的，在很高程度上保留了前驱体的结构特性。硬碳内部的交联程度既取决于前驱体，又取决于热解早期形成的中间相的碳层排列状态[14]。硬碳前驱体难以石墨化与微观结构中的石墨烯片层间交联有关，通常这种交联在低于1000℃的温度下即可形成。虽然交联反应的机制尚未明确，但大概率与 C—O—C 共价键的存在有关[14]。热固性前驱体（富氧或是缺氢），例如聚偏二氯乙烯、木材、纤维素、羊毛、酚醛树脂、棉花、糖类或环氧树脂等，在热解过程中发生固相炭化，容易形成硬碳。以葡萄糖 $(C_6H_{12}O_6)_n$ 为例，所有的氢与氧结合并以水的形式释放出来，留下一个交联的低密度碳网络。

随着热解温度的提升，含碳前驱体的热解过程可分为热解、炭化和石墨化三个阶段[14]。在前驱体热解过程中（1000℃以下），一些碳原子存在一定程度的流动性，形成有限的原子重组，例如，形成六元环系统，由脂肪烃向芳香烃转变，此过程称为芳构化，接着通过缩聚反应形成机械稳定性更高的碳网络。此时，硬碳前驱体分子结构发生重排，但依旧为固相。此过程会伴随着二氧化碳和甲烷等气体的产生，氢和氮等杂原子依旧会留在碳网络中。此时的产物开孔数量多，比表面积大，杂质元素含量高。在 500～1000℃ 处理得到的无定形碳材料都具有以下一些共同特征：结晶化程度低、含有焦油类无组织碳（大小不等的单层 sp^2 或 sp^3 杂化碳）、具有大量的纳米孔及含有 O、N、H 和 S 等杂原子。在前驱体炭化（1000～2000℃）过程中，大分子芳香类化合物聚集在一起形成石墨层。随着温度的升高，石墨层逐渐长大，此过程会伴随着氢原子和氮原子的逸出，产物的碳含量逐渐升高并趋于稳定，开孔逐渐闭合，比表面积减小。值得注意的是，硬碳前驱体尽管石墨烯层由局部堆积，但在相对较大的尺度上，其取向随机度是很大的，会导致大小和形态各异的孔洞产生。随着温度的升高，碳层间距减小，石墨烯堆叠层数增多并且伴随着片层长大，面内缺陷减少，悬挂键变少，氢含量降低，微孔尺寸变大，比表面积降低。在石墨化（2000℃以上）过程中，硬碳前驱体石墨微晶进一步长大，局域石墨化度提高，闭孔大量形成，真密度在 1.4～1.7g/cm^3[14]。

2. 原子掺杂

原子掺杂也是一种改善硬碳作为氟化硬碳性能的有效方法。异原子掺杂可以提高硬碳材料的可润湿性、电子导电性以及离子扩散速率[14,15]。除了氮掺杂以外，其他原子掺杂如硫掺杂、磷掺杂的方式也可以明显改善硬碳材料的电化学性能[16]。多种异原子共掺杂的方法也是一种明显改善硬碳材料电化学性能的有效方法。共掺杂元素之间的协同作用可以改善碳原子的电子排布，制造更多的储锂活性位点，从而大大提高硬碳材料的储锂性能。

3. 制造多孔结构

在硬碳材料中制造多孔结构，也被证明可以有效提高氟化硬碳材料的电化学性能。如 Wu 等[17]用热空气处理的方法预氧化纤维素，制备了自支撑的硬碳材料（HCP）。并证明预氧化的方法可以促进纤维素脱水和交联产生富的孔洞，从而增加活性位点。

设计合成硬碳材料以及研究其储锂机理，对促进锂氟化碳电池的产业化应用和新一代新能源储存和转换的发展具有十分重要的意义[18]。研究合成和热解工艺与氟化硬碳性能之间的内在联系非常重要，并能够有效指导硬碳材料的设计合成。在保证电化学性能的同时降低其使用成本是调控硬碳材料合成中急需解决的问题[18]。进一步研究开发高性能的硬碳材料也有利于氟化硬碳材料的进一步研发和实际应用。

2.2.2 碳纳米材料

碳以多种同素异形体的形式存在，根据与杂化有关的化学键（sp、sp^2、sp^3）的性质以及低维碳纳米材料在不同空间方向上的纳米尺度范围（<1000nm）可以分为：零维（0D）的富勒烯、洋葱状碳、碳包覆金属纳米颗粒、纳米金刚石等；一维（1D）的碳纳米纤维、碳纳米管（sp）等；二维（2D）的蜂窝状晶格的石墨烯（sp^2）（其衍生物是碳纳米管和石墨）；三维（3D）的金刚石（sp^3）晶体、六方体碳和 C_8[19]。与此同时，最近发现或预测了其他几种碳形态，以及它们之间的混合杂化形式，例如，3D-sp^2杂化石墨烯-碳纳米管复合材料。每种同素异形体有明显不同的电学和机械性能。例如，石墨烯具有半金属电子结构的特征，具有线性色散和超高的电子迁移率。本节将从三维尺度来讨论碳纳米材料。

2.2.2.1 零维（0D）碳材料

零维（0D）碳材料是指材料在三个维度均表现为纳米尺寸。主要包括富勒烯、洋葱状碳、碳包覆金属纳米颗粒、纳米金刚石等。

1. 富勒烯和氟化富勒烯

富勒烯作为最具代表性的零维（0D）碳材料，自 1985 年发现以来受到了极大的关注。1990 年，Krätschmer 等[20]通过在氦气氛中蒸发石墨电极实现了大规模生产。富勒烯族碳材料由于其独特的中空笼状结构，全 p 电子和丰富的氧化/还原性能，表现出许多对锂离子电池有吸引力的性质，在电化学储能领域被广泛研究。富勒烯族碳材料主要包括 C_{60}、C_{70}、C_{76}、C_{80}和 C_{90}。其中由于 C_{60}的结构稳定性最高，因此成为富勒烯族碳材料的典型代表，对其的研究也更加深入。每个 C_{60}分子是由互不接触的 12 个碳五元环及 20 个碳六元环镶嵌构成的球形 32 面体，其中五元环由碳碳单键（C—C 键）构成，与五元环相连的两个六元环的共有边为碳碳双键（C ═C 键）[21,22]。因为 C_{60}的三维拓扑结构及溶解性、非线性光学特性、超导和光电导性等特殊的物理、化学性质，因此被广泛应用于工业材料、能源、航空航天、生物医药等领域。

引入 F 原子能把富勒烯中的一个或多个 C ═C 键转化为 C—C 键并在氟化过程中形成 C—F 键。对于氟化富勒烯，现在的研究重点主要集中在 $C_{60}F_n$（n 一般情况下为偶数）上。Hamwi 等[23]研究了氟化富勒烯的制备条件，在室温下制备了 F/C 为 0.73 的氟化富勒烯（$C_{60}F_{44}$），在 300℃ 条件下可以得到高氟化度的 $C_{60}F_{60}$（F/C≈1），其结构如图 2.5 所示。同时显示出比较低氟含量的氟化富勒烯更高的结晶度。$C_{60}F_{44}$作为正极材料组装成 Li/CF_x电池进行电化学性能测试，在电流密度为 0.1mA/cm^2 时，表现出两个电压平台，分别为 3.35V 和 2.5V，可以看出，氟化富勒烯的电压平台明显高于一般的氟化碳材料。但是富勒烯的氟化温度必须低于300℃，这是因为富勒烯的笼状结构在温度过高时会发生坍塌[24]。

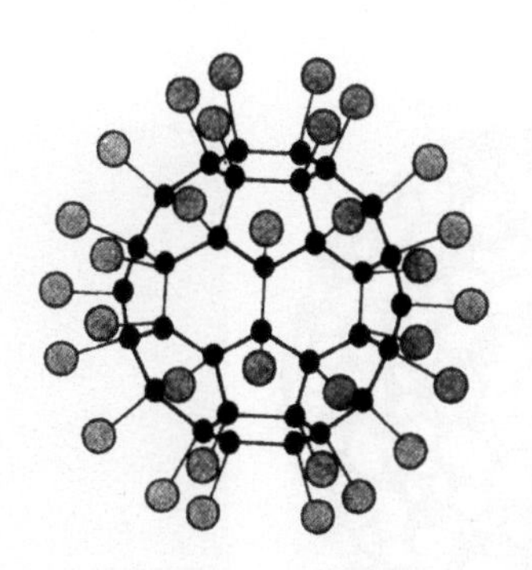

图2.5　$C_{60}F_{60}$的分子结构理论示意图[23]

氟化富勒烯（$C_{60}F_x$）具有很宽的氟化度，富勒烯中每一个碳原子与氟原子通过共价键连接的全氟化富勒烯（$C_{60}F_{60}$）能够在氟气气氛中、70℃条件下反应12天得到[25]。尽管氟化富勒烯的合成取得了重要进展，但是由于其能够溶解于常用的电解液中而限制了其作为锂原电池正极材料的进一步应用。然而，若选用固态高分子电解质则能够很好地解决这个问题，其在较低的放电倍率下能够放出几乎理论值的放电容量，同时其开路电压也比传统的氟化石墨高[26]。已有的研究表明氟化富勒烯的放电反应是一个典型的两相反应，不同于传统的氟化石墨的放电反应，在放电过程中，$C_{60}F_x$的氟含量几乎保持恒定不变。除了使用高分子固态电解质的方法，使用基于C_{70}的氟化富勒烯取代基于C_{60}的氟化富勒烯也显示出在液态电解液中更好的稳定性以及放电比容量[26,27]。Matsuo等[28]在室温下用氟气制备了不同氟含量的氟化富勒烯，选取F/C为0.73的氟化富勒烯（$C_{60}F_{44}$）作为正极材料进行测试，在电流密度为0.1mA/cm时，比容量为560mAh/g，能量密度为1400Wh/kg。这为Li/CF_x电池的正极材料探索开辟了一条崭新的道路。

2. 洋葱碳

洋葱碳（onion-like carbon，OLC）的尺寸大约在3～50nm[29]，是继C_{60}之后富勒烯家族的新成员。洋葱碳按其结构一般可分为两类：中空结构的洋葱碳和核壳结构的洋葱碳。理想的具有中空结构的洋葱碳是由同心的球形石墨壳层嵌套而成，如图2.6（a）所示，其最内层是一个C_{60}分子（由60个碳原子组成，其直径约为0.7nm）。由内往外，中空结构的洋葱碳每一石墨壳层所含碳原子数为$60n^2$（n代表层数），相邻层的间距约为0.34nm。核壳结构洋葱碳的核可以是过渡金属粒子、过渡金属氧化物和纳米金刚石颗粒等[29]，其壳由球形的石墨层嵌套而成。洋葱碳通常并不是严格的同心石墨壳层嵌套组成的球形结构，大部分呈现出准球形结构或多面体结构，如图2.6（b）与（c）所示。在一定条件下，

OLC 的外层石墨层会连接在一起，形成具有多核结构的洋葱碳，如图 2.6（d）所示。

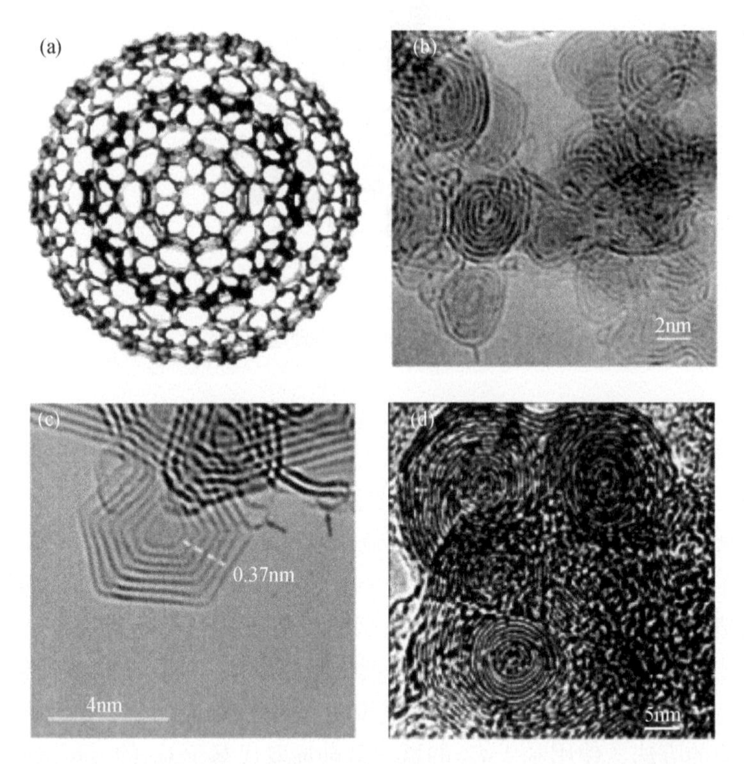

图 2.6 （a）理想的中空 OLC 的结构模型，（b）准球形结构的 OLC，（c）多面体结构的 OLC 和（d）多核结构的 OLC[29]

洋葱碳的制备已有 20 多年历史，制备方法较多，可分为物理方法和化学方法两类。物理方法主要有电弧放电、等离子体、电子束辐射等；化学方法主要有化学气相沉积法、纳米金刚石真空热处理、热解法等。洋葱碳大的比表面积、高的电导率、高的热稳定性以及封闭稳定的结构使其具有较大的应用潜力，在催化、摩擦、锂离子二次电池、太阳能电池、电化学储氢、超级电容器和电磁屏蔽等领域都显示出良好的应用前景[29]。

2.2.2.2 一维（1D）碳材料

一维（1D）碳材料是在一个非纳米尺度方向上直线自由移动电子特性的碳纳米材料，具有纤维结构或空心管状结构。纤维结构具有以下优点：一维线性通道，有利于离子的快速传输；纤维表面含有丰富的活性基团，通过这些基团易于对材料进行化学改性；具有高纵横比的纳米纤维素纤维。一维碳材料通常包括碳纳米管（carbon nanotubes，CNTs）和碳纳米纤维（CNFs）[30]。

1. 碳纳米管

碳纳米管是典型的一维碳纳米材料，可根据管壁层数的不同进行分类：单壁碳纳米管（SWCNTs）和多壁碳纳米管（MWCNTs）（图2.7）[31]。单壁碳纳米管是由单层石墨烯以一定角度卷曲形成的管状结构，其直径通常以nm为单位，长度则以μm为单位计量。相对应，多壁碳纳米管由两层以上的石墨烯片卷曲而成，呈同心圆柱体状，这些同心圆柱体的层间距离大致保持在0.34nm左右。尽管多壁碳纳米管的直径和长度范围与单壁碳纳米管类似，但目前大多数纳米管的应用涉及多壁碳纳米管，因为它更容易实现大规模生产，并且更经济实惠。然而，由于多壁纳米管的复杂性和多样性，人们对其结构的了解不如单壁纳米管。研究人员正在积极努力提高对多壁碳纳米管的理解，并发展出更精确的制备和表征技术。这将有助于揭示多壁碳纳米管的性质和潜在应用，推动其进一步在各个领域的应用拓展。总的来说，一维碳纳米材料特别是碳纳米管在纳米科技领域具有广泛的应用前景，同时也激发了科学家们对其性质和潜在应用的深入研究。

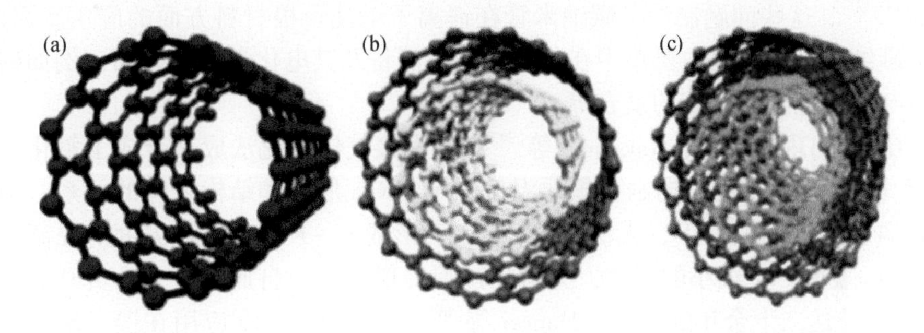

图2.7　SWCNTs（a）、双壁CNTs（b）和MWCNTs（c）的表面和内部视图[31]

在1991年，Iijima等[32]通过电弧放电蒸发的方法首次成功合成了碳纳米管。他们利用电子显微镜观察到，CNTs是由多个同轴的片层石墨绕中心轴旋转一定角度后卷曲形成的纳米级圆柱结构，具有无缝中空的特点。CNTs的管身由呈六边形的碳环组成，而管的两端则通常由五边形或七边形的碳环构成。

CNTs中的六元碳环之间通过C—C键连接，主要采用sp^2的杂化方式。此外，碳原子的p轨道电子还形成了离域的π键[33]。随着科技的不断发展，制备CNTs的方法也不再局限于电弧放电，也包括激光烧蚀法和催化化学气相沉积法[33]。

CNTs特殊的结构使其具有许多优异的性能[33]。首先，它们具有大长径比，即长度与直径之比很大。其次，CNTs拥有超高的比表面积，可达到150～$1500m^2/g$。此外，CNTs还表现出良好的电学、力学、吸附和导热性能。由于这些优异的性能，CNTs 在许多领域具有重要的应用价值。在新能源方面，CNTs 可以应用于电池、超级电容器等领域，以提高能量存储和转换效率。在复合材料领域，CNTs 的加入可以增强材料的力学性能和导电性能。在环境保护方面，CNTs 被用于水处理和废气过滤等领域，以实现高效的净化和去除污染物。此外，CNTs 在电子器件和生物医疗等领域也展示出潜在的应用前景。总之，碳纳米管作为一种独特的纳米材料，在各个领域都显示出了广泛的应用潜力。

碳纳米管优异的电学性能使其可用于制备超级电容器、锂离子电池、锌空气电池的电极材料[34]。碳纳米管的可逆容量范围为 300 ~ 600mAh/g，高于石墨(372mAh/g)[35]。碳纳米管的形态使其可以替代石墨作为商用锂离子电池负极材料。这种微观结构使得锂离子的嵌入深度小、行程短及嵌入位置多（管内和层间的缝隙、空穴等），同时因碳纳米管导电性能很好，具有较好的电子传导和离子运输能力，适合作为锂离子电池负极材料[36]。但是，采用碳纳米管直接作为锂离子电池负极材料也存在不足之处，一是第一次不可逆容量较大，首次充放电效率比较低；二是碳纳米管负极缺乏稳定的电压平台；三是碳纳米管存在电位滞后现象[37,38]。这些问题制约了碳纳米管在锂离子电池负极材料方面的应用。因此，目前碳纳米管的研究主要集中在复合材料的制备及其电化学性能方面，例如碳纳米管与硅、金属氧化物的复合等。

CNTs 出现后不久，Nakajima 等[39]利用直接气体氟化法成功合成了氟化碳纳米管（F-CNTs），同时揭示了氟化温度与 F-CNTs 形貌和结构之间的关系，即在氟化温度过低的条件下，无法在 CNTs 表面形成 C—F 键；氟化温度的提高会导致 CNTs 表面产生细小的裂纹，为氟化过程提供条件。自此，研究人员开启了对 F-CNTs 长达二十余年的研究。Hamwi 等[40]最早将 F-CNTs 应用在锂一次电池领域，在 480℃的氟化条件下制备的 F-CNTs 可以作为活性物质作用在电池中，在截止电压为 1V 时展示出 620Ah/kg 的法拉第容量。CNTs 制备技术和氟化工艺的改进为提高以 F-CNTs 为正极活性物质的 Li/CF_x电池的放电性能提供了更多的可能性。Li 等[41]通过对多壁碳纳米管进行氟化改性，获得氟碳原子比为 0.81（FCNT-0.81）的氟化多壁碳纳米管。将氟化多壁碳纳米管作正极活性物质涂布于铝箔，金属锂片为对极，组装成锂/氟化多壁碳纳米管（Li/CF_x）一次纽扣电池。在 10mA/g 放电倍率时，该电极的放电比容量达到 798.8mAh/g。

随着研究的深入，研究人员发现与随机排列的 CNT 相比，碳纳米管阵列（CNTAs，图 2.8）具有独特的结构和更优异的力学、电学和热学特性。碳纳米管阵列就是所有的 CNTs 取向基本一致，方向可以为垂直或平行于基体。碳纳米管阵列具有优异的电导率、大的比表面积、发达的多孔结构和良好的电化学性能，已在电化学储能、电化学传感器等领域得到了广泛的研究[42-44]。化学气相沉积法（CVD）可以合成碳纳米管阵列，在 CVD 反应中施加一定外力可控制 CNT

的定向生长，如电场、气流、原子步长、晶格取向等[45]。CVD 中碳纳米管阵列的生长可以分为 4 个过程：催化剂还原、CNT 成核、CNT 生长、催化剂失活导致的生长终止[45]。在 CNT 生长过程中，需要先引入 H_2、CO 等还原性气体，将氧化物状态的催化剂还原，部分碳原子在催化剂表面形成 CNT 帽，并由多余的碳原子组装成核，其余碳原子继续加入使 CNT 延伸，最后，由于奥斯特瓦尔德熟化引起的颗粒聚结[46]、CNT 在基底上旋转时遇到的排斥力、过量的碳供应使催化剂颗粒被石墨碳包裹导致催化剂失活[47]等原因，CNT 停止生长。

碳纳米管阵列具有规则的电子传输通道，作为锂离子电池电极材料时可以极大提高锂电池的导电性能。与无序碳纳米管相比，Al-Saleh 等[48]制备的垂直多壁碳纳米管阵列（VA-MWCNTA）表现出优异的导电率，较大的比表面积，将金属氧化物覆盖在其表面能减小活性物质的厚度，促进电子传输，提高储锂能力。

图 2.8 垂直 CNTA 结构示意图[49]

2. 碳纳米纤维

碳纳米纤维（carbon nanofibers，CNFs），通常是以气态碳氢化合物（如天然气、丙烷、乙炔、苯、乙烯等）为原料，以金属粒子（铁、镍、金、钴、镍-铜合金、铁-镍合金等）作为催化剂，在 500～1500℃的高温下气相生长得到的纤维状纳米材料，其直径一般为 100～200nm，长径比约为 100[48]。CNFs 是由平行于纤维轴或与纤维轴成一定角度堆叠的单层或双层石墨层组成的纳米纤维，具有微观结构多样性，根据生长条件和制备工艺的不同，其微观结构分为：管状结构、“人”字形结构、片状结构等[50,51]。例如，Lee 等[52]使用不同类型的催化剂（纯镍和镍-铜合金）和不同的原料（丙烷、乙烯和乙炔）合成 CNFs。研究发现，通过丙烷合成的 CNFs 是线型的，通过乙烯合成的 CNFs 构象是扭曲的，而通过乙炔合成的 CNFs 则具有扭曲和螺旋的构象。此外，对 CNFs 进行石墨化处理可以提高 CNFs 的结晶度，在纳米纤维表面附着一层无定形的碳层，并使纳米纤维平面沿着纤维轴拉直，这有利于提高 CNFs 的力学性能[52]。

2.2.2.3　二维（2D）碳材料

二维（2D）材料由于其优异的电化学性能，近年来引起了广泛的关注。与其他类型的碳材料相比，2D 碳材料具有独特的层状结构、丰富且容易获得的催化活性位点、较大的比表面积、较低的离子传输阻力和较短的离子扩散距离等优点[53]。典型的二维碳材料包括石墨烯和多孔碳纳米片（PCNs）[53]。

1. 石墨烯

石墨烯是一种典型的二维碳材料，是由 sp^2 杂化的碳原子组成的二维单层石墨片（图 2.9），并形成了强大的 π 键[54]。由于呈片状结构，石墨烯具有边缘区域，石墨烯的边缘可以表现为锯齿型或扶手椅型两种形态。如果石墨烯的边缘呈锯齿型，则显示出半金属特性；而如果边缘呈扶手椅型，则呈现出半导体特性。石墨烯具有大的比表面积（约为 $2630m^2/g$）、高的电导率、良好的热稳定性。石墨烯的制备主要以石墨为原料，主要制备方法包括机械剥离法、液相剥离法、氧化还原法、化学气相沉积法等[55]。近年来，生物质衍生的石墨烯也逐渐被开发出来。微波辐射由于可以提高碳材料的石墨化程度，并且可以促进材料局部碳晶体结构的转变而受到更多的关注。这种结构使得石墨烯具有特殊的性质。

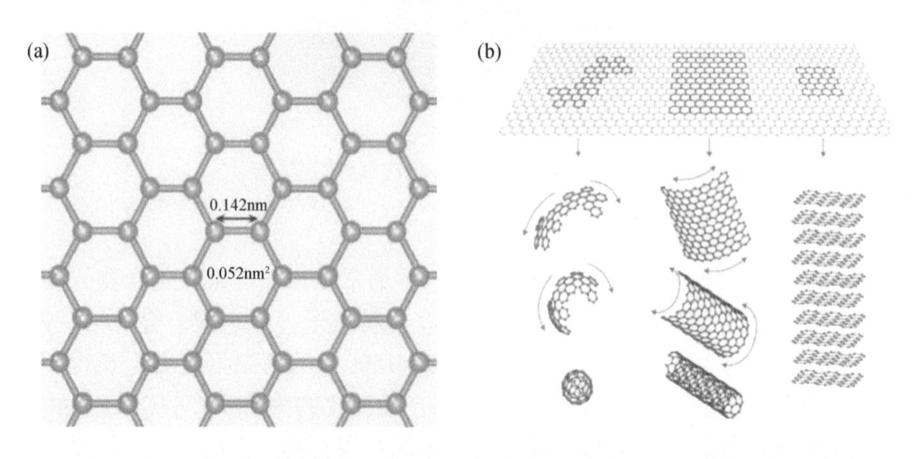

图 2.9　（a）蜂窝状石墨烯结构[54]和（b）单层石墨烯及其衍生物示意图[55]

石墨烯粉体的应用主要面向能源与环境等领域，更多时候需要对制备的石墨烯粉体中二维石墨烯微片/纳米片进行改性处理以拓宽功能并提高性能。石墨烯的主要改性方法可概括为三类：杂原子掺杂、表面修饰和三维组装[55]。三种改性方法各有优缺点，主要依据应用领域而定，实际研究中往往是不同方法之间互相结合，发挥协同作用以获得最优的电化学性能。

（1）杂原子掺杂

石墨烯的掺杂改性方式主要分为两种：一是用异质原子取代其表面的碳原子；二是通过物理或化学吸附发生电子相互作用[56]。

在用异质杂原子取代其表面的碳原子的方法中，石墨烯晶格结构由于碳原子被杂原子取代而被破坏。杂原子与碳原子的电负性存在差异，在石墨烯晶格中引入杂原子将造成碳晶格强极化，从而影响了石墨烯的各方面的性能。在碳晶格中引入异质杂原子有两种方法：原位掺杂法及离线掺杂法[56]。原位掺杂法是指在石墨烯合成的过程中，前体分子中可控数量的杂原子与晶格中的碳形成共价键，通常采用化学气相沉积法（CVD）制备这种材料[57]。在离线掺杂法中，杂原子的掺杂数量是由石墨烯引入掺杂体的后合成处理控制的。

（2）表面修饰

石墨烯材料在经过表面修饰后可以增加其综合性能，如石墨烯表面造孔、长碳纳米管、复合纳米颗粒或聚合物等。在经过修饰后得到的石墨烯复合材料，近年来受到电化学储能领域研究者的广泛关注[58]。

在电化学能源存储领域，石墨烯表面修饰纳米颗粒的研究最广泛。以石墨烯为基体，通过各种方法在石墨烯基体上生长各种形貌或维度的纳米颗粒；或直接将制备的纳米材料与石墨烯溶于溶剂中，再经过超声分散、混合、抽滤，也可以得到石墨烯表面负载纳米颗粒的复合材料。并且石墨烯在不同结构的复合材料中发挥不同的功能。将纳米颗粒修饰物与石墨烯复合的方法有很多，如溶剂热法、原子层沉积法、气相沉积法、共沉淀法等；一般分为两大类，即原位复合和非原位复合。原位复合方法包括三种：①一步原位生长；②多步原位转换生长；③直接在纳米颗粒修饰物上生长石墨烯。非原位复合更接近物理复合，直接将纳米修饰物与石墨烯混合形成复合材料[58]。

石墨烯复合材料的制备方法主要采用溶剂热法。但是溶剂热法虽然可以制备出结晶性、均一性好的纳米颗粒，但溶剂热反应的影响因素众多，且制备过程复杂，会产生废液，难以规模化制备[58,59]。

（3）三维组装

石墨烯的片层之间存在范德瓦耳斯力，这会引起石墨烯的堆叠和团聚，经过三维组装的石墨烯不仅能够抑制石墨烯的团聚，也能够更大程度地发挥石墨烯优异的特性，同时拓展石墨烯的功能。石墨烯的三维组装方法可分为四大类：模板协助法、自组装法、3D 打印法、化学发泡法[60]。按形貌结构可将三维石墨烯分为多种：球状石墨烯、纤维/管状石墨烯、垂直阵列石墨烯、笼状石墨烯、蜂窝状多孔石墨烯等[60]。石墨烯具有良好的导电性能、高的机械强度、稳定性、高的比表面积等性能，因而，在改性后，石墨烯在储能电池（离子电池、超级电容器和太阳能电池）、光催化、防腐蚀、生物医学、传感器、集成电路等领域具有广阔的应用前景[60]。

Nanaji 等[61]将瑰茄木棒［图 2.10（a）、（b）、（c）］预碳化后，通过 KOH 活化成功制备了多孔类石墨烯碳片。该材料作为超级电容器应用的电极材料，在 1A/g 下提供了 240F/g 的高比电容。Sun 等[62]以云杉树皮为前驱体［图 2.10（d）、（e）、（f）］，通过水热碳化法和随后的 KOH 活化过程制备了石墨烯纳米片阵列（VAGNA）。将 VAGNA 用作超级电容器的电极材料，在 0.5A/g 的电流密度下表现出 398F/g 的高电容，并且在 6mol/L KOH 电解液中表现出优异的循环稳定性（10000 次循环后的电容保持率为 96.3%）。

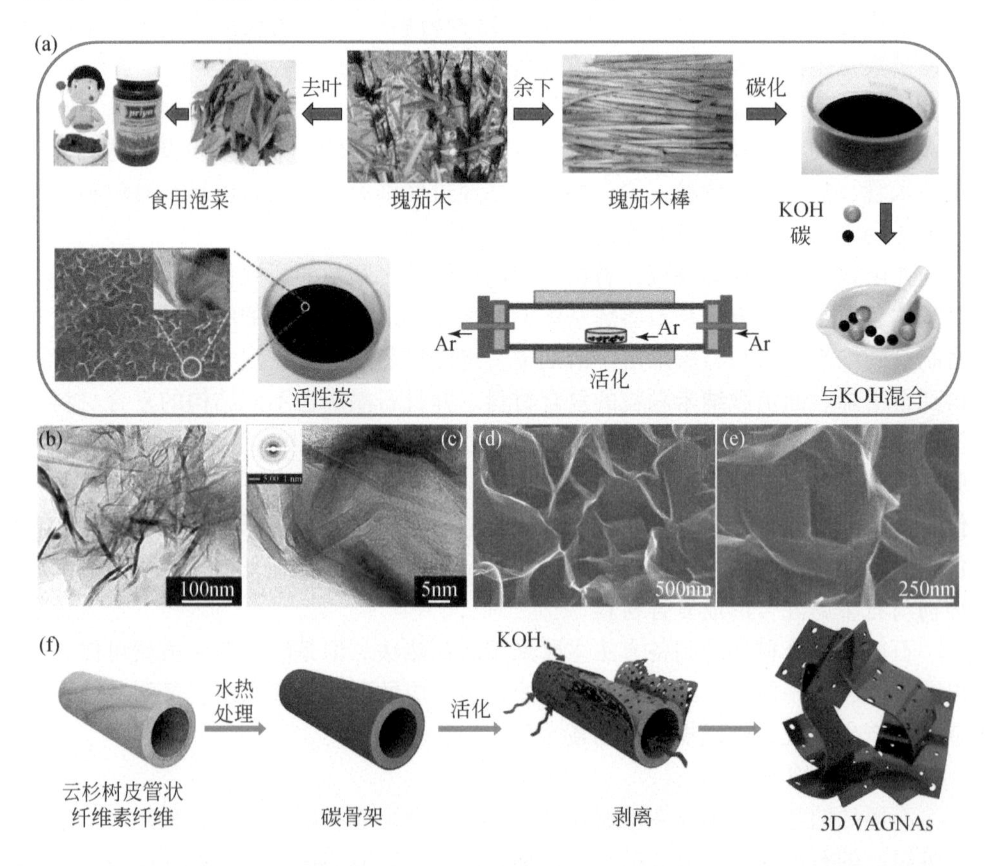

图 2.10　（a）瑰茄木棒制备活性炭的工艺流程示意图；（b）、（c）生物废弃物衍生多孔三维石墨烯片的 HRTEM 图[61]；（d）、（e）VAGNA-900 垂直排列的石墨烯纳米片高倍 SEM 图；（f）整体形成过程示意图[62]

Feng 等[63]研究了石墨烯的氟化反应过程，发现了该过程存在两个相互竞争的阶段，即 F 自由基若与石墨烯中 sp^3 杂化的碳原子相接则反应生成共价 C—F 键；若与 sp^2 杂化的碳原子相连时反应生成半离子 C—F 键。C—F 键的类型会随着氟化条件的改变而变化，当改变氟化条件降低 F/C 比后，C—F 键的性质可以从离子特性转化为半离子特性最终再变化为共价型。Damien 等[64]通过剥离氟化石墨聚合物（$CF_{0.25}$）$_n$制备了氟化石墨烯（FG）并将其用作锂一次电池的正极材料，电池放电结果表明当电流密度为 10mA/g 时，FG 能提供 767mAh/g 的放电比容量，与（$CF_{0.25}$）$_n$ 在相同电流密度下的比容量（550mAh/g）相比提升了 39.5%，具有显著的优势（图 2.11）。Wang 等[65]的研究表明，溶剂偶极矩和氟化石墨烯片的氟覆盖率对 C—F 键断裂反应速率有正反馈的影响。同时，通过控制溶剂处理的时间和温度可以调控 FG 的脱氟。这些溶剂作为亲核催化剂，可以促进化学转化，导致氟化石墨烯的结构和性能发生一系列变化，如氟浓度下降约 40%，热稳定性和带隙从 3eV 降低到 2eV。经偶极溶剂 *N*-甲基-2-吡啶酮处理后，氟化石墨烯在高放电率下保持了 255mAh/g 的比容量和 2986W/kg 的功率密度，而原始氟化石墨烯则完全不能放电。

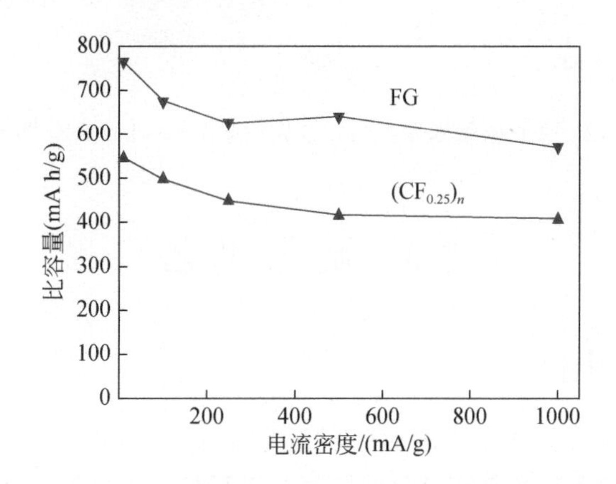

图 2.11　不同电流密度下（$CF_{0.25}$）$_n$和 FG 的容量比较[64]

2. 多孔碳纳米片

多孔碳纳米片（PCNs）的主要合成方法包括硬模板策略、软模板策略和无模板策略。其中，硬模板法被广泛应用于 2D 多孔碳片的合成。2D 硬模板的两种主要类型包括多层之间具有 2D 空间的模板和盐颗粒单面 2D 表面的模板[65]。具有层状结构的材料如蒙脱石、层状氢氧化物、介孔分子筛（Ti-MCM-41）和沸石等[66]被用作生产 PCNs 的硬模板。Qiu 等[67]开发了一种以蒙脱石层状纳米孔为限域模板，明胶为生物源衍生碳前驱体，通过插层、热解和活化的集成过程合成二维多孔碳纳米片（PCNs）的通用方法（图 2.12）。制备的 2D PCNs 表现出显著提高的倍率性能，这归因于纳米尺寸中缩短的离子传输距离和调制的多孔结构。更重要的是，目前的策略可以扩展到其他生物来源，以创建具有高倍率性能的

2D PCNs 作为电极材料。

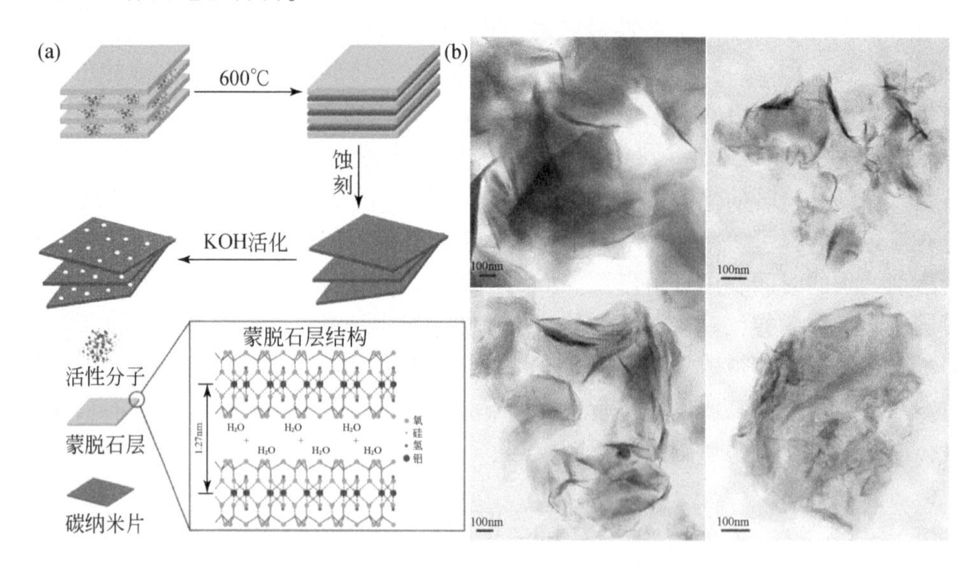

图 2.12　多孔碳纳米片：（a）合成示意图和（b）TEM 图像[67]

2.3　氟化工艺

2.3.1　氟化工艺概述

氟化技术是目前最常使用的对碳材料本体进行修饰改性的化学处理工艺之一，氟化碳材料制备工艺其实就是对碳材料进行均匀深度氟化从而生成新物质相的过程。从氟化碳的经验化学式 CF_x 可知，氟化碳有且仅有氟和碳两种化学元素通过形成一定的化学键作用组建而成，也就是说碳源和氟源是合成制备氟化碳材料的主要前驱体源。这样看来氟化工艺制备氟化碳看起来似乎很简单，貌似只要让反应物前驱体源中的氟元素和碳元素充分反应并形成碳-氟新的化学键和生成氟化碳物质相即可；然而碳源的合理设计及氟源选择和精细的氟化工艺条件控制是影响氟化碳制备以及后续获得的氟化碳性能的两个主要关键因素。

本节中，根据所使用的氟反应源的选择不同，将氟化碳的主要制备工艺分成两大类：包括以氟气作为氟反应源的直接氟化法和以含氟化合物试剂（如氢氟酸、六氟化硫、四氟化碳、三氟化氮、三氟化氯、二氟化氙、四氟化铽、无机氟化物和含氟聚合物等）作为氟反应源的间接氟化法。接下来将针对各氟化工艺异同、氟化反应原理、反应方式和优缺点等分别展开讲述。

2.3.2　直接氟化法

直接氟化法，顾名思义就是以氟气作为氟反应源与碳材料在一定的温度和压强条件下直接发生反应生成固相氟化碳的氟化工艺。此方法是发现最早、最为传统的一种氟化方法，理论上以氟气作为氟源，以任何类型碳材料为起始碳源，均能在一定的温度和压强等实验条件下通过控制氟化反应打开 C—C 键并生成新的 C—F 键而合成出氟化碳类化合物；因此，发生于固态碳和气态氟气之间的异相氟化反应可用化学反应方程式（2-1）简单表达。显然，直接氟化工艺的氟化反应非常便捷，只需一步反应即可实现氟化碳的合成，具有高效的优点。在选择好合适的碳源后，仅需调节控制氟化反应温度和氟化时间等参数，便可制备出具有氟化度和性能可调的氟化碳。

$$2nC(\text{固态})+xnF_2(\text{气态})\longrightarrow 2(CF_x)_n(\text{固态}) \tag{2-1}$$

基于这一反应原理，第一例氟化碳材料于 1934 年由 Ruff 等以石墨和氟气为反应物成功制备合成[68]，可能由于该反应实验条件苛刻、产率也不高且实验操作上具有比较大的危险性，加上当时的实验设备和条件不够先进等客观因素，这一反应在当时并未引起来自学术界和产业界的研究兴趣。随着实验设备仪器、实验条件和实验方法等不断完善发展，1947 年 Rüdorff 及其合作者在改良的实验条件下将石墨暴露在氟气环境中进行氟化反应研究，通过控制氟化反应温度和反应时间，在 410℃和 550℃成功制备得到了 $CF_{0.676}$至 $CF_{0.988}$一系列具有不同氟化度的氟化碳材料[69]；无独有偶，几乎在同一时间 Palin、Wadsworth 和同事们在类似的实验条件通过将石墨和氟气在 420℃和 450℃温度反应下制备出 $CF_{1.04}$氟化碳样品[70]。正是 Ruff 等对于氟化碳制备的开创性的工作及 Rüdorff 团队和 Palin、Wadsworth 等的后续跟进研究彻底揭开了氟化碳材料合成制备和性能研究的序幕。随着研究人员对氟化碳材料探索的不断深入，氟化碳独特的超润滑性质和优异电化学性能迅速引起了大量的学界和商业兴趣，现如今已经发展成为国防和民用等关键领域不可替代的润滑剂和高性能电池正极材料。

近年来，很多学者将催化辅助合成与直接氟化合成相结合制备氟化碳材料，并对催化剂种类及其对氟化条件、温度和路径等影响进行了深入研究[71-73]。广泛研究发现少量的强挥发性氟化物如三氟化硼（BF_3）、五氟化锑（SbF_5）、五氟化溴（BrF_5）、五氟化碘（IF_5）、六氟化钨（WF_6）等或非挥发性金属氟化物如氟化铝（AlF_3）、氟化镁（MgF_2）、氟化钙（CaF_2）、氟化钡（BaF_2）、氟化锌（ZnF_2）、氟化铁（FeF_3）、氟化银（AgF）或氟化锂（LiF）等与无水氟化氢（HF）被引入氟气气氛中时，可明显改善氟化石墨合成效率[71-80]。在氟化过程中，氟化物主要起催化作用，插入石墨层间与之形成插层化合物，插入到层间的挥发性氟化物可通过适当加热过程使其于真空条件下脱出石墨层间，而非挥发性的金属氟化物则可通过无水氟化氢进行洗脱逸出层间，最终两者均可得到高纯度的氟-石墨层间化合物。随后，氟气可与形成的氟-石墨层间化合物在相对较低温度（低于400℃）下继续反应而最终得到氟化石墨产品，催化法合成氟化石墨，与不添加这些氟化物催化剂相比，可有效大幅度降低反应实验合成温度，比如在强挥发性氟化物引入后可使氟化石墨合成温度低至室温至100℃，而金属氟化物催化条件下反应温度也可控制在400℃以下，这远远低于氟化石墨分解温度，有利于提高反应产率和相对安全性[71-73]。但催化法一方面不仅对石墨原料和金属氟化物催化剂等的纯度有要求，比如石墨纯度要达到99.5%以上而金属氟化物纯度也需大于99%以上，另一方面其工艺也相对烦琐复杂且生产周期较长，目前未见有其商业化应用。

虽然直接氟化工艺技术制备氟化碳的方法看起来非常直截了当，然而控制任何由元素单质氟直接参与的化学反应都绝非一件简单的事情，整个反应过程蕴藏着大量的危险。因为众所周知，氟（F）是目前已知的化学性质最活泼、电负性最强的非金属元素，其与碳反应是一个极其剧烈的放热反应，伴随着氟化碳生成的反应过程中会产生大量的反应热，因此对整个反应过程中温度的精细控制是能否成功制备出目标氟化碳材料且获得重现性结果的关键性的先决条件之一。温度控制稍有偏差，不仅会致使副反应占据主导地位，使得目标产物氟化碳的产率极低甚至为零，而且可能会导致燃烧爆炸等危险情况发生。当温度低于所控制温度范围时，碳单质和氟气发生副反应产生 CF_4、C_2F_6和其他 C_xF_y等会占据主导地位；而当温度高于所控制温度范围时，氟化碳（CF_x）$_n$热分解的副反应产生碳和CF_4、C_2F_6等会占主导，随后发生的是碳在氟气中的“烧炭”反应而变成无定形的“碳灰烬”，甚至有时还会伴随爆炸发生[81]。此外，由于氟极强的氧化性和腐蚀性、极高的反应活性和毒性，为了降低氟气的反应活度并将各种副反应尽可能抑制到最低的程度，同时也从整个反应的安全角度考虑，此类涉及氟气直接参与的反应几乎从来不会直接使用纯氟气去参与反应，一般是用稀释的氟气混合气（比如由体积分数50%氟气和体积分数50%的惰性气体N_2或Ar等组成混合氟气源）作为氟源。该过程所涉及氟化反应装置及制备流程如图2.13所示[82]，具体反应路径如下，首先氟气和氮气或氩气通过气体流量设备充分混合均匀，然后气体流量计控制其以一定的进气速度经由气体管道流进管式电阻炉的金属镍炉膛内，连续均匀吹扫载有碳材料样品的镍舟反应床，最终使氟气与固体碳材料在一定的温度下充分接触发生氟化反应，在炉膛末端连接配备有专门的尾气处理装置用于处理反应产生的尾气，该反应设备中的核心炉膛部件务必要保证足够密封性以阻绝空气中氧气和水汽进入而干扰反应并引起危险。

经过科研界和产业界的几十年广泛探索和持续共同努力，目前直接氟化工艺技术已经发展相当成熟且成功实现产业化规模应用。尽管有关氟化碳核心生产技

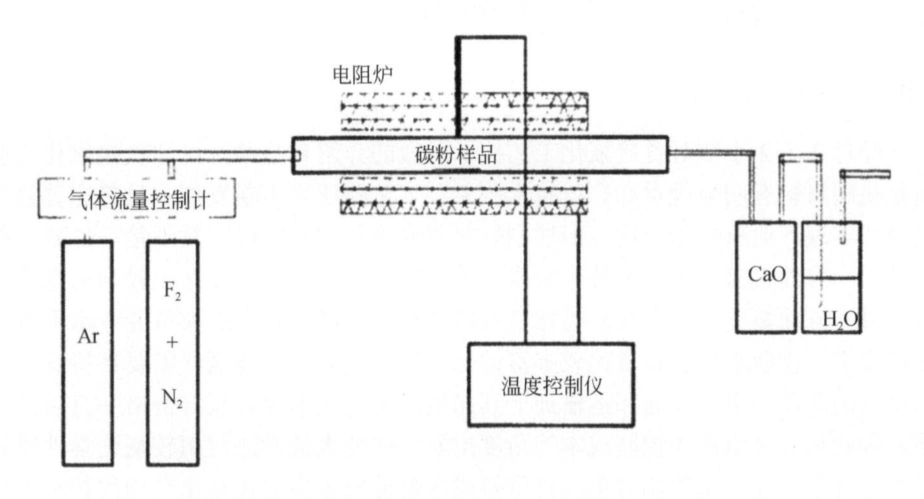

图 2.13　直接氟化技术合成氟化碳的简易装置示意图[82]

术被发达国家垄断并视为高级机密对其他国家尤其是我国实行全面技术封锁；但值得为之自豪的是，经过持之以恒坚持不懈地技术攻关，我国相关企业在氟化技术、产业应用等方面已经取得突破，解决了锂氟化碳一次电池放电过程中过度膨胀的世界难题，推动了锂氟化碳一次电池的工程化应用。用国产氟化碳材料开发的高比能量锂氟化碳一次电池（10Ah）比能量达到 1116Wh/kg，达到国际先进水平。

利用直接氟化技术制备的几款不同氟化度氟化碳产品的光学图片见图 2.14，随着氟化度增加，氟化碳粉末样品颜色从黑褐色逐渐过渡到淡黄色甚至白色。

图 2.14　氟化度依次增加的几款氟化碳产品光学图片

总之，直接氟化技术制备氟化碳优点和缺点都很明显，该方法具备一定的技术难度且具有相当的危险性。其中千万要注意的是，氟是一种非常危险和剧毒性的气体，化学性质十分活泼，具有极强的氧化性和极端腐蚀性，操作此类涉及氟气直接参与的反应时，一方面务必要确保实验装置足够密封良好且具备足够的耐压强度，另一方面作业人员也务必穿戴防护装备安全小心进行作业，切不可存有侥幸心理而掉以轻心！

2.3.3 间接氟化法

经过2.3.2小节对直接氟化工艺技术所做的介绍和总结，可知直接氟化法制备氟化碳材料有明显优点和广泛技术积累，工艺路线也不断发展、日趋完善且也已成功实现产业化规模应用。但控制好氟直接参与的化学反应并不是一件容易的事情，一方面直接氟化工艺技术难度系数高反应可控性差且存在比较高的危险系数，另一方面氟化反应也是一类比较特殊的化学反应，对作业人员专业水平有一定的要求，作业人员应具备比较丰富的化工操作经验；此外氟气需要在特制的耐氟腐蚀的介质中进行存储和运输加上其昂贵的生产成本导致氟气价格一直居高不下。因此从安全生产和控制成本等角度出发，研究人员考虑使用较氟化学性质相对稳定许多、安全系数相对更高且价格成本也低廉很多的含氟化合物代替氟气作为氟源通过间接氟化手段制备氟化碳。在反应中，含氟化合物试剂在高温热处理、紫外辐射或等离子辅助作用下，含氟化合物会分解生成高反应活性的氟气、氟离子或者等离子态（含）氟自由基等，继续与碳反应便可制备得到氟化碳产品。根据所使用的氟源试剂相态不同，将间接氟化工艺大致分为以气体含氟化合物氟源的气相氟化，液相介质中完成氟化的液相氟化和固态氟试剂源的固相氟化等方法。

2.3.3.1 气相合成法

气相合成法是指以除氟气外的气相氟化剂为氟源对碳材料进行氟化处理的工艺方法，该方法大概流程如下，气相氟化剂源在高温加热、高压电子束轰击或射频辐射等作用下先分解成具有高反应活性的氟气、氟化合物等离子体或氟自由基等，再与碳源前驱体发生氟化反应。目前常用的气相氟化试剂包括三氟化氮、三氟化氯、五氟化氯、六氟化硫、四氟化碳等，研究人员针对不同氟化剂发展了一系列不同技术进行了广泛碳材料氟化探索研究。

刘志超等摒弃了通用的氟气作为氟化剂的制备工艺，探索了以三氟化氮（NF_3）氟化剂为氟源制备氟化碳的工艺[83]，将NF_3气体通入装载固体碳原料的反应装置中，通过加热反应装置使NF_3分解产生的氟与碳反应4～30h制备氟化碳；研究还发现使用不同碳源，所需反应温度不同，比如石墨需要在400～650℃高温条件才能发生反应，而石油焦和炭黑则分别只需在300～550℃和200～550℃相对较低的温度下便可发生氟化反应得到氟化碳产品。该反应原理可用反应方程式（2-2）来表述，其中NF_3加入量可根据式（2-2）中使用碳的量来推算。采用NF_3替代氟气作为氟化剂进行氟化反应可明显提高反应安全性，降低对设备的腐蚀性同时能有效压缩生产成本，其工艺流程路线如示意图2.15

所示[83]。

$$2xNF_3+6C \longrightarrow 6CF_x+xN_2 \tag{2-2}$$

氯氟化合物也是合成氟化碳材料常用的氟化剂，例如，Matsumoto 将天然石墨置于压强为 3×10^4Pa 的三氟化氯（ClF_3）气体氛围中分别于 200℃ 和 300℃ 下加热处理 2min 成功实现了对天然石墨材料表面氟化[84]。Grayfer 则开辟了一条以 ClF_3 为氟化剂的低温氟化路径制备出组分无限接近于 C_2F 的少层氟化石墨烯材料，其具体合成过程如下，首先在室温下通过 ClF_3 与石墨的插层反应得到插层氟化石墨 $C_2F\cdot xClF_3$ 化合物中间体；其次将得到的插层氟化石墨化合物在大于 800℃ 的高温条件下进行快速退火处理使之热分解而生成少层石墨烯材料；最后将制得的少层石墨烯材料在 ClF_3 气氛中于室温条件下进行氟化处理便制得棕灰色目标产物少层氟化石墨烯[85]。除了 ClF_3，其他卤素间化合物如五氟化氯（ClF_5）、三氟化溴（BrF_3）和五氟化溴（BrF_5）等也可按照类似的反应路径与石墨在低温下发生插层和氟化反应制备氟化石墨烯，其制备路线图如图 2.16 所示[85,86]。

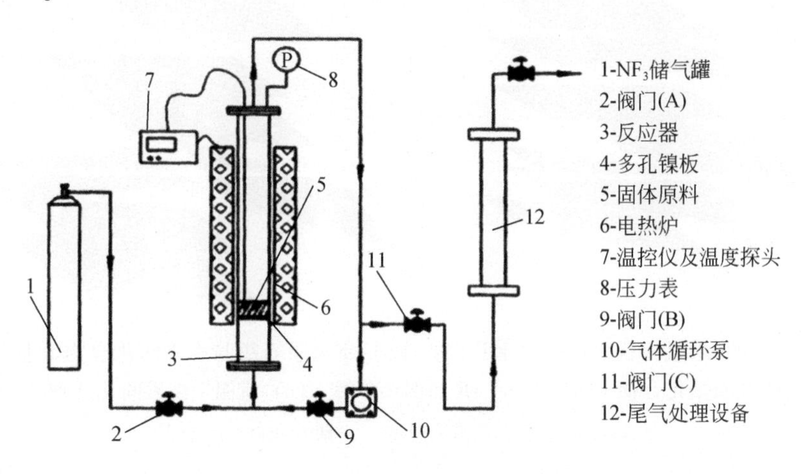

图 2.15　NF_3 气源合成装置流程示意图[83]

近年来，四氟化碳（CF_4）和六氟化硫（SF_6）等也被发展作为气体氟化剂，这类氟化剂在高电压等作用下会变成高活性的四氟化碳和六氟化硫等离子体和氟自由基（$F^\bullet$）再与碳反应生成氟化碳。Yu 等在 CF_4 气流中通过等离子刻蚀手段成功将还原氧化石墨进行氟化[87]；Zhang 等用 SF_6 等离子体氟化刻蚀制得氟化石墨烯[88]；Struzzi 及合作者分别用 CF_4 和 SF_6 等离子源处理石墨烯片，并详细研究两种氟化剂对氟化反应条件及所合成氟化石墨烯形貌和结构影响规律[89]；Saikia 等和 Abdelkader-Fernández 等分别借助射频波和微波增强的等离子刻蚀技术成功合成氟化多壁碳纳米管[90,91]。

相较于直接用氟气做氟源，用气体含氟化合物氟源与不同碳素反应制备氟化碳材料的气相氟化法对工艺条件要求相对较低，氟化温度也相对温和许多，具有相对安全系数高和对设备腐蚀小的优点，部分路径具备实际应用价值，目前使用三氟化氮氟化剂进行高温气相氟化技术已发展成熟并进入实际产业应用。

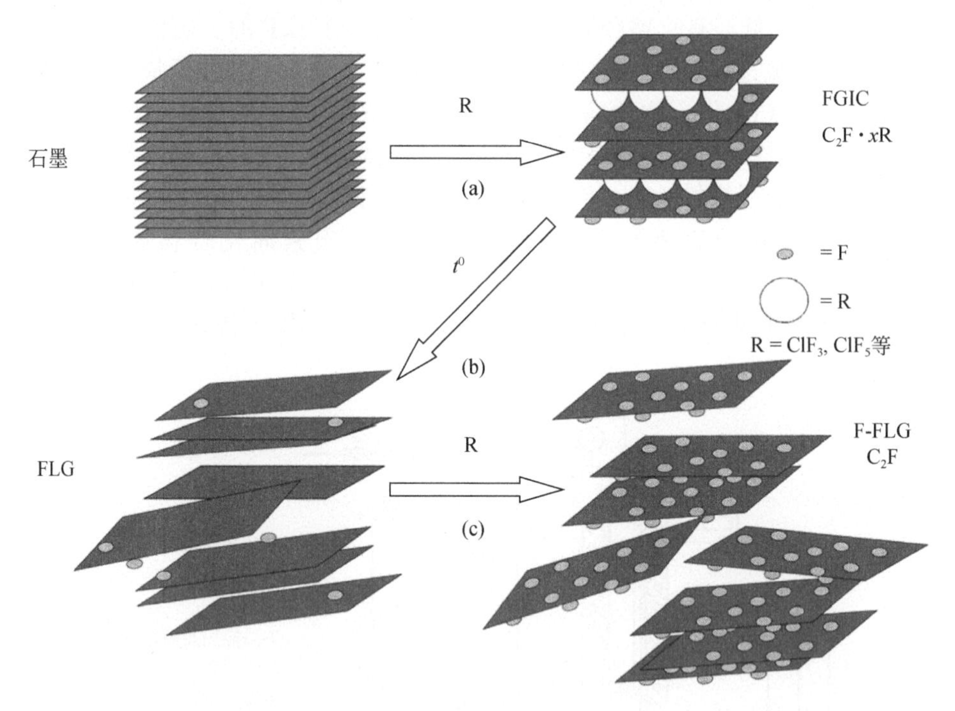

图2.16 制备少层氟化石墨烯材料示意图：（a）室温下石墨与卤素间化合物R插层反应；（b）插层氟化石墨化合物中间体 $C_2F \cdot xR$ 高温热分解；（c）室温下卤素间化合物R与热分解产物氟化反应；t^0 表示温度，一般在800℃以上[85]

2.3.3.2 液相合成法

液相合成法有时也叫作湿化学氟化法，也就是在液相氟化剂或者氟化剂溶液中完成对碳素材料氟化的技术。目前发展用于液相氟化工艺的氟化剂为氢氟酸溶液，采用水热或溶剂热路径制备氟化碳材料。

作为一种典型的湿化学氟化合成氟化碳路径，Wang 等在 180℃ 下水热处理氢氟酸和氧化石墨烯混合水溶液 30h 制备得到氟化石墨烯[92]；封伟课题组则通过一步水热法合成了氟化石墨烯水凝胶；先将质量分数 40% 的氢氟酸溶液加入氧化石墨烯溶液中并进行超声处理使二者充分混合均匀，随后将获得混合溶液转移到水热釜中通过在设置的温度下反应24h便可完成氟化反应；详细对比研究了90℃、120℃、150℃和180℃四组不同温度条件下所制备产物的形貌、结构、氟化度和电化学性能，发现150℃水热温度下制得的氟化石墨烯水凝胶用于超级电容器电极可实现227F/g超高法拉第容量和50.05kW/kg超高功率性能[93]。另一个工作中，Lee及其合作者采用溶剂热法在180℃下将氢氟酸（48wt%水溶液）和氧化石墨烯［分散于*N*-甲基-2-吡咯烷酮（NMP）中］的混合溶液处理不同时间合成出具有不同氟化度的氟化石墨烯纳米片[94]。上述以氢氟酸为氟源水热或溶剂热制备氟化碳材料路径线路可用图2.17表示[95]。

近年来，以无水氢氟酸为电解液和阴极，石墨棒充当阳极，用半透膜隔开阴阳两极，其中半透膜只允许氢氟酸分子自由穿梭而石墨颗粒无法通过，该电解装置理论上可通过电解法制备氟化碳；但该方法对设备耐腐蚀性要求苛刻，而且如何有效抑制产氢和产氟副反应也是此方法面临的比较棘手的一个技术难题，目前该方法几乎没有市场应用价值，因此也极少有学者研究[73]。

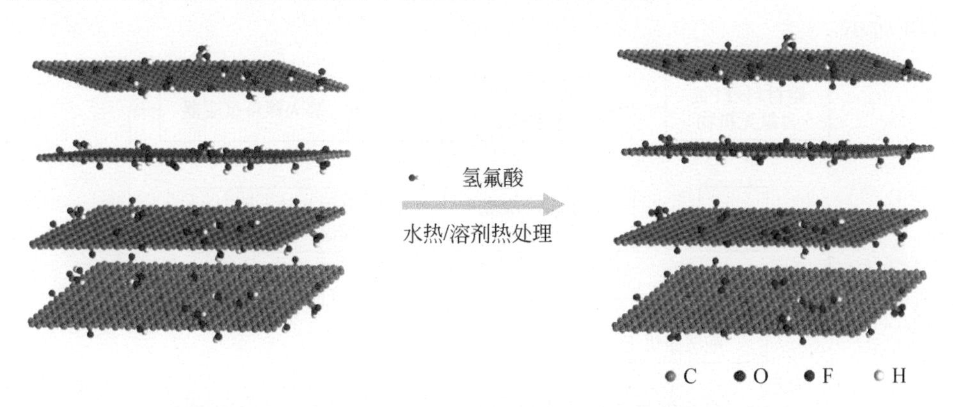

图2.17　氢氟酸水热或溶剂热法制备氟化石墨烯示意图[95]

液相法虽然工艺流程相对简单，水热或溶剂热法在放大实验条件下难以控制反应均一性和重现性，而电解法对设备要求较高难以实际推广，因此短期内难以见到液相法有产业化实际应用。

2.3.3.3　固相合成法

根据前两小节论述，气相合成法中的氟源是气态的氟单质或者其他类型的气态含氟化合物；液相合成法则是在溶解有氟化试剂的水溶液或有机溶剂的介质中完成氟化过程的方式；接下来要讨论的固相合成法则是采用固态氟化剂与碳素材料进行充分混合均匀后置于惰性气体如氮气或氩气气氛保护下，于一定的温度下进行氟化反应的过程。含氟聚合物（FP）是在固相合成中常用的一种固态氟化剂，比如，夏金童等首先将分别经过预处理的石墨粉与含氟聚合物以一定重量比例通过有机溶剂介质进行充分混合均匀后再置于150℃烘干处理，然后将得到的混合粉末压片放入镍舟中，将载有反应原料的镍舟放入管式电阻炉中密闭通入惰性保护气体氮气或氩气，将炉子加热并将炉温控制在300～600℃反应一定时间，待炉温降至室温后取出镍舟，获得目标产物粉末状氟化石墨[95]。

邹艳红和陈小文等从固态无机氟源和碳源角度探讨了固相合成氟化碳的方法，选择氟化铵、氟硅酸钠、氟硼酸钠、氟铝酸钾和氟硼酸钾五种含氟无机物为氟源，鳞片状石墨为碳源，按照氟源比碳源为1∶12质量配比进行混合均匀压片，然后置于高温管式炉在一定温度下加热反应2h，反应结束冷却至室温，对得到的固体粉末进行纯化处理，将纯化的样品进行X射线衍射（XRD）和红外光谱系统测试以证明无机氟源氟化制备氟化石墨的可能性，最终分析发现以含氟无机物为氟源的方法制备氟化石墨是具备一定可行性的，该方法进一步拓宽氟化碳材料合成渠道[81,96]。以FP和含氟无机物为氟源制备氟化碳的工艺流程如图2.18所示。

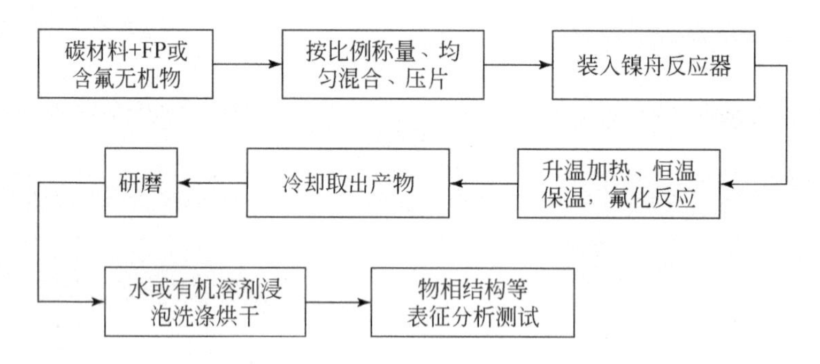

图2.18　以含氟聚合物或无机物为氟源合成氟化碳技术路线图[81,96]

刘建远等报道公开了一种氟化石墨制备的方法[97]，将六氟锰酸钾（K_2MnF_6）和SbF_5形成的无机复合氟化剂按比例与石墨充分混合均匀，通过K_2MnF_6与SbF_5反应生成的氟气与石墨在高纯氮气保护气氛中于360～550℃条件下充分反应1～4h，即可得到氟化石墨产品。反应中K_2MnF_6、SbF_5和石墨的最低化学计量配比可按照反应方程式（2-3）和式（2-4）计算。

$$2K_2MnF_6+4SbF_5 \longrightarrow 4KSbF_6+2MnF_3+F_2 \quad (2\text{-}3)$$

$$2C+xF_2 \longrightarrow 2CF_x \quad (2\text{-}4)$$

通过二氟化氙（XeF_2）可控热分解代替氟气做氟化试剂可使碳氟化反应在相对较低温度和温和的条件下发生[98-101]，如Jeon等[99]直接将石墨烯与XeF_2在250℃较低温度发生如下反应［式（2-5）］，可制备出具有优异紫外荧光性质的氟化石墨烯；Zhang及其合作者[100]叠加使用紫外辐照和低温加热技术实现对多壁碳纳米管的氟化加工，首先将预先称量好的固态 XeF_2 和碳纳米管隔开放置于同一密闭反应器的两端，对反应器加热同时对 XeF_2 进行紫外辐照使之发生分解反应［式（2-6）］，碳纳米管与 XeF_2 分解产生的 $F^{\bullet}$ 在180℃下反应12h便完成碳纳米管的氟化[101]。

$$2C+x\,XeF_2 \longrightarrow 2\,CF_x+xXe \tag{2-5}$$

$$XeF_2(g) \longrightarrow Xe(g)+2F^{\cdot} \tag{2-6}$$

Guérin 等详细研究了四氟化铽（TbF_4）热分解气相沉积制备氟化碳纳米纤维的反应，加热载有 TbF_4 反应器一端使之在450℃下分解生成高反应活性的 F_2 或原子态 $F^{\bullet}$，随后 F_2 或 $F^{\bullet}$ 扩散至氟化碳纳米纤维一端并与其在420～500℃下反应16h，所涉及氟化反应原理见式（2-7）和式（2-8），随后利用系统的核磁共振（NMR）和电子顺磁共振（EPR）表征技术揭示出由 TbF_4 热分解氟化制备得到的氟化碳相较于直接氟气氟化法合成的氟化碳，其中的 CF_2、CF_3 和悬挂键等电化学非活性基团数量相对较少，电化学放电性能测试也进一步证明该法制得氟化碳拥有更高比容量和更优倍率性能[72]。Ahmad 及同事详细对比了直接氟化法和采用 TbF_4 热分解氟化法制备氟化碳对氟化温度、氟化度、反应时间以及对氟化碳结构、性能等的影响，也观察到与 Guérin 等的类似现象和规律[102,103]。

$$TbF_4 \xrightarrow{\triangle} TbF_3+F^{\cdot}(1/2F_2) \tag{2-7}$$

$$C+xF^{\cdot}(x/2F_2) \xrightarrow{\triangle} CF_x \tag{2-8}$$

使用固态氟化试剂进行氟化碳的合成，反应激发方式包括高温、辐射等手段，具有比较高的安全性。但是该方法对反应原料颗粒大小等要求较高，颗粒度越粗大，反应均匀性会越差，合成效果也就差；颗粒度越细小，合成效果会有所改善。此外，由于固相氟化剂分解产生的氟元素较少且难以控制产氟含量，所以氟化碳的氟化度难以准确控制，所得氟化碳的产率也较低。

2.4　氟化碳的后处理

Li/CF_x 电池虽然理论电化学性能很优异，但实际电化学性能大部分不如理论值，比如热力学电压与实际放电电压之间存在很大差异[104]。核心因素是 CF_x 正极反应动力学缓慢，这本质上源于其特殊的化学特性以及锂化机制[105,106]。CF_x 材料的导电性差成为主要原因。大量研究表明其导电性是由碳材料与氟剂反应形成的C—F键类型决定的[63]。CF_x 材料中的C—F键根据氟化条件，可以合成不同类型的C—F键，包括结构之间具有离子和弱共价键以及纯共价键的化合物。对于指定的氟化碳前驱体，氟化温度是影响C—F键种类的重要因素。大部分商业所用的 Li/CF_x 电池主要来源于氟化石墨或者石油焦。通常通过石墨或石油焦的高温氟化获得的高 F/C 比大于 1 将不可避免地导致 C—F 键的共价增强，从而降低电导率[107]。

为了有效改善氟化碳的导电性，以期提高电池的电化学性能，研究人员已经做出了相当多的努力来改性 CF_x 材料，主要分为以下五类：掺杂改性、表面包覆、复合改性、等离子体处理及热处理技术[107]。

2.4.1　氟化碳掺杂改性

由于可以使用不同的元素来调节缺陷的构型，掺杂改性是氟化碳改性处理最常用的一种策略。通常，研究者采用 B、N 或 S 等元素进行掺杂改性。Wang 等[108]制备了 B 掺杂氟化石墨烯（FBG），探究了 B 掺杂对 Li/CF_x 电池电化学性能的影响。FBG 样品具有极高的比容量（~1200mAh/g），最大能量密度为 2974Wh/kg，倍率性能也非常显著，最大功率密度达到 30.56kW/kg。Zhu 等[109]为提高 Li/CF_x 电池用氟化碳（CF_x）的电化学性能，采用 N、S 双原子掺杂一步脱氟法制备了氮硫共掺杂的亚氟化碳正极材料（NS-sCF_x）。实验结果证实，N 和 S 元素在 CF_x 材料表面成功掺杂，并使表面氟化程度降低。DFT 计算和实验结果表明，杂原子共掺杂和除氟可以产生导电界面，增加活化位点，诱导电荷重分布，产生优越的电子和锂离子转移速率。因此，NS-sCF_x 正极材料具有优异的电化学性能、大比容量、高倍率性能、高功率密度、无初始电压延迟等特点。Li/NS-sCF_x 电池在 20C 时的放电比容量为 590.4mAh/g，电压平台为 1.997V，无初始电压延迟，对应的功率密度为 35946W/kg。特别是，在 70C 的电流密度下，在没有明显的初始电压延迟的情况下，可以实现高达 107100W/kg 的超高功率密度（图 2.19）。本研究揭示了 N/S 共掺杂和除氟对 NS-sCF_x 材料电化学性能改善的作用机理，可为相关电极材料的设计和开发提供参考。

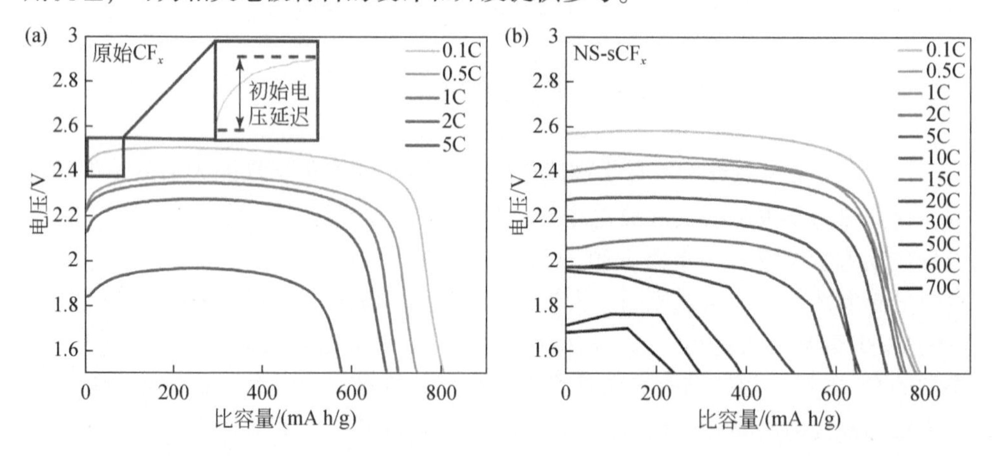

图 2.19　不同速率下的恒流放电图：（a）原始 Li/CF_x 电池；（b）Li/NS-sCF_x 电池[109]

2.4.2　氟化碳表面包覆

包覆改性是指通过在氟化碳材料的表面包覆如导电聚合物、碳等导电相，从而增加 CF_x 的电导率并改善电池的性能，其中碳涂层的应用最为广泛[110]。一般来说，它不仅可以提高电极材料本身的电导率，此外还能够提供稳定的电化学反应界面。例如 Zhang 等[110]通过在氮气中高温分解聚偏氟乙烯，在商品 CF_x 颗粒表面涂覆了一层导电碳层，为电子传导提供了良好的传输性，从而实现了高倍率性能。碳包覆改善 CF_x 正极电化学性能的机理[111]如图 2.20 所示。

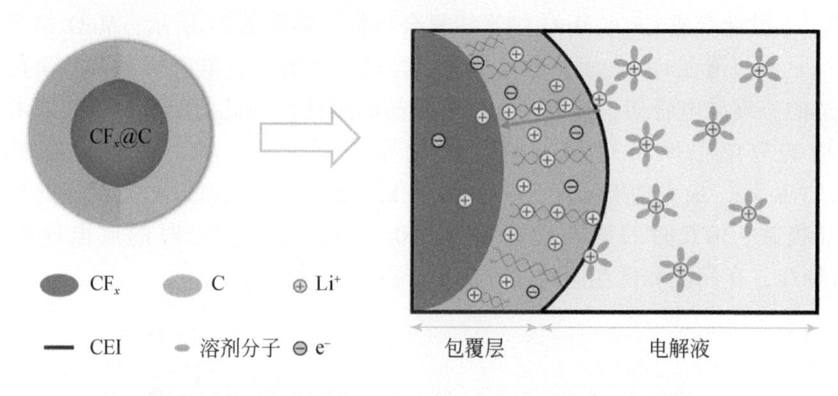

图 2.20　碳包覆改善 CF_x 正极电化学性能的机理图[111]

除了采用无机碳材料包覆，导电聚合物如聚多巴胺（polydopamine，PDA）、聚吡咯（polypyrrole，PPy）、聚噻吩（polythiophene，PTh）、聚苯胺（polyaniline，PANI）等[112,113]已被证明具有优异的机械和电化学性能，可有效提高锂电池的电化学性能。例如 Zhu 等[114]采用原位化学氧化聚合法制备了 PPy 包覆氟化石墨复合材料，研究了涂层厚度对聚吡咯涂层复合正极电化学性能的影响。结果表明，与未处理的 CF_x 正极相比，CF_x@PPy 正极的倍率性能有所提高。聚吡咯涂层作为电荷从 CF_x 表面转移到反应界面的路径，并且 CF_x@PPy 的电导率随着 PPy 涂层的增加而增加，但 PPy 涂层过厚会抑制锂离子的迁移，甚至会降低放电容量。研究得出 PPy 涂层厚度为 80nm 的 CF_x@PPy 复合材料具有优异的倍率性能和最大功率密度，在 6C 倍率下时最高可达 7091W/kg。此外 Yin 等[115]通过在 CF_x 表面原位聚噻吩（PTh）单体，合成了一系列 PTh/CF_x 复合电极。TEM 结果表明了 22.94wt% PTh 是复合电极最优异的比例，因为 CF_x 颗粒表面有均匀且完整的 PTh 涂层。电化学阻抗谱（EIS）测量证实 PTh 涂层明显减少了 CF_x 电极的电荷转移电阻。导电 PTh 作为导电添加剂和多孔吸附剂，因此与初始 CF_x 正极相比，PTh/CF_x 复合材料的倍率性能有了明显的提高。PTh 涂层的量同样会对 PTh/CF_x 复合材料的电化学性能起到作用，当复合电极中含有 22.94wt% PTh 时，以4C的高倍率放电，可以提供4997W/kg的最大功率密度，与高达1707Wh/kg的能量密度。另外，Li等[116]通过原位化学氧化聚合法合成具有核/壳结构的CF_x/PANI复合电极，在CF_x上涂覆PANI后，涂层后具有突出的电化学性能，放电比容量在0.1C时接近理论比容量，原始CF_x的最大放电率为2C，而高达8C的更高放电率可用CF_x/PANI整体复合材料，高倍率条件下功率密度可达10000W/kg以上，此外与原始CF_x正极相比，CF_x/PANI整体复合材料正极的电阻值显著降低。

另外，研究人员发现氧化物可以显著提高CF_x正极的电化学性能。例如，Luo等[117]设计合成CF_x@MnO_2纳米线复合材料，如图2.21所示，MnO_2纳米线相互缠绕紧密包覆在CF_x表面，不仅提供了容量，改善了放电电压平台，而且形成了合适的三维导电骨架，提高了CF_x表面的润湿性。因此，CF_x@MnO_2纳米线复合正极的放电倍率可达6C，表现出优异的电化学性能，最大能量密度为1613.9Wh/kg，最大功率密度为9781.0W/kg，远高于原始的CF_x正极。此外，该复合正极在-30℃时的放电比容量为650mAh/g，在100℃时的放电比容量为950mAh/g，在高温和低温下均表现出优异的放电性能。

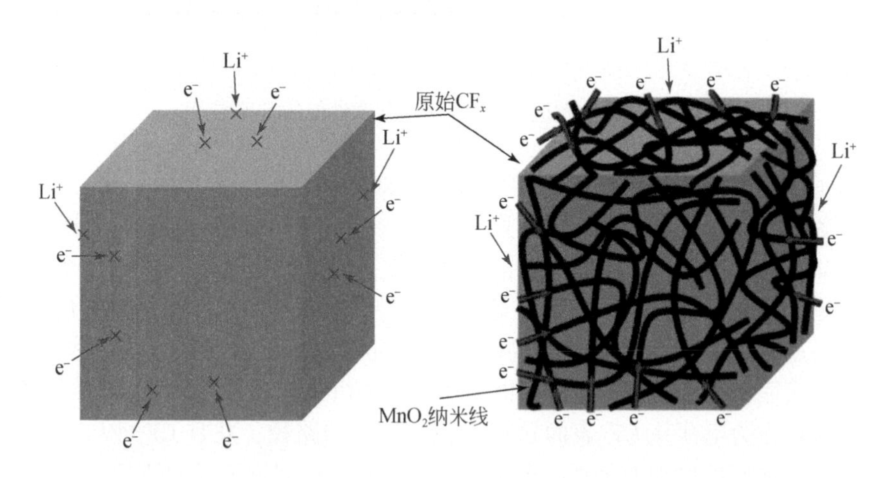

图2.21 原始CF_x和CF_x@MnO_2纳米线复合材料在放电过程电子和Li^+路径示意图[117]

2.4.3 氟化碳紫外辐照改性

Ma等发展了一种紫外线辐射方法来修改CF_x材料，以提高倍率性能和能量密度[118]。这种简便有效的紫外线诱导方法不仅可以在CF_x表面原位形成碳涂层，构建更好的导电网络，而且可以调整C—F键，修饰CF_x的结构以获得更高比例的活性位点。经紫外辐射处理后的CF_x具有多级结构，更加丰富的通道以及更精细的表面尺寸，提供了更好的电解质渗透性和更短的离子扩散路径长度。紫外线照射后，原来的层状 CF_x 在表面形成一些薄片。这些薄片相互堆叠形成丰富的通道。在放电过程中，Li^+ 可以通过这些丰富的通道更快地传输。这些因素的综合作用，导致紫外辐射改性后的氟化软碳具有更加优异的倍率性能。图 2.22 展示了紫外改性的装置。紫外改性装置主体由紫外灯和磁力搅拌器组成，并将设备置于遮光布中进行实验。所需的设备并不是昂贵精密的仪器，是能够实现大规模改性氟化碳的。

图 2.22　紫外辐射改性氟化碳装置示意图[118]

通过 SEM 表征了紫外辐射改性前后的形貌和结构，如图 2.23 所示。并通过粒径统计软件统计了图 2.23（a）、（d）和（g）的粒径大小。从 SEM 图中可以看到，原始的 FSC 是呈现不规则的块体，在氟化后仍然维持着碳源（SC）的层状结构。通过粒径统计其平均粒径大约为 10.95μm，且最大的粒径可达 25μm 左右，粒径分布差值较大。为了对比紫外改性前后氟化碳（FSC）的形貌结构变化，图 2.23（d）~（f）和（g）~（i）分别展示了 FSC-5W-72h 和 FSC-15W-72h 两个样品的形貌。对比紫外辐射改性前后的形貌可以发现，在 5W 和 15W 的紫外灯辐射 72h 后，FSC 的形貌结构仍是不规则的块体，且层状结构也并未被完全破坏[118]。但不同的是，在紫外辐射后的 FSC 大颗粒表面附着许多细小的碎片，这些碎片是在辐射过程中被紫外线能量从原本的大块体上剥离形成的，它的尺寸并不均匀。这些细小不规则的碎片，能够形成更多的扩散和传输通道。

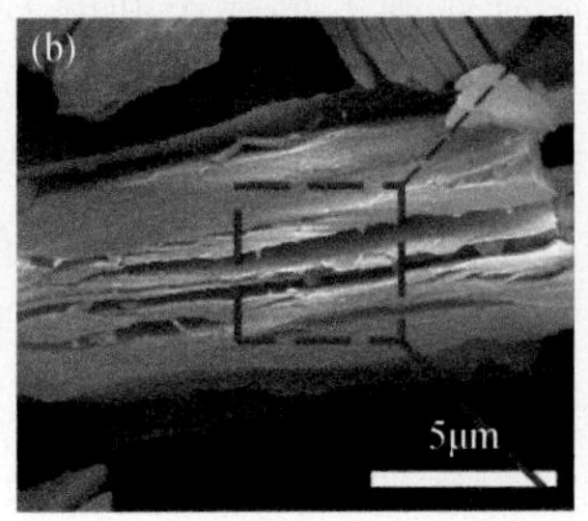

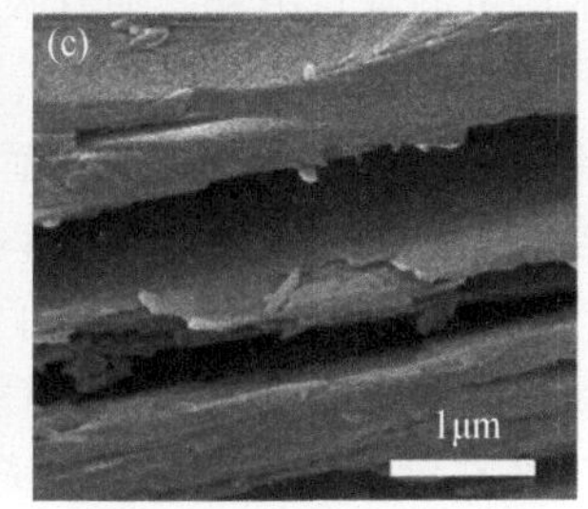

图 2.23 紫外改性前后 SEM 对比图：(a)～(c) FSC；(d)～(f) FSC-5W-72h；(g)～(i) FSC-15W-72h[118]

2.4.4 氟化碳等离子体处理

等离子体是包含足够多正负电荷数目近似相等的带电粒子的非凝聚系统，一般分为高温等离子体和低温等离子体[119]。高温等离子体形成所需的温度高达 10^8～10^9K（10^4～10^5eV），如工业中的核反应。低温等离子体常温下形成，应用范围广泛，如材料的氧化还原、表面改性和涂层处理等。等离子体中电子温度（T_e）和离子温度（T_i）与等离子体的性质息息相关，当等离子体的离子温度较低而电子温度极高时（$T_i \ll T_e$），被称为低温等离子体[119]。低温等离子体技术具有设备操作简单、耗时短、热效应低、无有害废物产生等优点，在锂电池电极材料的制备与改性中得到了广泛应用。

通常，等离子体技术被用于合成 CF_x 材料。这种氟化方法是利用等离子体技术产生的氟自由基，使其吸附在碳源上形成不同的 C—F 键，达到制备氟化碳的目的，一般选用 SF_6、CF_4、F_2 等作为等离子体源[38]。例如，Gasvoda 等[120]采用 H_2 和 SF_6 等离子体处理多壁碳纳米管（MWCNTs），实现氢化和氟化，并控制处理反应时间来修饰 MWCNTs 的表面化学性质以及润湿性。

此外，简贤团队发展了等离子体处理改性 CF_x 的新思路：采用高能粒子改性氟化碳表面特性，一部分 C—F 键断裂原位形成超薄碳层于 CF_x 表面，同时激发 C—F共价键往离子键和半离子键转变进而实现抑制极化，增强 CF_x 的电化学放电活性。笔者团队成员彭艺硕士等研究者[119]利用空气等离子体技术诱导改性 CF_x 材料（设计思路见图 2.24），通过控制诱导处理的时间，来调节 C—F 键类型，降低电负性，有利于减弱极化现象。同时也提高了半离子键的导电性和比例。在专一性方面，通过调节等离子体改性时间（60min），在 200W 下合成了具有高浓度半离子型 C—F 键的优化 CF_x-60。其中 CF_x-60 具有较少的非活性 $C—F_2$、$C—F_3$ 键，合理数量的杂化 $sp^2C═C$ 和 $sp^3C—C$ 键形成电子导电网络及丰富的电化学活性半离子 C—F 键。其中 CF_x-60 正极在 8C 下具有 676.76mAh/g 的优异比容量，能量密度为 1184.31Wh/kg。所设计的策略简单易行且环境友好，实现了性能优异的 CF_x 电池原子量级的精确调控，具有很大的实际应用潜力。之后，他们运用此技术实现了 Ag_2O 修饰氟化碳材料。该材料展现了超高的电压平台（2.74V），还实现了超高的能量密度（1984.51Wh/kg）与功率密度（1C 下为 2273.06W/kg，8C 下达到了 15139.64W/kg）。

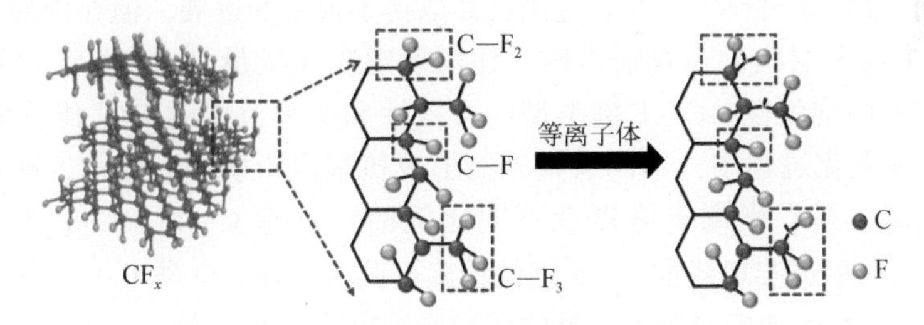

图 2.24　CF_x 材料改性设计思路示意图[119]

2.4.5　氟化碳热处理技术

根据报道，热处理不仅可以减少 CF_x 电极材料初始电压延迟，而且能提高放电电压平台。Zhang 等[121]开发了一种通过加热 CF_x 和柠檬酸（CA）的混合物进行热处理的方法，其中柠檬酸作为额外的碳源。通过原始和亚氟化 CF_x 阴极的两个 Li/CF_x 电池的放电曲线比较［图 2.25（a）］、热重分析［TGA，图 2.25（b）］等方法，确定了 CF_x 正极材料的热处理条件。结果表明，低于 CF_x 材料分解温度的热处理为改善 Li/CF_x 电池的放电性能提供了一种有效的途径。热处理使得 CF_x 有限分解，形成具有更高功率性能的亚氟化碳，得到的亚氟化 CF_x 电极表现出升高的放电电压和降低的电阻。

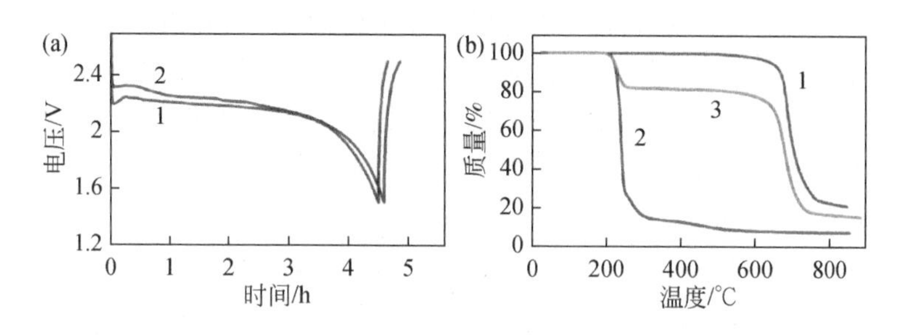

图 2.25　(a) Li/CF_x电池的放电曲线；(b) TGA 曲线[121]

2.5　氟化碳材料研究热点及发展

当前，氟化碳材料的开发和应用已经取得了很大的进展，但在面对未来更大规模的用量和多层次的市场需求时，还需要解决大批量合成/生产、精确氟化、C—F 键性质的均匀性、C—F 键类型的可控性和更大范围的 F/C 比（>1.3）等问题[63]。在氟化过程中，不同碳氟键的形成机理尚不明确。通常，氟化碳由不同比例的离子键、半离子键以及不同比例的共价键 C—F、C—F_2 和 C—F_3 组成[4]。因此，很难实现特定 C—F 键的精确可调。此外，突破 F/C 比值的理论极限，在提高一次电池能量密度等具体应用场景中具有重要意义。

通过设计不同结构的氟化碳，如核壳结构、多孔结构、纳米结构（纳米管、纳米纤维、纳米片等），可以深入了解结构特征与氟化碳之间的内在联系。氟化碳的结构在很大程度上取决于碳源和氟化方法的选择。因此，开发不同的碳源和合适的氟化方法仍是未来研究的热点[4]。尽管碳纳米材料在结构控制和优化上有一定优势，但在其实效电池应用过程中，电解液需求量多，很难产业化。实际应用过程中，氟化碳的碳源还应保证致密度大于 0.5g/cm^3，易于极片加工，防止放电膨胀的基础上，设计新型的表面杂原子改性和抑制极化。

2.6　总结和展望

总的来说，氟化碳材料的微观结构和物理化学性能主要取决于碳源和氟化工艺。目前文献主要报道的碳源有多种碳纳米材料，例如石墨烯、富勒烯、多孔碳等；从实用化角度思考还应该考虑致密度、比表面积、粒径等因素，商业上发展的主要是石墨、硬碳和软碳等。氟化工艺主要发展的是直接氟化工艺，其具有高效的优点和合成危险性缺点。氟化度可根据通氟量和反应温度进行较精确调控，氟化均匀性好，产率也较高，直接氟化法是目前产业化合成氟化碳的主流方法。

而间接氟化工艺中的气相合成法由于工艺条件要求相对较低、技术也较成熟，与直接氟气氟化法有诸多相似之处，它是对传统的直接氟气氟化法的升级改进，有较好的发展前景，也是目前实际市场化使用的主要方法之一。液相法虽然工艺流程相对简单，具备连续生产的基础，但对设备要求高，产率和氟化度低，氟化效果也一般，短期内难以实现大规模放大应用；固相法则简化了操作难度，降低了合成过程中的危险指数，但该方法对氟化度调控效果不佳，氟化效率低，产品产率也不高，操作流程也比其他方法更复杂烦琐，因而该法目前尚处于实验室研究阶段，距离实际应用还有很长的路。无论如何，在操作此类氟化工反应时一定要千万小心并做好相关防护措施。但是不管用哪种氟化工艺技术合成氟化碳，获取产率高和氟化度可控的高性能氟化碳材料始终是所有制备方法高度一致的终极目标。

参考文献

[1] Liu Y，Jiang L，Wang H，et al. A brief review for fluorinated carbon：synthesis，properties and applications［J］. Nanotechnology Reviews，2019，8（1）：573-586.

[2] 朱岭．氟化碳材料表面改性及其在锂电池中的应用研究［D］．湘潭：湘潭大学，2016.

[3] 彭聪．气相氟化法制备氟化碳材料及其性能研究［D］．天津：天津大学，2021.

[4] Feng W. Status and development trends for fluorinated carbon in China［J］. New Carbon Materials，2023，38（1）：130-142.

[5] Liu Y，Shi H，Wu Z S. Recent status，key strategies and challenging perspectives of fast-charging graphite anodes for lithium-ion batteries［J］. Energy & Environmental Science，2023，16（11）：4834-4871.

[6] Mullan C，Slizovskiy S，Yin J，et al. Mixing of moiré-surface and bulk states in graphite［J］. Nature，2023，620（7975）：756-761.

[7] 马俊．紫外辐射改性氟化碳材料及其储能研究［D］．成都：电子科技大学，2022.

[8] Xie F，Xu Z，Jensen A C S，et al. Hard-soft carbon composite anodes with synergistic sodium storage performance［J］. Advanced Functional Materials，2019，29（24）：1901072.

[9] Soltani N，Bahrami A，Giebeler L，et al. Progress and challenges in using sustainable carbon anodes in rechargeable metal-ion batteries［J］. Progress in Energy and Combustion Science，2021，87：100929.

[10] Zhang W，Zhang F，Ming F，Alshareef H N. Sodium-ion battery anodes：status and future trends［J］. EnergyChem，2019，1（2）：100012.

[11] Wang Y D M，Wang J，Yang B，et al. Study on the effects of carbonization temperature on lithium-storage kinetics for soft carbon［J］. Energy Storage Science and Technology，2022，11（6）：1715-1724.

[12] Hao M，Xiao N，Wang Y，et al. Pitch-derived N-doped porous carbon nanosheets with expanded interlayer distance as high-performance sodium-ion battery anodes［J］. Fuel

Processing Technology, 2018, 177: 328-335.

[13] Yang Y, Wu C, He X X, et al. Boosting the development of hard carbon for sodium- ion batteries: strategies to optimize the initial coulombic efficiency [J]. Advanced Functional Materials, 2023: 2302277.

[14] Chu Y, Zhang J, Zhang Y, et al. Reconfiguring hard carbons with emerging sodium- ion batteries: a perspective [J]. Advanced Materials, 2023, 35 (31): 2212186.

[15] Komaba S, Murata W, Ishikawa T, et al. Electrochemical Na insertion and solid electrolyte interphase for hard- carbon electrodes and application to Na- ion batteries [J]. Advanced Functional Materials, 2011, 21 (20): 3859-3867.

[16] Stevens D A, Dahn J R. High capacity anode materials for rechargeable sodium - ion batteries [J]. Journal of The Electrochemical Society, 2000, 147 (4): 1271.

[17] Bommier C, Mitlin D, Ji X. Internal structure- Na storage mechanisms- electrochemical performance relations in carbons [J]. Progress in Materials Science, 2018, 97: 170-203.

[18] Bai P, He Y, Zou X, et al. Elucidation of the sodium-storage mechanism in hard carbons [J]. Advanced Energy Materials, 2018, 8 (15): 1703217.

[19] Wang X, Wang H. Designing carbon anodes for advanced potassium- ion batteries: materials, modifications, and mechanisms [J]. Advanced Powder Materials, 2022, 1 (4): 100057.

[20] Krätschmer W, Lamb L D, Fostiropoulos K, et al. Solid C_{60}: a new form of carbon [J]. Nature, 1990, 347 (6291): 354-358.

[21] Haddon R C, Brus L E, Raghavachari K. Rehybridization and π- orbital alignment: the key to the existence of spheroidal carbon clusters [J]. Chemical Physics Letters, 1986, 131 (3): 165-169.

[22] 谢广宇，吕晗，陈雪，等. 富勒烯 C_{60}的发现、结构、性质与应用 [J]. 炭素，2021，(03): 34-42.

[23] Hamwi A. Fluorine reactivity with graphite and fullerenes. fluoride derivatives and some practical electrochemical applications [J]. Journal of Physics and Chemistry of Solids, 1996, 57 (6): 677-688.

[24] Claves D, Giraudet J, Hamwi A, et al. Structural, bonding, and electrochemical properties of perfluorinated fullerene C_{70} [J]. The Journal of Physical Chemistry B, 2001, 105 (9): 1739-1742.

[25] Holloway J H, Hope E G, Taylor R, et al. Fluorination of buckminsterfullerene [J]. Journal of the Chemical Society, Chemical Communications, 1991, (14): 966-969.

[26] Liu N, Touhara H, Okino F, et al. Solid - state lithium cells based on fluorinated fullerene cathodes [J]. Journal of The Electrochemical Society, 1996, 143 (7): 2267.

[27] Yazami R, Touzain P, Bonnetain L. Generateurs electrochimiques lithium/composes d'insertion du graphite avec $FeCl_3$, $CuCl_3$, $MnCl_2$ et $CoCl_2$ [J]. Synthetic Metals, 1983, 7 (3): 169-176.

[28] Matsuo Y, Nakajima T. Electrochemical properties of fluorinated fullerene C_{60} [J].

Electrochimica Acta, 1996, 41 (1): 15-19.

[29] Zheng Y B, Jiang Z G, Zhu P W. Development on the preparation and application of onion-like carbon [J]. Journal of Inorganic Materials, 2015, 30 (8): 793-801.

[30] Das C M, Kang L, Yang G, et al. Multifaceted hybrid carbon fibers: applications in renewables, sensing and tissue engineering [J]. Journal of Composites Science, 2020, 4 (3): 117.

[31] Iijima S, Ichihashi T. Single-shell carbon nanotubes of 1-nm diameter [J]. Nature, 1993, 363 (6430): 603-605.

[32] Iijima S. Helical microtubules of graphitic carbon [J]. Nature, 1991, 354 (6348): 56-58.

[33] Henning T, Salama F. Carbon in the universe [J]. Science, 1998, 282 (5397): 2204-2210.

[34] Zhang S, Kang L, Wang X, et al. Arrays of horizontal carbon nanotubes of controlled chirality grown using designed catalysts [J]. Nature, 2017, 543 (7644): 234-238.

[35] Yang X, Wu L, Hou J, et al. Symmetrical growth of carbon nanotube arrays on FeSiAl micro-flake for enhancement of lithium-ion battery capacity [J]. Carbon, 2022, 189: 93-103.

[36] Guo S Y, Hu X G, Hou P X, et al. A self-powered flexible gas-sensing system based on single-wall carbon nanotube films [J]. Cell Reports Physical Science, 2022, 3 (12): 101163.

[37] Zhao C X, Liu J N, Wang J, et al. A clicking confinement strategy to fabricate transition metal single-atom sites for bifunctional oxygen electrocatalysis [J]. Science Advances, 2022, 8 (11): eabn5091.

[38] Gupta N, Gupta S M, Sharma S K. Carbon nanotubes: synthesis, properties and engineering applications [J]. Carbon Letters, 2019, 29 (5): 419-447.

[39] Nakajima T, Kasamatsu S, Matsuo Y. Synthesis and characterization of fluorinated carbon nanotube [J]. European Journal of Solid State and Inorganic Chemistry, 1996, 33 (9): 831-840.

[40] Hamwi A, Gendraud P, Gaucher H, et al. Electrochemical properties of carbon nanotube fluorides in a lithium cell system [J]. Molecular Crystals and Liquid Crystals Science and Technology Section A, Molecular Crystals and Liquid Crystals, 1998, 310 (1): 185-190.

[41] Li Y, Wu X, Liu C, et al. Fluorinated multi-walled carbon nanotubes as cathode materials of lithium and sodium primary batteries: effect of graphitization of carbon nanotubes [J]. Journal of Materials Chemistry A, 2019, 7 (12): 7128-7137.

[42] Nunes W G, Da Silva L M, Vicentini R, et al. Nickel oxide nanoparticles supported onto oriented multi-walled carbon nanotube as electrodes for electrochemical capacitors [J]. Electrochimica Acta, 2019, 298: 468-483.

[43] Tang X, Yue H, Liu L, et al. Vertically aligned carbon nanotube microbundle arrays for field-emission applications [J]. ACS Applied Nano Materials, 2020, 3 (8): 7659-7667.

[44] Oliveira T M B F, Morais S. New generation of electrochemical sensors based on multi-walled

carbon nanotubes [J] . Applied Sciences, 2018, 8 (10): 1925.

[45] He M, Zhang S, Zhang J. Horizontal single- walled carbon nanotube arrays: controlled synthesis, characterizations, and applications [J] . Chemical Reviews, 2020, 120 (22): 12592-12684.

[46] Pander A, Onishi T, Hatta A, et al. Study of self-organized structure in carbon nanotube forest by fractal dimension and lacunarity analysis [J] . Materials Characterization, 2020, 160: 110086.

[47] Bulusheva L G, Arkhipov V E, Fedorovskaya E O, et al. Fabrication of free-standing aligned multiwalled carbon nanotube array for Li-ion batteries [J] . Journal of Power Sources, 2016, 311: 42-48.

[48] Al-Saleh M H, Sundararaj U. A review of vapor grown carbon nanofiber/polymer conductive composites [J] . Carbon, 2009, 47 (1): 2-22.

[49] Chen L, Ju B, Feng Z, et al. Vertically aligned carbon nanotube arrays as thermal interface material for vibrational structure of piezoelectric transformer [J] . Smart Materials and Structures, 2018, 27 (7): 075007.

[50] Yadav D, Amini F, Ehrmann A. Recent advances in carbon nanofibers and their applications-a review [J] . European Polymer Journal, 2020, 138: 109963.

[51] Ozkan T, Naraghi M, Chasiotis I. Mechanical properties of vapor grown carbon nanofibers [J] . Carbon, 2010, 48 (1): 239-244.

[52] Lee B O, Woo W J, Kim M-S. EMI Shielding effectiveness of carbon nanofiber filled poly (vinyl alcohol) coating materials [J] . Macromolecular Materials and Engineering, 2001, 286 (2): 114-118.

[53] Bai S, Fan C, Li L, et al. Synthesis of two-dimensional porous carbon nanosheets for high performance supercapacitors [J] . Journal of Electroanalytical Chemistry, 2021, 886: 115119.

[54] Yu Jia Z, Hong Wei Zhu. Structure, properties and potential applications of graphene [J] . Physics, 2018, 47 (11): 704-714.

[55] Zhou Y, Ren J, Yang Y, et al. Biomass-derived nitrogen and oxygen co-doped hierarchical porous carbon for high performance symmetric supercapacitor [J] . Journal of Solid State Chemistry, 2018, 268: 149-158.

[56] Geim A K, Novoselov K S. The rise of graphene [J] . Nature Materials, 2007, 6 (3): 183-191.

[57] Zhao K, Ying H, Zhu Mo, et al. A review: biodegradation strategy of graphene-based materials [J] . Acta Chimica Sinica, 2018, 76 (3): 168-176.

[58] Wang H, Maiyalagan T, Wang X. Review on recent progress in nitrogen-doped graphene: synthesis, characterization, and its potential applications [J] . ACS Catalysis, 2012, 2 (5): 781-794.

[59] Kong X K, Chen C L, Chen Q W. Doped graphene for metal-free catalysis [J] . Chemical Society Reviews, 2014, 43 (8): 2841-2857.

[60] Zhou A A, Bai J, Hong W, et al. Electrochemically reduced graphene oxide: preparation, composites, and applications [J]. Carbon, 2022, 191: 301-332.

[61] Nanaji K, Sarada B V, Varadaraju U V, et al. A novel approach to synthesize porous graphene sheets by exploring KOH as pore inducing agent as well as a catalyst for supercapacitors with ultra-fast rate capability [J]. Renewable Energy, 2021, 172: 502-513.

[62] Sun Z, Zheng M, Hu H, et al. From biomass wastes to vertically aligned graphene nanosheet arrays: a catalyst-free synthetic strategy towards high-quality graphene for electrochemical energy storage [J]. Chemical Engineering Journal, 2018, 336: 550-561.

[63] Feng W, Long P, Feng Y, Li Y. Two- dimensional fluorinated graphene: synthesis, structures, properties and applications [J]. Advanced Science, 2016, 3 (7): 1500413.

[64] Damien D, Sudeep P M, Narayanan T N, et al. Fluorinated graphene based electrodes for high performance primary lithium batteries [J]. RSC Advances, 2013, 3 (48): 25702-25706.

[65] Wang X, Wang W, Liu Y, et al. Controllable defluorination of fluorinated graphene and weakening of C—F bonding under the action of nucleophilic dipolar solvent [J]. Physical Chemistry Chemical Physics, 2016, 18 (4): 3285-3293.

[66] He Y, Zhuang X, Lei C, et al. Porous carbon nanosheets: synthetic strategies and electrochemical energy related applications [J]. Nano Today, 2019, 24: 103-119.

[67] Yang X, He H, Lv T, et al. Fabrication of biomass- based functional carbon materials for energy conversion and storage [J]. Materials Science and Engineering: R: Reports, 2023, 154: 100736.

[68] Ruff O, Bretschneider O. Die Reaktionsprodukte der verschiedenen Kohlenstoffformen mit Fluor II (Kohlenstoff-monofluorid) [J]. Zeitschrift für anorganische und allgemeine Chemie, 1934, 217 (1): 1-18.

[69] Rüdorff W, Rüdorff G. Zur Konstitution des Kohlenstoff-Monofluorids [J]. Zeitschrift für anorganische Chemie, 1947, 253 (5-6): 281-296.

[70] Palin D E, Wadsworth K D. Structure of carbon monofluoride [J]. Nature, 1948, 162 (4128): 925-926.

[71] 方治文，穆海波，刘超，等. 一种催化法制备高纯氟化石墨的方法 [P]. CN: 2015-05-01.

[72] Guérin K, Dubois M, Houdayer A, et al. Applicative performances of fluorinated carbons through fluorination routes: a review [J]. Journal of Fluorine Chemistry, 2012, 134: 11-17.

[73] 时杰，臧浩宇，刘庆，等. 氟化石墨合成研究新进展 [J]. 中国科技论文在线精品论文，2018，11：1185-1191.

[74] Palchan I, Davidov D, Selig H. Preparation and properties of new graphite-fluorine intercalation compounds [J]. Journal of the Chemical Society, Chemical Communications, 1983, 12: 657-658.

[75] Nakajima T, Watanabe N, Kameda I, et al. Preparation and electrical conductivity of fluorine-graphite fiber intercalation compound [J]. Carbon, 1986, 24 (3): 343-351.

[76] 赵东辉，戴涛，周鹏伟．一种低温制备氟化石墨的方法［P］．CN：2014-08-13.

[77] Hamwi A，Daoud M，Cousseins J C. Graphite fluorides prepared at room temperature 1. synthesis and characterization［J］．Synthetic Metals，1988，26（1）：89-98.

[78] Delabarre C，Guérin K，Dubois M，et al. Highly fluorinated graphite prepared from graphite fluoride formed using BF_3 catalyst［J］．Journal of Fluorine Chemistry，2005，126（7）：1078-1087.

[79] Guérin K P，J P，Dubois M，et al. Synthesis and characterization of highly fluorinated graphite containing sp^2 and sp^3 carbon［J］．Chem Mater，2004，16（9）：1785-1792.

[80] Palchan I D D，Selig H. Preparation and properties of new graphite- fluorine intercalation compounds［J］．Journal of the Chemical Society，Chemical Communications，1983，12：657-658.

[81] 邹艳红．氟化石墨合成新技术研究［D］．长沙：湖南大学，2022.

[82] 岳红军．锰酸锂与氟化碳阴极材料的制备及电化学性能研究［D］．厦门：厦门大学，2011.

[83] 刘志超，党海军，李辉，等．以三氟化氮为氟化剂合成氟化石墨或氟化碳的工艺［P］．CN：2008-04-30.

[84] Matsumoto K，Li J，Ohzawa Y，et al. Surface structure and electrochemical characteristics of natural graphite fluorinated by ClF_3［J］．Journal of Fluorine Chemistry，2006，127（10）：1383-1389.

[85] Grayfer E D，Makotchenko V G，Kibis L S，et al. Synthesis，properties，and dispersion of few-layer graphene fluoride［J］．Chemistry- An Asian Journal，2013，8（9）：2015-2022.

[86] Selig H，Sunder W A，Vasile M J，et al. Intercalation of halogen fluorides into graphite［J］．Journal of Fluorine Chemistry，1978，12（5）：397-412.

[87] Yu X，Lin K，Qiu K，et al. Increased chemical enhancement of Raman spectra for molecules adsorbed on fluorinated reduced graphene oxide［J］．Carbon，2012，50（12）：4512-4517.

[88] Zhang H，Fan L，Dong H，et al. Spectroscopic investigation of plasma- fluorinated monolayer graphene and application for gas sensing［J］．ACS Applied Materials & Interfaces，2016，8（13）：8652-8661.

[89] Struzzi C，Scardamaglia M，Reckinger N，et al. Probing plasma fluorinated graphene via spectromicroscopy［J］．Physical Chemistry Chemical Physics，2017，19（46）：31418-31428.

[90] Saikia N J，Ewels C，Colomer J F，et al. Plasma fluorination of vertically aligned carbon nanotubes［J］．The Journal of Physical Chemistry C，2013，117（28）：14635-14641.

[91] Abdelkader-Fernández V K，Morales- Lara F，Melguizo M，et al. Degree of functionalization and stability of fluorine groups fixed to carbon nanotubes and graphite nanoplates by CF_4 microwave plasma［J］．Applied Surface Science，2015，357：1410-1418.

[92] Wang Z，Wang J，Li Z，et al. Synthesis of fluorinated graphene with tunable degree of fluorination［J］．Carbon，2012，50（15）：5403-5410.

[93] An H，Li Y，Long P，et al. Hydrothermal preparation of fluorinated graphene hydrogel for

high-performance supercapacitors [J]. Journal of Power Sources, 2016, 312: 146-155.

[94] Lee M G, Lee S, Cho J, et al. Effect of the fluorination of graphene nanoflake on the dispersion and mechanical properties of polypropylene nanocomposites [J]. Nanomaterials, 2020, 10 (6): 1171.

[95] 夏金童，征茂平，何莉萍，等．氟化石墨制备新工艺的研究 [J]．湖南大学学报，1999, 26 (1): 29-32.

[96] 陈小文．氟化石墨合成新工艺研究 [D]．长沙：湖南大学，2000.

[97] 刘建远，申士富，刘海营．一种氟化石墨的制备方法 [P]. CN: 2010-12-29.

[98] Stine R, Lee W K, Whitener K E, et al. Chemical stability of graphene fluoride produced by exposure to XeF_2 [J]. Nano Letters, 2013, 13 (9): 4311-4316.

[99] Jeon K J, Lee Z, Pollak E, et al. Fluorographene: a wide bandgap semiconductor with ultraviolet luminescence [J]. ACS Nano, 2011, 5 (2): 1042-1046.

[100] Zhang W, Bonnet P, Dubois M, et al. Comparative study of SWCNT fluorination by atomic and molecular fluorine [J]. Chemistry of Materials, 2012, 24 (10): 1744-1751.

[101] Liu Y, Noffke B W, Qiao X, et al. Basal plane fluorination of graphene by XeF_2 via a radical cation mechanism [J]. The Journal of Physical Chemistry Letters, 2015, 6 (18): 3645-3649.

[102] Ahmad Y, Dubois M, Guérin K, et al. Pushing the theoretical limit of Li-CF_x batteries using fluorinated nanostructured carbon nanodiscs [J]. Carbon, 2015, 94: 1061-1070.

[103] Ahmad Y, Berthon-Fabry S, Chatenet M, et al. Advances in tailoring the water content in porous carbon aerogels using RT-pulsed fluorination [J]. Journal of Fluorine Chemistry, 2020, 238: 109633.

[104] Jayasinghe R, Thapa A K, Dharmasena R R, et al. Optimization of multi-walled carbon nanotube based CF_x electrodes for improved primary and secondary battery performances [J]. Journal of Power Sources, 2014, 253: 404-411.

[105] Herraiz M, Dubois M, Batisse N, et al. Large-scale synthesis of fluorinated graphene by rapid thermal exfoliation of highly fluorinated graphite [J]. Dalton Transactions, 2018, 47 (13): 4596-4606.

[106] Helen M, Fichtner M, Anji Reddy M. Electrochemical synthesis of carbon-metal fluoride nanocomposites as cathode materials for lithium batteries [J]. Electrochemistry Communications, 2020, 120: 106846.

[107] Root M J, Dumas R, Yazami R, et al. The effect of carbon starting material on carbon fluoride synthesized at room temperature: characterization and electrochemistry [J]. Journal of The Electrochemical Society, 2001, 148 (4): A339.

[108] Wang K, Feng Y, Kong L, et al. The fluorination of boron-doped graphene for CF_x cathode with ultrahigh energy density [J]. Enegry & Environmental Materials, 2023, 6 (4): e12437.

[109] Zhu D, Yuan J, Wang T, et al. A novel one-step method to prepare N, S Co-doped sub-

fluorinated carbon electrode materials for ultrahigh-rate lithium-fluorinated carbon battery [J]. Journal of Power Sources, 2022, 551: 232188.

[110] Zhang Q, D'Astorg S, Xiao P, et al. Carbon-coated fluorinated graphite for high energy and high power densities primary lithium batteries [J]. Journal of Power Sources, 2010, 195 (9): 2914-2917.

[111] Wang D, Wang G, Zhang M, et al. Composite cathode materials for next-generation lithium fluorinated carbon primary batteries [J]. Journal of Power Sources, 2022, 541: 231716.

[112] Yang J, Zou J, Luo C, et al. $FeSO_4$ as a novel Li-ion battery cathode [J]. Chinese Physics Letters, 2021, 38 (6): 068201.

[113] Sang Y, Bai L, Zuo B, et al. Transfunctionalization of graphite fluoride engineered polyaniline grafting to graphene for high-performance flexible supercapacitors [J]. Journal of Colloid and Interface Science, 2021, 597: 289-296.

[114] Zhu L, Li L, Zhou J, et al. Polypyrrole-coated graphite fluorides with high energy and high power densities for Li/CF_x battery [J]. International Journal of Electrochemical Science, 2016, 11 (8): 6413-6422.

[115] Yin X, Li Y, Feng Y, et al. Polythiophene/graphite fluoride composites cathode for high power and energy densities lithium primary batteries [J]. Synthetic Metals, 2016, 220: 560-566.

[116] Li L, Zhu L, Pan Y, et al. Integrated polyaniline-coated CF_x cathode materials with enhanced electrochemical capabilities for Li/CF_x primary battery [J]. International Journal of Electrochemical Science, 2016, 11 (8): 6838-6847.

[117] Luo Z, Wan J, Lei W, et al. A simple strategy to synthesis CF_x@MnO_2-nanowires composite cathode materials for high energy density and high power density primary lithium batteries [J]. Materials Technology, 2020, 35 (13-14): 836-842.

[118] Ma J, Liu Y, Peng Y, et al. UV-radiation inducing strategy to tune fluorinated carbon bonds delivering the high-rate Li/CF_x primary batteries [J]. Composites Part B: Engineering, 2022, 230: 109494.

[119] Peng Y, Liu Y, Ali R, et al. Air plasma-induced carbon fluoride enabling active C—F bonds for double-high energy/power densities of Li/CF_x primary battery [J]. Journal of Alloys and Compounds, 2022, 905: 164151.

[120] Gasvoda R J, van de Steeg A W, Bhowmick R, et al. Surface phenomena during plasma-assisted atomic layer etching of SiO_2 [J]. ACS Applied Materials & Interfaces, 2017, 9 (36): 31067-31075.

[121] Zhang S S, Foster D, Read J. Enhancement of discharge performance of Li/CF_x cell by thermal treatment of CF_x cathode material [J]. Journal of Power Sources, 2009, 188 (2): 601-605.

第3章 锂氟化碳电池负极材料

3.1 锂金属负极的特性

3.1.1 锂金属的基本介绍

锂，英文名称 lithium，元素符号 Li，元素周期表中原子序数 3，原子量 6.941，是最轻的ⅠA 族金属元素，锂在自然界中的丰度较大，居第 27 位，在地壳中的含量约为 0.0065%。锂金属为银白色的金属，密度为 0.534g/cm^3，硬度为 0.6，熔点为 180.50℃（453.65K，356.90℉），沸点为 342℃（1615K，2448℉），比热容为 3.58kJ/（kg·K），锂挥发性盐的火焰呈深红色，可用此来鉴定锂。金属锂可溶于液氨，质软，容易受到氧化而变暗，是所有金属元素中密度最小的[1]。

温度高于-117℃时，金属锂是典型的体心立方结构，但当温度降至-201℃时，开始转变为面心立方结构（图 3.1），温度越低，转变程度越大，但是转变不完全。在 20℃时，锂的晶格常数为 3.50Å，电导率约为银的 1/5。锂容易与铁以外的任意一种金属合金化。

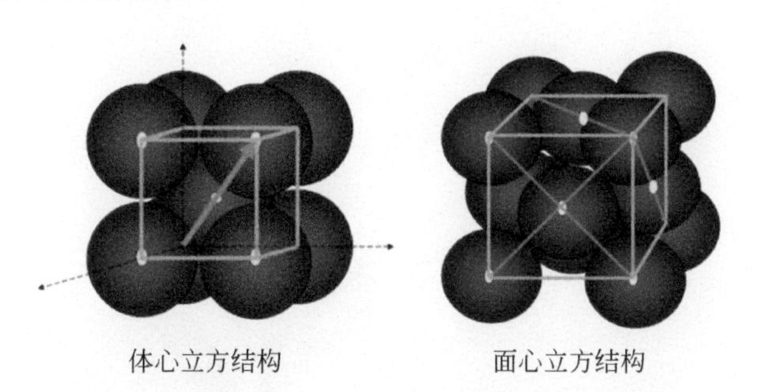

图 3.1 典型的体心立方结构和面心立方结构图[2]

锂的电荷密度很大且有稳定的氦型双电子层，使得锂容易极化其他的分子或离子，自己本身却不容易受到极化。由于电极电势最负，锂是已知元素（包括放射性元素）中金属活动性最强的，金属锂的化学性质十分活泼，在一定条件下，能与除稀有气体外的大部分非金属反应，是唯一与氮在室温下反应的碱金属元素，生成黑色的氮化锂晶体。锂的用途很广泛，涉及电池、陶瓷、玻璃、润滑剂、制冷液、核工业以及光电等领域。

2022 年全球已确定的锂资源总量约 9800 万吨（探明储量约 2600 万吨），主要集中在南美三角区和澳大利亚，两地锂资源占全球总资源量的 62%。2022 年，世界锂开采量为 13.4 万吨，其中，澳大利亚 6.1 万吨，智利开采 3.9 万吨，中国 1.9 万吨，阿根廷 6200 吨，巴西 2200 吨。已知含锂的矿物有 150 多种，其中主要有锂辉石、锂云母、透锂长石、磷铝石矿等。海水中锂的含量不算少，总储量达 2600 亿吨，中国的锂矿资源丰富，以中国的锂盐产量计算，仅江西云母锂矿就可供开采上百年。

金属锂作为锂电池的负极材料，具有极高的理论比容量（3860mAh/g），以及最低的电化学电位（–3.040V，相对于标准氢电极），是高比能电池负极的理想选择。

3.1.2　锂负极制备复合方式

金属锂在锂电池中的应用主要是以箔材（图 3.2）的形式存在，以金属锂锭为原料加工成宽薄锂箔的方法主要有三种：①挤压法：锂锭直接挤压成锂箔。②铸板扎制法：先将锂锭加工成铸造板材（约 10mm 后），然后经粗轧、精轧，最后形成锂箔。③挤压开坯轧制法：先将锂锭挤压开坯成板，然后经精轧形成锂箔。其中挤压法最为简单，但是由于金属锂质软，变形抗力小，在挤压过程中容易形变，不适合厚度低于 250μm 的锂箔。由于工艺复杂程度的问题，低于 250μm 的锂箔多采用挤压开坯轧制法制备。

图 3.2　成卷的锂箔

金属锂具有一定的导电性，因此作为负极材料，可以直接同时作为集流体使用，也可以复合铜集流体（图 3.3）使用。但是由于锂的质地软和高活性，金属锂不能直接焊接，极耳焊接处需要复合铜或者镍集流体。

金属锂负极与铜集流体的复合样式分为全复合或者部分复合，全复合一般采用锂箔-铜集流体-锂箔三层经过辊压或者碾压的方式复合，极耳位置为纯铜集流体。部分复合是指为了减少铜集流体的用量，在锂箔覆盖区域的铜集流体按设计的图案类似加强筋的形式出现，加强集流和机械性的功能。作为复合材料用的铜集流体比较常见的有几种：连续铜箔集流体、多孔铜集流体、铜网集流体等。

图3.3　成卷的锂铜全复合箔

3.1.3　锂负极制备

在锂电池设计中，根据容量和尺寸要求给出锂负极的尺寸，按照设计图纸将锂负极或者锂铜复合负极冲切成规定的负极极片。

一般来说，为了使正极活性材料性能完全发挥，锂金属电池设计为负极过量。正负极的容量比一般用N/P比表示，使用纯锂负极时由于锂还需要满足集流的功能，因此N/P比设计比较高，而使用锂铜复合负极，N/P比设计多在1.1~1.3之间。

在锂氟化碳电池中，当碳氟比为1时，理论容量为865mAh/g，根据正极氟化碳的面容量可以计算得到化学当量的金属锂负极厚度，再根据设计N/P比可以计算得到负极锂所需的厚度。

将适合厚度的锂裁剪成设计尺寸的锂负极，并在对应的位置留有铜极耳，用于后续的电芯焊接工艺（图3.4）。由于锂负极的材质较弱，且不同的锂片直接接触容易出现相互粘连，所以制备好的金属锂负极一般用隔膜隔开放置。

3.1.4　锂合金负极

锂金属可以和很多的金属/非金属形成合金，不同组分锂合金在硬度和熔点有很大的差异。由于锂合金中的其他元素在锂氟化碳电池中为惰性组分，锂合金的容量均低于金属锂负极，因此在常规锂氟化碳电池中基本上直接采用金属锂为负极而不是锂合金。但是由于金属锂的熔点较低，在高温锂氟化碳电池中有时需要采用锂合金负极。用于锂电池的锂合金主要有锂铝合金、锂镁合金、锂硅合

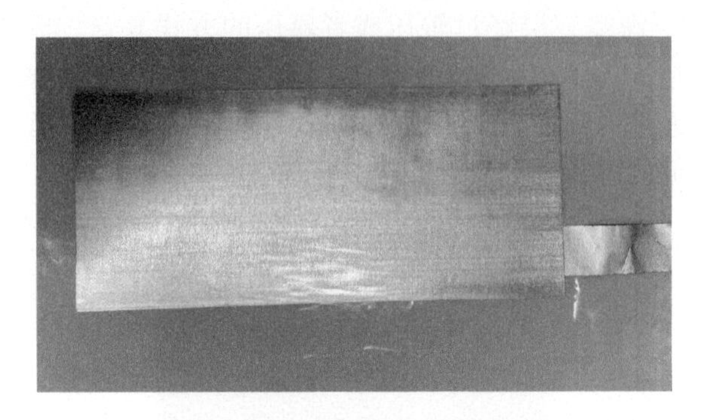

图 3.4　制备好带极耳的金属锂负极

金、锂硼合金等，部分合金可以耐受超过 500℃的高温，因此锂氟化碳电池设计时可以根据所需的工作温度进行选择。

3.2　锂金属负极的优化和改性

锂金属作为一次电池负极时，主要发生金属氧化溶解反应，在放电过程中新鲜锂表面一直不断的生成，因此，一般情况下不需要进行表面处理或者改性，金属锂负极放置制备过程产生的表面层大多只造成放电初始阶段电压的降低，而且即使将金属锂的表面进行净化处理，锂在接触电解质的瞬间同样会形成表面反应层，使放电初期电压降低。所以通常只有长贮存锂一次电池或者使用特殊性能的电解液的一次电池，需要对金属锂负极进行优化改性，达到降低锂负极的副反应的目的。锂金属负极的优化和改性的方法和技术可以借鉴锂金属二次电池中的负极锂相关工作。

3.2.1　物理镀膜法

物理镀膜法是一种简单的锂金属表面改性方法，在真空的前提下将惰性物质沉积在锂金属表面形成保护层，从而物理上隔绝金属锂与空气的接触。常见的如原子层沉积、分子层沉积、磁控溅射、物理气相沉积技术等。

原子层沉积技术（ALD）是一种通过气相前驱体脉冲交替地通入反应腔并在衬底表面上发生化学吸附反应形成薄膜的技术方法，具有自限性、层层沉积增长的特点，可精密控制原子镀层的厚度，并保证沉积层在厚度和成分上的一致性。Kozen 等[3]采用 ALD 在金属锂表面沉积 Al_2O_3保护层来阻隔锂金属与空气，硫化物和有机溶剂等的直接接触。厚度仅为 14nm 的 Al_2O_3层就可以让锂金属在空气暴露 20h 后依然保持金属光泽（图 3.5）。

分子层沉积技术（MLD）同样可以在原子水平上精确控制薄膜的厚度和成

分。与 ALD 的前驱体一般是无机物不同，MLD 可以兼容有机聚合物，因而被广泛应用于聚合物、有机物或无机/有机杂化涂层材料的沉积，大大扩宽了锂金属保护层材料的选择范围。Cho 等[4]将四（二甲氨基）锆（TDMAZ）作为前驱体，通过 MLD 在锂片表面制备出 ZrO_2 薄膜。经 MLD 处理的锂金属具有致密的纳米涂层，对 O_2 起到了物理屏障的作用，在空气中放置 5h 保持颜色不变。

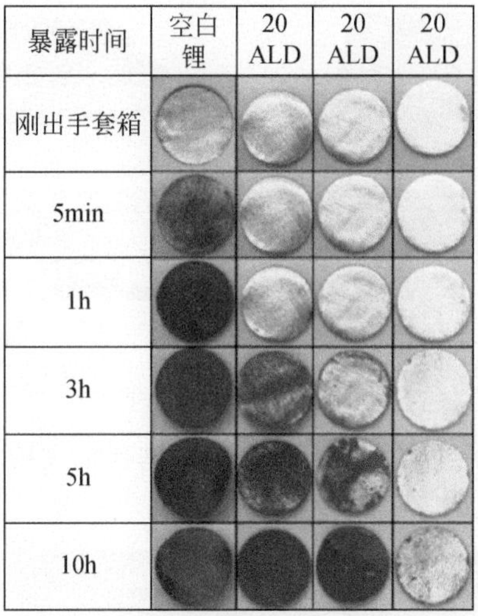

暴露时间	空白锂	20 ALD	20 ALD	20 ALD
刚出手套箱				
5min				
1h				
3h				
5h				
10h				

图 3.5　ALD-ZrO_2 保护后锂在空气中的放置试验结果[5]

Zhao 等[5]将不同的 ALD/MLD 薄膜用作碱金属负极保护膜，取得显著效果，利用 ALD 氧化铝和 MLD 有机层（烷基氧铝）在金属锂表面构建了铝基有机无机复合薄膜（图 3.6），利用沉积次序被用来控制双层薄膜的结构和成分，结果表明，双层膜可以有效抑制电解液与金属锂的反应。

溅射沉积技术（sputtering）通常通过等离子体将靶材沉积到物体表面。Liu 等[6]利用射频溅射技术在锂金属电极上沉积了一层厚度为 2μm 锂磷氧氮化物（LiPON）（图 3.7），暴露在室温下的干燥空气中长达 10 天，依然保持其最初的金属光泽，表明保护层对空气的阻隔与稳定性可以保护锂金属免受空气成分中氧气甚至氮气的副反应作用。

物理气相沉积技术利用气相中发生的物理过程，在表面形成具有特殊性能的金属或化合物涂层的新技术。加州大学 Wu 课题组[7]报道了在自然环境条件下使用简单的气相沉积技术在锂金属表面包覆混合硅酸盐的涂层。这种涂层由有助于抑制锂枝晶的“硬”无机部分和增强韧性的“软”有机部分组成。带有保护涂层锂金属在 25℃，50% 湿度暴露 4h 表面不变色（图 3.8）。

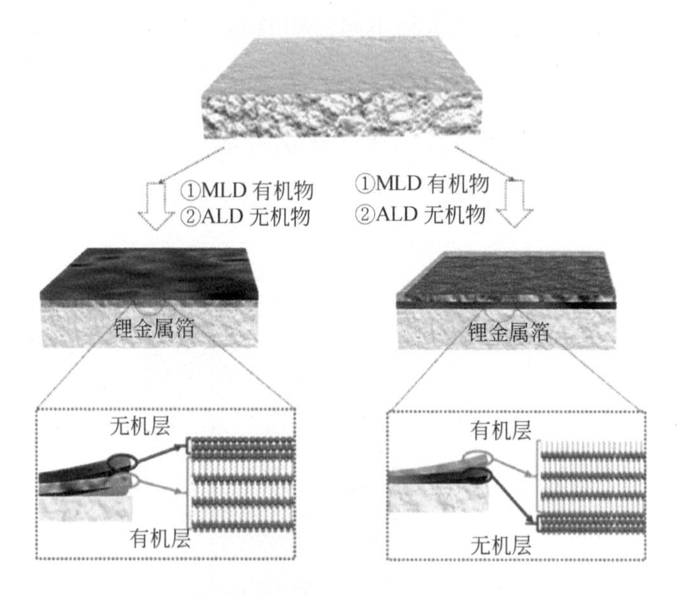

图 3.6　利用 ALD 和 MLD 在金属锂表面铝基有机/无机复合薄膜示意图[5]

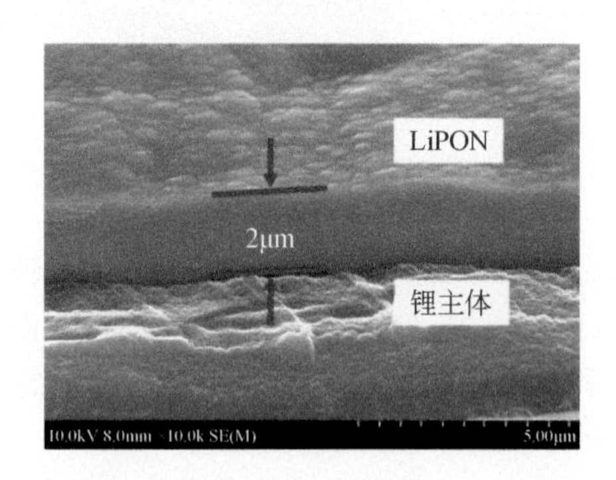

图 3.7　射频溅射制备 LiPON 的 SEM 图片[6]

总的来说，物理镀膜法具有如下优点：①保护层的厚度可以通过控制仪器的参数如反应时间、温度等精确地调节；②保护层可以较均匀分布在锂负极表面；③物理法选取的材料不仅可以抑制空气对金属锂的腐蚀，与锂金属负极的电化学兼容性也比较好。

3.2.2　化学处理法

化学处理法通过设计合适的化学反应将原本活泼的金属锂表面钝化为具有惰性包裹的结构，可在提高稳定性的同时改善负极界面电性能。由于化学处理法涉及的反应种类比较多，材料选择范围会更为广泛。反应物可以通过多种方式与金

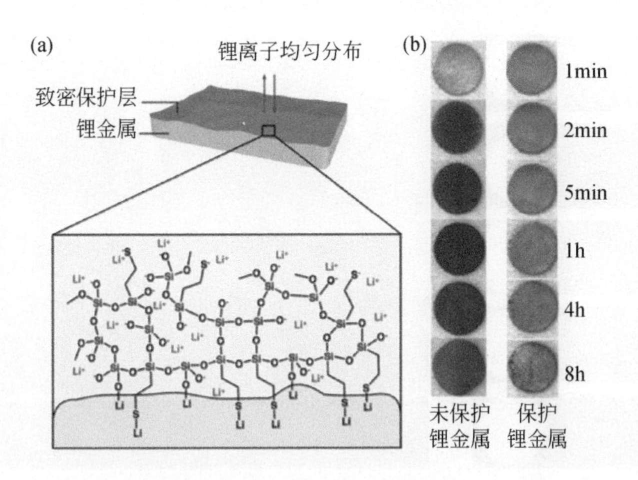

图 3.8 气相沉积技术在锂金属表面包覆混合硅酸盐的涂层（a）及空气暴露试验结果（b）[7]

属锂表面接触，如涂膜、旋滴、喷淋、喷雾、浸泡、气体接触等，化学处理法还可以通过直接在电解液中添加相应添加剂的方式进行。

南开大学周震教授课题组[8]利用金属锂和 DOA 的反应，将锂片置于 DOA 液体中进行浸泡来实现在金属锂表面生成高分子保护膜（图 3.9），该薄膜有效地抑制了电解液与金属锂的反应并减轻了锂负极表面的形貌变化。

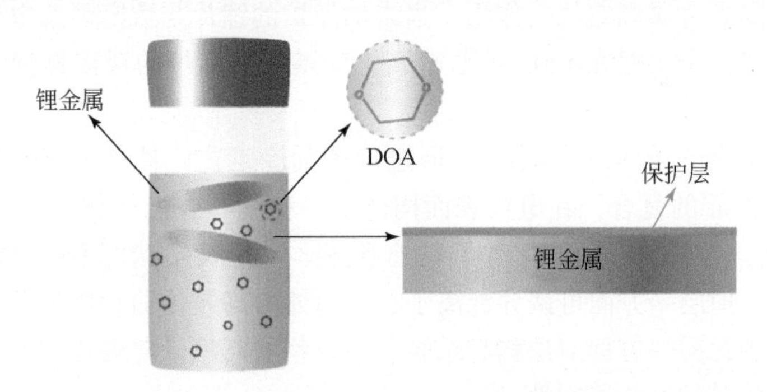

图 3.9 金属锂和 DOA 的反应生成保护膜[8]

Choi 等[9]通过溶液旋涂法，将聚碳酸乙烯酯–丙烯腈共聚物［P（VC-*co*-AN)］旋涂在锂箔上形成薄而均匀的聚合物保护层抑制锂金属的腐蚀。所得到的聚合物涂层非常牢固地黏附在锂金属表面，使金属锂在空气中暴露 20min 保持颜色不变（图 3.10）。

Lin 等[10]首次利用气态的商用的氟利昂 R134a 在锂表面形成自适应的 LiF 保护涂层，经过处理后的锂片在湿度为 30% ~40% 的潮湿的空气中放置 15min 仍能保持金属光泽。气体接触方法一般利用简单的反应在金属锂表面生成致密且对空

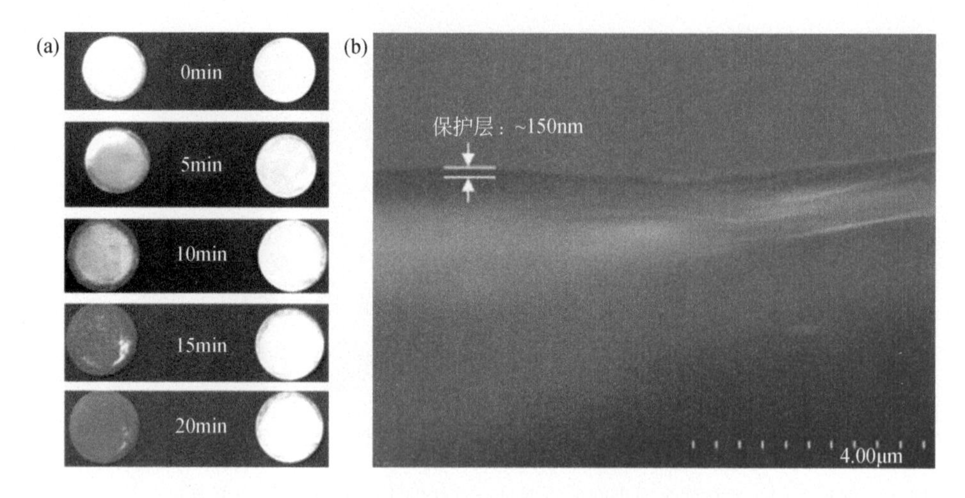

图 3.10 溶液旋涂法聚合物保护层空气暴露试验及截面图[9]

气稳定的无机物保护层。

Liu 等[11]报道了一种锂表面一体化原位合成固态电解质的方法。将类似电解液的改性醚基溶液作为喷雾快速喷涂在熔融锂金属上，制备了由无机 LiF、Li_3N 纳米晶和有机基体组成的均匀致密的人工固态电解质界面（SEI）。这种致密的表面层起到阻隔锂金属和空气的作用，当未加保护的锂片与致密固态电解质同时暴露在空气中时，金属锂在 120s 后迅速氧化变黑而受保护的锂依然保持银白色金属光泽。

北京理工大学黄佳琦课题组[12]通过传统刮涂工艺，具有单离子传导特性的 LLZTO 和 Nafion 的复合，在电极表面构建了一种具有有机/无机双层构型的单离子导体界面，在电极表面构建了具有无机/有机双层构型的单离子保护层（LLN）。该保护层一方面可诱导锂离子在界面处的高效传输和均匀分布，防止离子耗竭的出现；另一方面双层构型结合了无机物的高模量与聚合物的柔性与形变性能，具有优异的结构稳定性。

广东工业大学林展教授团队[13]通过固相热转移法成功在锂金属负极表面构建了蚕丝蛋白/碳纳米管热解的 N，S-共掺杂多孔碳基材料缓冲层。通过将缓冲层材料涂覆于聚酯膜上，经过干燥去除膜制备过程中使用的有机溶剂。将带有缓冲层材料的聚酯膜与金属基底直接接触，在一定的温度下通过适当的加压，将聚酯膜基底去除，而缓冲层材料可以均匀地附着在金属表面（图 3.11）。该方法有效避免了膜涂覆过程中有机溶剂对金属基底的腐蚀问题，并且极大程度上提升膜的均匀性、致密性以及与基底间的黏附力。

合适的金属锂表面优化和改性需要注意以下问题：

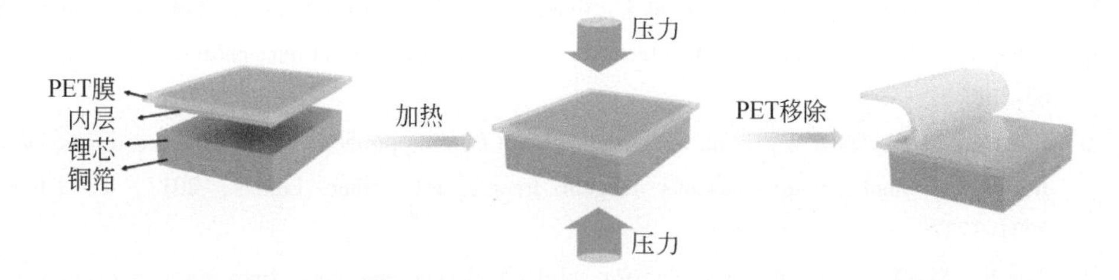

图3.11　N，S-共掺杂多孔碳基材料保护层的转移示意图[13]

①对于电子和液体电解质，界面相必须是“真正的”绝缘体。

②必须具有高的Li离子导电性，以允许足够快的和均匀的Li传输。

③应该有足够高的灵活性，以承受体积变化，以及高的机械稳定性，以避免断裂，从而使新鲜的锂暴露在电解液中。

锂负极表面的保护虽然可以提升电池的性能，但是会增加电池制备工艺和过程的复杂程度，因此氟化碳锂一次电池中金属锂负极的保护一般只在长储存或者类似于高温环境等具有特殊要求的电池中使用。

参考文献

[1] 周旭光. 无机化学［M］. 北京：清华大学出版社，2012.

[2] 金属的晶体结构PPT分享！. 仁成精密钢管厂［OL］. 2021-01-02. https：//baijiahao.baidu.com/s？id=1687760573402426763&wfr=spider&for=pc.

[3] Kozen A C，Lin C-F，Pearse A J，et al. Next-generation lithium metal anode engineering via atomic layer deposition［J］. ACS Nano，2015，9（6）：5884-5892.

[4] Alaboina P K，Rodrigues S，Rottmayer M，et al. *In situ* dendrite suppression study of nanolayer encapsulated Li metal enabled by zirconia atomic layer deposition［J］. ACS Applied Materials & Interfaces，2018，10（38）：32801-32808.

[5] Zhao Y，Amirmaleki M，Sun Q，et al. Natural SEI-inspired dual-protective layers via atomic/molecular layer deposition for long-life metallic lithium anode［J］. Matter，2019，1（5）：1215-1231.

[6] Liu W，Guo R，Zhan B，et al. Artificial solid electrolyte interphase layer for lithium metal anode in high-energy lithium secondary pouch cells［J］. Acs Applied Energy Materials，2018，1（4）：1674-1679.

[7] Liu F，Xiao Q，Wu H B，et al. Fabrication of hybrid silicate coatings by a simple vapor deposition method for lithium metal anodes［J］. Advanced Energy Materials，2018，8（6）：1701744.

[8] Zhang X，Zhang Q，Wang X G，et al. An extremely simple method for protecting lithium anodes in Li-O_2 batteries［J］. Angewandte Chemie-International Edition，2018，57（39）：12814-12818.

[9] Choi S M, Kang I S, Sun Y K, et al. Cycling characteristics of lithium metal batteries assembled with a surface modified lithium electrode [J]. Journal of Power Sources, 2013, 244: 363-368.

[10] Lin D, Liu Y, Chen W, et al. Conformal lithium fluoride protection layer on three-dimensional lithium by nonhazardous gaseous reagent freon [J]. Nano Letters, 2017, 17 (6): 3731-3737.

[11] Liu S, Xia X, Deng S, et al. *In situ* solid electrolyte interphase from spray quenching on molten Li: a new way to construct high-performance lithium-metal anodes [J]. Advanced Materials, 2019, 31 (3): 1806470.

[12] Xu R, Xiao Y, Zhang R, et al. Dual-phase single-ion pathway interfaces for robust lithium metal in working batteries [J]. Advanced Materials, 2019, 31 (19): 1808392.

[13] Zhang S J, You J H, He Z, et al. Scalable lithiophilic/sodiophilic porous buffer layer fabrication enables uniform nucleation and growth for lithium/sodium metal batteries [J]. Advanced Functional Materials, 2022, 32 (28): 2200967.

第4章 锂氟化碳电池电解质材料

锂氟化碳电池的电解质体系和锂离子电池的电解质体系类似，属于非水/有机电解质体系，该电解质体系的稳定运行需要隔绝水汽和氧气。但是由于锂氟化碳电池的能量密度大，而电化学反应本身的动力学过程速率较低，因此需要电解质体系的离子电导率和离子解离能力比锂离子电池电解质高。同时锂氟化碳电池的开路电压不高，因此对电解质体系的抗氧化要求低于锂离子电解液。

4.1 液体电解质

液体电解质又称电解液，主要组成成分包括锂盐和有机溶剂，将锂盐、高纯度有机溶剂、添加剂/功能组分等原料在一定条件下按照一定比例配置制成电解液。其中有机溶剂是电解液的主体部分，其电性能与溶剂性能关系密切。锂盐主要用于提供锂离子，确保电池在充放电过程中有足够的锂离子。锂盐、溶剂组分不仅需要满足各自的性质要求，而且需要保证电解液体系的一致性。锂盐对溶解性、抗氧化还原性、化学稳定性等要求较高，溶剂对介电常数、熔点与沸点、黏度等要求严苛（表4.1），同时还具有成本和工艺的要求，并需要保证电解液体系的协同与统一。

表4.1 电解液主要组成性质要求

主要组成	性质要求
锂盐	1. 较高的锂离子解离度，易溶解于有机溶剂，保证电解液的高离子电导率； 2. 阴离子具有抗氧化性和抗还原性； 3. 化学稳定性好，不与电池中其他组分发生有害副反应
溶剂	1. 介电常数高，对锂盐的溶解能力和解离能力强； 2. 熔点低、沸点高、蒸气压低，在较宽温度范围内保持液态； 3. 黏度小，有利于锂离子扩散； 4. 化学稳定性好，不破坏正负极结构或者溶剂正负极材料； 5. 安全性好

4.1.1 锂盐

尽管锂盐的种类非常多，但是能应用于锂氟化碳电池电解质的锂盐却非常少，需要满足：①在有机溶剂中具有比较高的溶解度，易于解离，从而保证电解液具有比较高的电导率；②具有比较高的抗氧化还原稳定性，与有机溶剂、电极材料和电池部件不发生电化学和热力学反应；③锂盐阴离子必须无毒无害，环境友好；④生产成本较低，易于制备和提纯。实验室和工业生产中一般选择阴离子半径较大、氧化和还原稳定性较好的锂盐，以尽量满足以上特性。

锂氟化碳电池需要电解质体系的离子电导率和离子解离能力都比较高，因此锂盐需要选择正负离子易解离的锂盐种类。常用的有高氯酸锂和双氟磺酸亚胺锂，其他锂离子电池用锂盐也可以用于锂氟化碳电池，但是需要选择合适的溶剂以提升解离度和离子电导率，常用锂盐性质见表 4. 2。

高氯酸锂（$LiClO_4$）：无色或白色结晶性粉末，易溶于水和多种有机溶剂中。其价格低廉、水分不敏感、高稳定性、高溶解性、高离子电导率和正极表面高氧化稳定性（约 5. 1V *vs.* Li^+/Li），在锂氟化碳一次电池用锂盐中具有重要地位。但是 $LiClO_4$ 是一种强氧化剂，约 400℃ 开始分解，430℃ 立即分解，产生氯化锂与氧气，被列入《易制爆危险化学品名录》，并按照《易制爆危险化学品治安管理办法》管控。

双氟磺酸亚胺锂（LiFSI）：白色粉末，易溶于水和有机溶剂，属于全氟磺酸盐类。全氟磺酸盐是一类重要的锂盐，这类有机锂盐存在强的全氟烷基吸电子基团，强的吸电子基团和共轭结构的存在导致负电荷被离域，所以其阴离子比较稳定，酸性明显提高。因此，这些锂盐即使在低介电常数的溶剂中解离常数也非常高，全氟烷基的存在导致这些锂盐在有机溶剂中溶解度也很大。磺酸盐的抗氧化性好、热稳定性高、无毒、对水分不敏感，是优秀的锂氟化碳电池用锂盐。LiFSI 具有稳定性高（200℃ 以下不分解）、热稳定性和安全性好、低温性能优异、水解稳定性好和环境更友好等优点，作为电解质更容易解离出锂离子，电导率也更高；与电极具有较好的相容性，能有效降低低温下电阻，降低锂电池在放置过程中的容量损失，成为锂氟化碳一次电池常用锂盐之一。

六氟磷酸锂（$LiPF_6$）：白色晶体或粉末，潮解强烈；易溶于水，也易溶于低浓度甲醇、乙醇、丙酮、碳酸盐等有机溶剂，暴露于空气或空气中时分解。$LiPF_6$ 在常用有机溶剂中具有比较适中的离子迁移数，适中的解离常数，较好的抗氧化性能（大约 5. 1V *vs.* Li^+/Li）和良好的铝箔钝化能力。但是 $LiPF_6$ 化学和热力学不稳定，即使在室温下也会发生分解反应，反应的气相产物 PF_5，在高温下分解尤其严重。PF_5 是很强的路易斯酸，很容易进攻有机溶剂中氧原子上的孤对电子，导致溶剂的醚键裂解。另外 $LiPF_6$ 对水比较敏感，痕量水的存在就会导致 $LiPF_6$ 的分解，其分解开环聚合产物也主要是 HF 和 PF_5。

表4.2　常用锂盐性质表

化学名称	分子式	分子量	分子结构	是否腐蚀铝箔	水敏感	电导率(1mol/L EC/DMC,mS/cm)	特性
高氯酸锂	$LiClO_4$	106.392	Li^+ $O^- - Cl(=O)_3$	否	不敏感	9	高稳定性、高溶解性、高离子电导率和正极表面高氧化稳定性。约400℃开始分解,430℃立即分解,产生氯化锂与氧气
双氟磺酸亚胺锂	LiFSI	187.07	$F-S(=O)_2-\bar{N}-S(=O)_2-F$ Li^+	是	敏感	10.4	稳定性高(200℃以下不分解)、热稳定性和安全性好、低温性能优异、水解稳定性好
六氟磷酸锂	$LiPF_6$	151.91	Li^+ PF_6^-	否	敏感	10	化学和热力学不稳定,即使在室温下也会发生分解反应,反应的气相产物PF5,在高温下分解尤其严重
四氟硼酸锂	$LiBF_4$	93.74	Li^+ BF_4^-	否	不敏感	4.5	热稳定性好,390℃融合分解,提升高低温性能
双(三氟甲基)磺酸亚胺锂	LiTFSI	287.08	$F_3C-S(=O)_2-\bar{N}-S(=O)_2-CF_3$ Li^+	是	敏感	6.18	热分解温度370℃,化学稳定性高,不易水解

四氟硼酸锂（$LiBF_4$）：白色或灰色固体，可溶于碳酸丙烯酯、二甲醚或 γ-丁内酯，具有优异的电化学稳定性和热稳定性，可拓宽电池的工作温度范围，提高电池的高低温性能。

双（三氟甲基）磺酸亚胺锂（LiTFSI）：白色结晶或粉末，溶于水和极性溶剂，属于全氟磺酸盐类。LiTFSI 结构中的 $CF_3SO_2^-$ 基团具有强吸电子作用，加剧了负电荷的离域，降低了离子缔合配对，使该盐具有较高溶解度。LiTFSI 有较高的电导率，热分解温度高不易水解。但电压高于 3.7V 时会严重腐蚀 Al 集流体。

4.1.2　溶剂

有机溶剂是锂氟化碳电池电解液的重要组成部分，在溶解锂盐方面发挥着重要作用。它对锂盐的溶解度、电解质的电导率、电池容量和安全性都有重要影响。优化有机电解质的成分，提高有机电解质的电导率，降低极化是提高电池性能的重要途径之一。有机溶剂的介电常数直接影响锂盐的溶解和离解过程。介电常数越高，锂盐越容易溶解和离解。有机溶剂的黏度对离子的移动速度有重要影响。黏度越小，离子的移动速度越快。因此，电解液倾向于选择介电常数高、黏度低的有机溶剂。在实际情况下，高介电常数的有机溶剂一般具有较大的黏度，而低黏度的有机溶剂则具有较低介电常数，因此在实际应用中，一般将介电常数较大的有机溶剂与黏度较小的有机溶剂混合，制成介电常数较大、黏度较小的混合溶剂，作为锂氟化碳电池的电解质。因此，通过优化有机溶剂的组成，可以获得尽可能高的电解质电导率。有机溶剂的选择原则为：

①有机溶剂的电化学和化学稳定性要好。不与正负极材料发生有害的副反应，也不能被电极材料催化而发生分解反应；

②有机溶剂应具有较高的介电常数及较小的黏度系数以降低离子迁移阻力，使电解质具有较高的锂离子导电性；

③有机溶剂的沸点要高而熔点要低，以使电池具有较宽的工作温度范围。

常见的可用于锂氟化碳电池电解液的有机溶剂主要分为碳酸酯类溶剂、醚类和羧酸酯类溶剂，常用有机溶剂基本性质见表 4.3。为了获得性能较好电解液性能，通常使用含有两种或两种以上有机溶剂的混合溶剂，使其能够取长补短，得到较好的综合性能。

碳酸酯溶剂可分为环状碳酸酯和链状碳酸酯两大类。环状碳酸酯具有很高的介电常数，使锂盐更易溶解，但同时黏度也很大，使锂离子迁移速率较低，主要包含碳酸乙烯酯（EC）和碳酸丙烯酯（PC）等。

碳酸乙烯酯（EC）：分子式：$C_3H_4O_3$，透明无色液体（35℃），室温下为结晶固体。熔点：35.38℃；沸点：248℃/760mmHg，243 ~ 244℃/740mmHg；闪

点：160℃；密度：1.32g/cm^3；介电常数89.6；黏度：1.90mPa·s（25℃）；折射率：1.4158（50℃）；是聚丙烯腈和聚氯乙烯的良好溶剂，是锂电池电解液的优良溶剂。

碳酸丙烯酯（PC）：分子式：$C_4H_6O_3$，无色无味或淡黄色透明液体，熔点：-48.8℃；沸点：242℃；闪点：132℃；密度：1.21g/cm^3；介电常数：69；黏度：2.5mPa·s；折射率：1.4218；溶于水和四氯化碳，与乙醚、丙酮、苯等混溶，是一种优良的极性溶剂。

链状碳酸酯具有低熔点、低黏度和低介电常数，溶解锂盐能力弱，但黏度低具有很好的流动性，便于锂离子迁移。常用的链状碳酸酯有碳酸二甲酯（DMC）、碳酸二乙酯（DEC）、碳酸甲乙酯（EMC）和碳酸甲丙酯（MPC）等。

碳酸二甲酯（DMC）：分子式：$C_3H_6O_3$；有芳香气味的无色液体，熔点：0.5℃；沸点：90~91℃；闪点：17℃；密度：1.07g/cm^3；介电常数：2.6；黏度：0.625mPa·s；折射率：1.368；不溶于水，溶于乙醇等有机溶剂。

碳酸二乙酯（DEC）：分子式：$C_5H_{10}O_3$；无色液体，稍有异味，熔点：-43℃；沸点：125~128℃；闪点：25℃；密度：0.975g/cm^3；介电常数：2.8；黏度：0.748mPa·s；折射率：1.384；不溶于水，可混溶于醇类、酮类、酯类、芳烃等多数有机溶剂。

碳酸甲乙酯（EMC）：分子式：$C_4H_8O_3$；无色透明液体，熔点：-14℃；沸点：107℃；闪点：23℃；密度：1.01g/cm^3；介电常数：2.9；黏度：0.65mPa·s；折射率：1.378；不溶于水，是随着碳酸二甲酯和锂电池产量的增加而扩展的最新产品。

碳酸甲丙酯（MPC）：分子式：$C_5H_{10}O_3$；无色透明液体，熔点：2.4℃；沸点：128.58℃；闪点：26.1℃；密度：0.949g/cm^3；介电常数：2.8；黏度：0.87mPa·s；折射率：1.5019，不溶于水，溶于醇、醚等有机溶剂。也是随着碳酸二甲酯和锂电池产量的增加而扩展的最新产品。

醚类有机溶剂具有低介电常数和低黏度，但其抗氧化性差，是一类锂氟化碳电池常用的有机溶剂。环醚类溶剂主要包括四氢呋喃（THF）、2-甲基四氢呋喃（2ME-THF）、1,3-二氧环戊烷（DOL）等；链醚类溶剂主要包括乙二醇二甲醚（DME）、1，2-二甲氧丙烷（DMP）、二甲氧甲烷（DMM）、二甘醇二甲醚（DG）等，其中DME使用较多。链状醚类溶剂碳链越长化学稳定性越好，但是黏度也越高，锂离子迁移速率也会越低。

四氢呋喃（THF）：分子式：C_4H_8O；无色透明液体，熔点：-108.5℃；沸点：66℃；闪点：-14℃；密度：0.89g/cm^3；介电常数：7.4；黏度：0.46mPa·s；折

射率：1.465，溶于水、乙醇、乙醚、丙酮、苯等。

乙二醇二甲醚（DME）：分子式：$C_4H_{10}O_2$，无色透明液体，熔点：-58℃；沸点：82 ~ 83℃；闪点：-2℃；密度：0.867g/cm^3；介电常数：7.2；黏度：0.59mPa · s；折射率：1.379，溶于水、乙醇、烃类。

羧酸酯类溶剂具有较低的熔点，加入适量的羧酸酯，可以改善电池的低温性能。常用的羧酸酯类溶剂主要包括γ-丁内酯（BL）、甲酸甲酯（MF）、乙酸甲酯（MA）、丁酸甲酯（MB）和丙酸乙酯（EP）。

γ-丁内酯（BL）：分子式 $C_4H_6O_2$，无色透明液体，熔点：-44℃；沸点：206℃；闪点：99.2℃；密度：1.12g/cm^3；介电常数：42；黏度：1.7mPa · s；折射率：1.4348，与水混溶，溶于甲醇、乙醇、乙醚和苯等有机溶剂。

甲酸甲酯（MF）：分子式 $C_2H_4O_2$，无色有香味的易挥发液体，熔点：-99.8℃；沸点：31.5℃；闪点：-19℃；密度：0.974g/cm^3；介电常数：8.5；黏度：0.33mPa · s；折射率：1.343，与乙醇混溶，溶于甲醇、乙醚，容易水解。

除传统溶剂以外，还有一些新型溶剂，包括腈类溶剂、氟代溶剂等，可以提高综合放电性能、提升高低温性能等。

腈类溶剂具有较宽的液程、较高的介电常数和较低的黏度，因此有希望作为锂氟化碳电池电解质溶剂使用。

氟原子由于强的电负性，使得碳氟键（C—F）比碳氢键（C—H）的键能强，因此用氟原子取代碳酸酯上的氢原子，能提高溶剂的热稳定性。同时，氟取代后导致分子对称性降低，分子热运动加快，熔沸点降低，使溶剂具有较好的低温性能。另外，氟取代还会降低溶剂分子的最高占据分子轨道（HOMO）和最低未占空轨道（LUMO）的能级，不仅提高溶剂的抗氧化能力和还原电位。氟代溶剂可以作为锂氟化碳电池电解质溶剂使用。

为了减少可能的副反应，锂氟化碳电池使用的电解液体系一般比较简单，在电池设计中根据侧重不同，选择不同的锂盐和溶剂，但是一般采用种类都比较少。与锂离子电池、锂金属二次电池中使用多种添加剂不同，锂氟化碳电池电解液除特殊使用要求外很少使用功能性添加剂。因此锂氟化碳电池的电解液配方一般都比较简单，多采用醚类-酯类的二元溶剂体系。

对于具有特殊使用要求的锂氟化碳电池，一般也采用单一性能的添加剂，例如对于低温锂氟化碳电池，需要通过低温添加剂来保证电解液的流动性。图4.1[1]给出了基于PC：DME溶剂体系中采用不同锂盐和低温添加剂的电解液离子电导率。可以看出使用LiFSI锂盐的电解液的离子电导率最高。添加剂的存在使电解液在低温-40℃仍具有较高的离子电导率，适合于低温锂氟化碳电池设计。

表 4.3　常用有机溶剂基本性质

化学名称	CAS 号	分子式	分子量	分子结构	熔点;沸点;闪点	密度(20℃,g/cm^3)	黏度(25℃,mPa·s)	介电常数	外观
碳酸乙烯酯(EC)	95.49-1	$C_3H_4O_3$	88.06	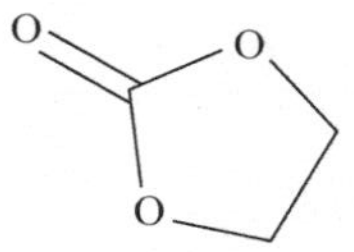	35.38℃;248℃;160℃	1.32	1.90	89.6	透明无色液体(35℃),室温下为结晶固体
碳酸丙烯酯(PC)	108-32-7	$C_4H_6O_3$	102.9	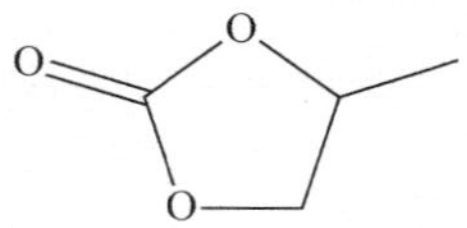	-48.8℃;242℃;132℃	1.21	2.5	69	无色无味或淡黄色透明液体
碳酸二甲酯(DMC)	615.38-6	$C_3H_6O_3$	90.08	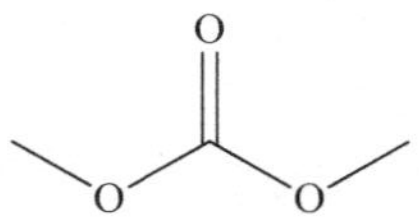	0.5℃;90~91℃;17℃	1.07	0.625	2.6	有芳香气味的无色液体
碳酸二乙酯(DEC)	105.58-8	$C_5H_{10}O_3$	118.13	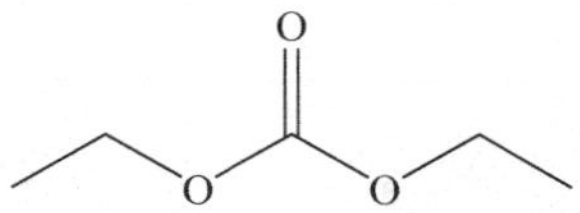	-43℃;125~128℃;25℃	0.975	0.748	2.8	无色液体,稍有异味
碳酸甲乙酯(EMC)	623-53-0	$C_4H_8O_3$	104.1	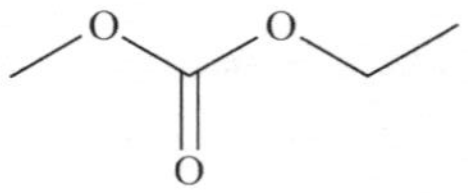	-14℃;107℃;23℃	1.01	0.65	2.9	无色透明液体

续表

化学名称	CAS 号	分子式	分子量	分子结构	熔点;沸点;闪点	密度(20℃, g/cm^3)	黏度(25℃, mPa·s)	介电常数	外观
碳酸甲丙酯(MPC)	56525.42-9	$C_5H_{10}O_3$	118.13	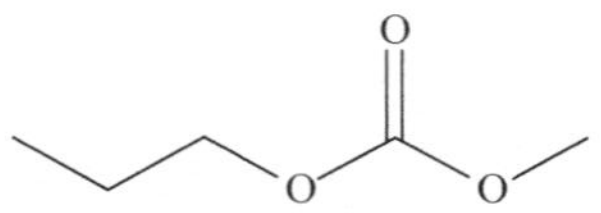	2.4℃;128.58℃;26.1℃	0.949	0.87	2.8	无色透明液体
四氢呋喃(THF)	109-99-9	C_4H_8O	72.11	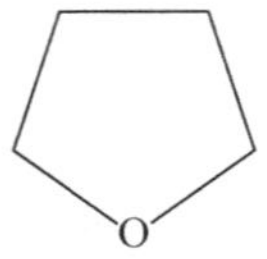	-108.5℃;66℃;-14℃	0.89	0.46	7.4	无色透明液体
乙二醇二甲醚(DME)	110-71-4	$C_4H_{10}O_2$	90.12		-58℃;82~83℃;-2℃	0.867	0.59	7.2	无色透明液体
γ-丁内酯(BL)	95.48-0	$C_4H_6O_2$	86.1	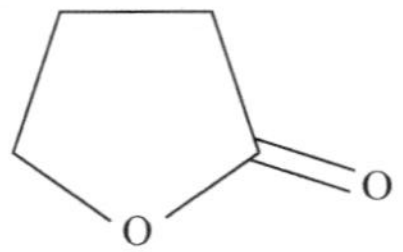	-44℃;206℃;99.2℃	1.12	1.7	42	无色透明液体
甲酸甲酯(MF)	107-31-3	$C_2H_4O_2$	60.05	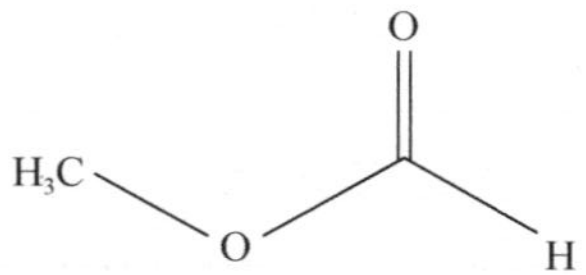	-99.8℃;31.5℃;-19℃	0.974	0.33	8.5	无色有香味的易挥发液体

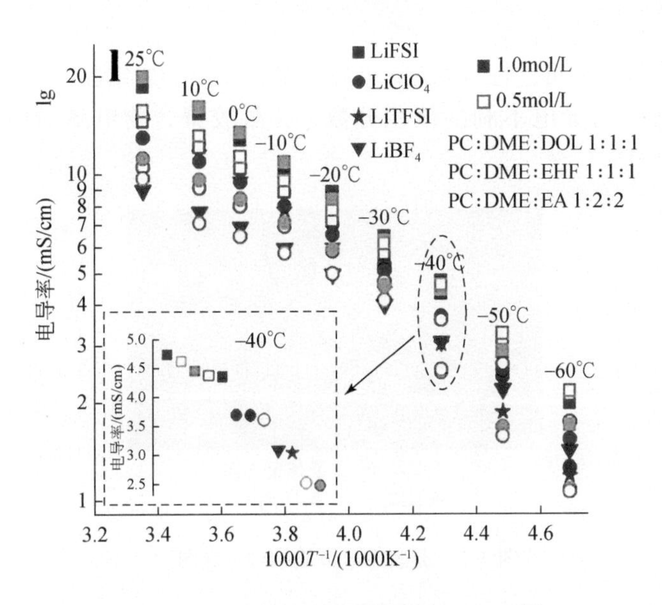

图4.1　不同电解液体系的离子电导率[1]

4.2　固体电解质

和锂电池类似，除上述液体电解质外，锂氟化碳电池也可以采用固体电解质体系，但是由于固体电解质的离子电导率远低于电解液体系，因此采用固体电解质的锂氟化碳电池一般在高于室温环境下放电。由于固体电解质的安全性和热稳定性均高于电解液，因此以固体电解质代替电解液，可以提升电池的高温稳定性和安全性。

固体电解质分为凝胶态电解质、聚合物电解质、无机固体电解质以及复合固体电解质。

4.2.1　凝胶态电解质

凝胶态电解质（GPEs）是液体与固体混合的半固体电解质，聚合物分子呈现交联的空间网状结构（图4.2），在其结构孔隙中间充满了液体增塑剂，锂盐则溶解于聚合物和增塑剂中。其中聚合物和增塑剂均为连续相。凝胶聚合物电解质的相存在状态比较复杂，由结晶相、非晶相和液相三个相组成。其中结晶相由聚合物的结晶部分构成，非晶相由增塑剂溶胀的聚合物非晶部分构成，而液相则由聚合物孔隙中的增塑剂和锂盐构成。在凝胶聚合物中，聚合物之间呈现交联状态，其交联方式有物理和化学两种方式。物理交联是指聚合物主链之间相互缠绕或局部结晶而形成交联的方式；化学交联是指聚合物主链通过共价键形成交联的方式，交联点具有不可逆性且稳定。化学交联由于不形成结晶，其交联点体积很小，几乎不增加对导电不利的体积分数，在凝胶聚合物电解质中具有更大的优势。

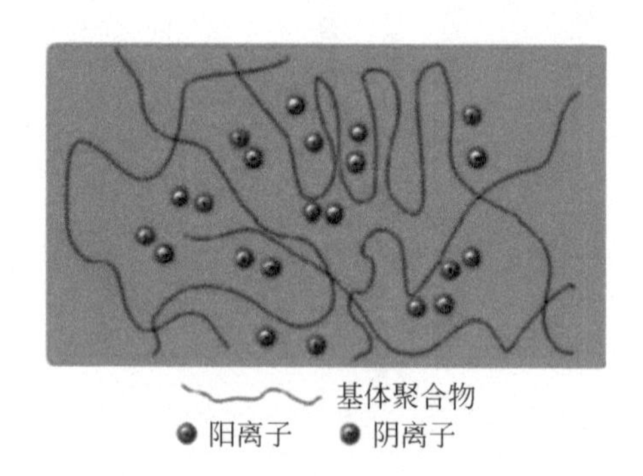

图 4.2　凝胶态电解质结构示意图[2]

凝胶态电解质的离子导电以液相增塑剂中离子电导为主。与液体电解质相比，凝胶态电解质具有很多优点：安全性好、液态成分很少、反应活性要低、可以起到隔膜作用，但凝胶态电解质也存在电解质的室温离子电导率低的问题，是液体电解质的几分之一甚至几十分之一，导致电池高倍率放电性能和低温性能欠佳；并且力学性能较低。

常用的凝胶态聚合物包括：聚偏氟乙烯（PVDF）、偏氟乙烯六氟丙烯共聚物[P（VDFHFP）]、聚氧化乙烯（PEO）、聚丙烯腈（PAN）、聚甲基丙烯酸甲酯（PMMA）等。常用的增塑剂有二甲基甲酰胺（DMF）、碳酸二乙酯（DEC）、γ-丁内酯（BL）、碳酸乙烯酯（EC）、碳酸丙烯酯（PC）、聚乙二醇（PEG400）等。

4.2.2　聚合物电解质

聚合物电解质（SPE）具有不可燃、与电极材料间的反应活性低、柔韧性好等优点。聚合物电解质是由聚合物和锂盐组成，可以近似看作将盐直接溶于聚合物中形成的固态溶液体系。聚合物电解质与凝胶聚合物电解质的主要区别是不含液体增塑剂，只有聚合物和锂盐两个组分。聚合物电解质中，存在聚合物的结晶区和非晶区两个部分，聚合物中的官能团是通过配位作用将离子溶解的，溶解的离子主要存在于非晶区，离子导电主要是通过非晶区的链段运动来实现的。聚合物基体通常选择性地含有—O—、—S—、—N—、—P—、—C—N—、C ═O 和 C ═N 等官能团，一般不含有氢键，因为氢键的存在不利于链段运动，离子导电性不好，同时还会造成电解液不稳定。聚合物电解质中锂盐溶解是通过聚合物对阴离子、阳离子的溶剂化作用实现的。杂原子上的孤对电子与阳离子的空轨道产生配合作用，使得锂离子溶剂化。聚合物电解质的离子传输机理一般认为是：迁移离子同高分子链上的极性基团络合，在电场作用下，随着高弹区中分子链段的热运动，迁移离子与极性基团不断发生络合——解络合过程，从而实现离子的迁移（图 4.3）。

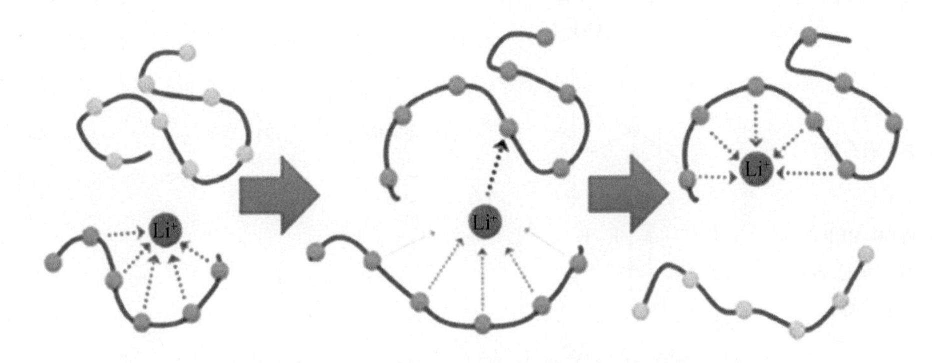

图 4.3　聚合物电解质中锂离子传输过程示意图[3]

聚合物电解质研究较多的有聚醚系、聚丙烯腈系、聚甲基丙烯酸酯系、含氟聚合物系等系列，常用聚合物电解质的基本性质见表 4.4。在聚合物电解质中研究最多、最广泛的是聚氧化乙烯（PEO）类聚合物电解质，但由于 PEO 的结晶性，其室温离子电导率很低。LiFSI、LiTFSI 为广泛采用的锂盐，其阴离子的电荷分布分散，晶格能低，还起到了一定的塑化剂作用，防止聚合物链重结晶。

表 4.4　常用聚合物电解质的基本性质

聚合物	聚合单元	T_g/℃	T_m/℃	锂离子迁移数 t_{Li^+}	机械性
PEO（聚氧化乙烯）	H–[O]$_n$–OH	–64	65	0.1～0.2	弱
PMMA（聚甲基丙烯酸甲酯）	O, O, [ ]$_n$	105	无定形	—	弱
PAN（聚丙烯腈）	[ ]$_n$, N	125	317	0.4～0.6	强

续表

聚合物	聚合单元	T_g/℃	T_m/℃	锂离子迁移数 t_{Li^+}	机械性
PVC（聚乙烯醇）	OH, n	80	220	—	—
PVDF（偏二氟乙烯）	F, F, n	-40	171	—	强
PVDF-HEP（聚偏二氟乙烯-六氟丙烯）	F F, x; F F, F CF_3, y	-90	135	—	中
PDMS（聚二甲基硅氧烷）	Si, O, Si, O, Si, n	-125	-40	—	—
聚磷腈类	R_1, P = N, R_2, n	—	—	0.23~0.38	—
PTMC（聚三亚甲基碳酸酯）	O, O, O, n	-15	36	0.5~0.8	—

4.2.3　无机固体电解质

无机固体电解质一般是指具有较高离子导电率的无机固体物质，用于锂电池的无机固体电解质也称为锂快离子导体，无机固体电解质分为晶态固态电解质、非晶态固体电解质和复合型固体电解质，常用无机固体电解质的基本性质见表4.5，无机固体电解质中锂离子传输通道见图4.4。晶态固体电解质和非晶态固体电解质的导电都与材料内部的缺陷有关。在晶态固体电解质中，存在较多的空穴和间隙离子等缺陷。空穴是在本来应该有原子充填的地方出现了原子空位，间隙离子是在理想晶格点阵的间隙里存在离子。在电场的作用下大量无序排列的离子就会产生移动，从一个位置跳到另一个位置，因此晶态固体电解质具备了离子导电性。当可移动离子浓度高时，离子遵循欧姆定律进行迁移；当浓度低时，离子遵循费克定律进行迁移。前者与可移动离子浓度有关，后者与浓度梯度有关。这里的可移动离子也称为载流子。研究较多的主要包括 Perovskite 型、NaSiCON 型、Li-SiCON 型、LiPON 型、LiPOLiSiO 型和 GARNET 型。非晶态固体电解质的结构具有远程无序状态，其中存在大量的缺陷，为离子传输创造了良好条件，因此电导率较高。主要包括氧化物玻璃和硫化物玻璃固体电解质。氧化物玻璃无机固体电解质是由网络状的氧化物（SiO、BO、PO 等）和改性氧化物（如 LiO）组成，这类材料离子电导率低。氧化物玻璃基体中的氧原子被硫原子取代后便形成硫化物玻璃。S 比 O 电负性小，对 Li 的束缚力弱，并且 S 原子半径较大，可形成较大的离子传输通道，利于 Li 迁移，因而硫化物玻璃显示出较高的电导率。研究较为深入的硫化物非晶态电解质有 LiSSiS、LiSPS、LiSBS 等。

表 4.5　常用无机固体电解质基本性质

无机固体电解质	分子式	锂离子浓度/（mol/L）
LLTO	$Li_{3.3}La_{0.56}TiO_3$	81.3
LATP	$Li_{1.3}Al_{0.3}Ti_{1.7}(PO_4)_3$	10.0
Li-SiCON	$Li_{14}ZnGe_4O_{16}$	66.7
LLZO	$Li_7La_3Zr_2O_{12}$	41.3
LPS	$Li_7P_3S_{11}$	28
LGPS	$Li_{10}GeP_2S_{12}$	34.7
Li_2S-P_2S_5	$Li_2P_2S_6$	14.9

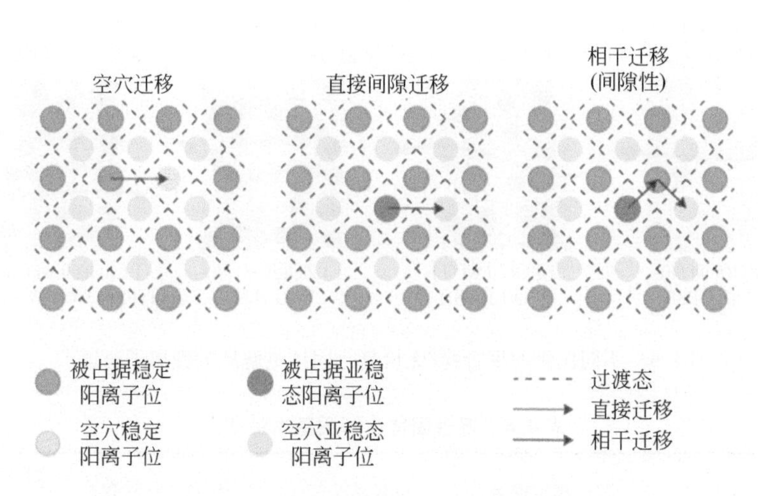

图 4.4　无机固体电解质中锂离子传输通道示意图[4]

4.2.4　复合固体电解质

复合固体电解质是指在聚合物的固体电解质中加入无机填料/无机固体电解质所形成的一类电解质。一定量活性无机填料/无机固体电解质的加入可以增加锂离子扩散通道，明显提高离子电导率（图 4.5、图 4.6）。复合固体电解质兼具有机物良好的柔性和无机物高的机械强度，具有对锂金属的相对稳定性、与电极的优异接触/黏附性、优异的机械性能和良好的柔韧性等优势。复合固体电解质的性能和离子传输路径与聚合物/无机组分及比例相关，常用复合固体电解质的基本性质见表 4.6。

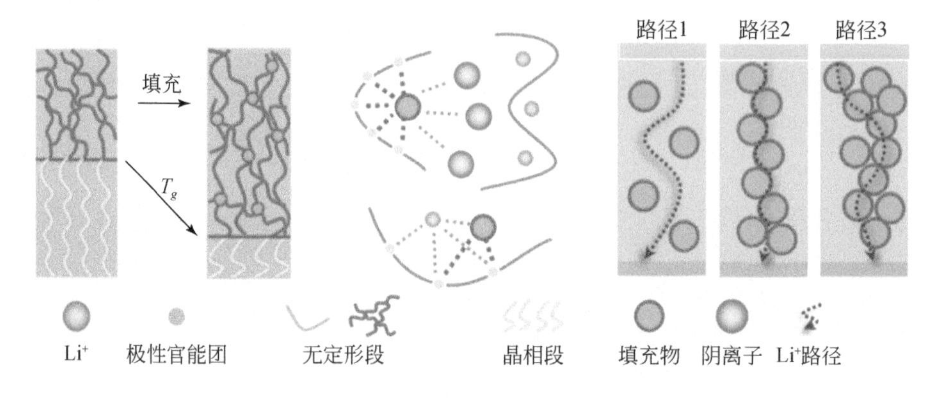

图 4.5　复合电解质中锂离子传输类型及通道[5]

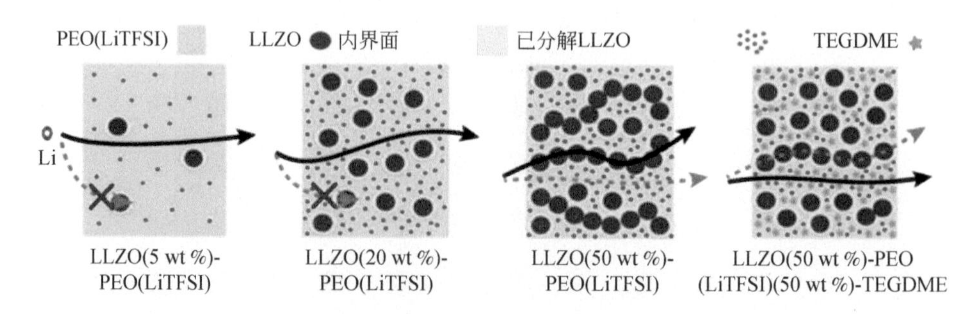

图 4.6　不同比例的聚合物/无机复合固体电解质的锂离子通道[6]

表 4.6　复合固体电解质基本性质[6]

复合电解质	填料形态	电导率/(S/cm)	锂离子迁移数 t_{Li^+}	电化学窗口/(*vs.* Li/Li⁺，V)
PVDF-$LiClO_4$-LLTO	纳米颗粒	2.37×10^{-3}（30℃）	0.853	–

续表

复合电解质	填料形态	电导率/(S/cm)	锂离子迁移数 t_{Li^+}	电化学窗口/(vs. Li/Li$^+$, V)
PEO-LiTFSI-LAGP	排列纳米颗粒	1.79×10^{-4} (RT)	0.560	4.5
PEO-LiTFSI-LAGP	随机纳米颗粒	2.7×10^{-3} (RT)	0.890	5.5
PEO-LAGP	排列纳米颗粒	1.6×10^{-4} (RT)	0.560	4.5
PEO-LiTFSI-15% LLTO	纳米线	2.4×10^{-4} (20℃)	–	5.0
PVDF-$LiClO_4$-LLZO	排列纳米线	1.16×10^{-4} (30℃)	–	4.6
PEO-PVDF-LiTFSI-LLZTO	排列纳米线	9.3×10^{-4} (50℃)	0.30	4.9
PEO-LiTFSI-Al-LLZO	纳米片	7.0×10^{-5} (25℃)	–	–
PEO-LiTFSI-GaLLZO	3D 网络结构	1.2×10^{-4} (30℃)	–	5.6
PVDF-$LiClO_4$-LLZO	3D 网络结构	1.5×10^{-4} (RT)	0.47	4.7
PEO-PAN-LiTFSI-LLZTO	3D 网络结构	1.76×10^{-4} (25℃)	0.53	5.2
PVDF-PMMA-LiTFSI-LATP	3D 网络结构	1.23×10^{-3} (RT)	0.85	4.8
PVDF-PPC-LiTFSI-LLZTO	3D 网络结构	3.1×10^{-4} (25℃)	0.62	4.7

由于固体电解质的离子电导率低于锂氟化碳电池中常用电解液，所以使用固体电解质的锂氟化碳电池主要针对特殊需求，如高温、高压、超低气压等，在这些特殊情况下，电解液由于汽化、流动性、分压等限制无法保证电池的正常放电。固体锂氟化碳电池设计时选择的固体电解质体系主要针对满足特殊条件要求，不同需求之间的选择差异非常大。受离子电导率影响，使用固体电解质的锂氟化碳一次电池多设计为能量型电池。

参考文献

[1] Zhang S, Kong L, Li Y, et al. Fundamentals of Li/CF_x battery design and application [J]. Energy & Environmental Science, 2023, 16 (5): 1907-1942.

[2] http://www.cnpowder.com.cn/img/daily/2022/12/26/091623_265373_newsimg_new s.png.

[3] http://www.nxebattery.com/news/industry/20191107359.html.

[4] Famprikis T, Canepa P, Dawson J A, et. al. Fundamentals of inorganic solid-state electrolytes for batteries [J]. Nature Materials, 2019, 18: 1278-1291.

[5] Liu S, Liu W, Ba D, et. al., Filler-integrated composite polymer electrolyte for solid-state lithium batteries [J]. Advanced Materials, 2023, 35 (2): 2110423.

[6] Deborah M Reinoso, Marisa A Frechero. Strategies for rational design of polymer-based solid electrolytes for advanced lithium energy storage applications [J]. Energy Storage Materials, 2022, 52: 430-464.

第5章 锂氟化碳电池制备

锂氟化碳电池由氟化碳正极片、金属锂负极、隔膜、电解液和外壳组成。虽然锂氟化碳电池与锂离子电池体系不同，但是锂氟化碳电池的制备工序与锂离子电池基本相同[1]。根据不同的电池结构，锂氟化碳电池可分为圆柱形卷绕电池、方形软包装卷绕电池和方形软包装叠片电池三类。不同结构的锂氟化碳电池装配工艺流程如图5.1、图5.2和图5.3所示。

下面对锂氟化碳电池制备过程的各工序详细介绍。

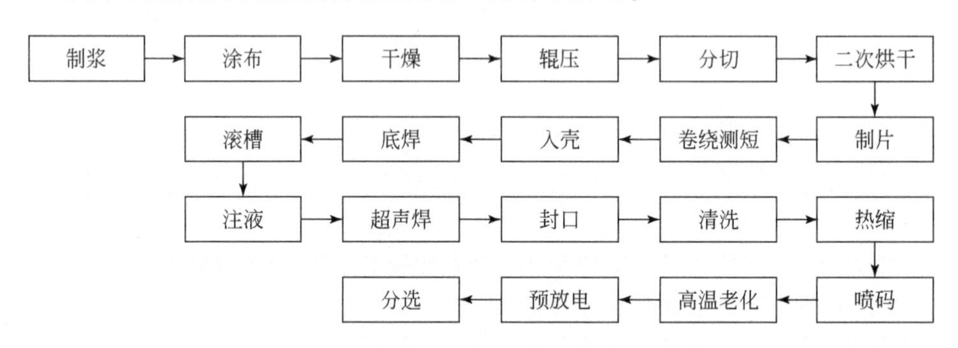

图5.1　圆柱形卷绕锂氟化碳电池装配流程

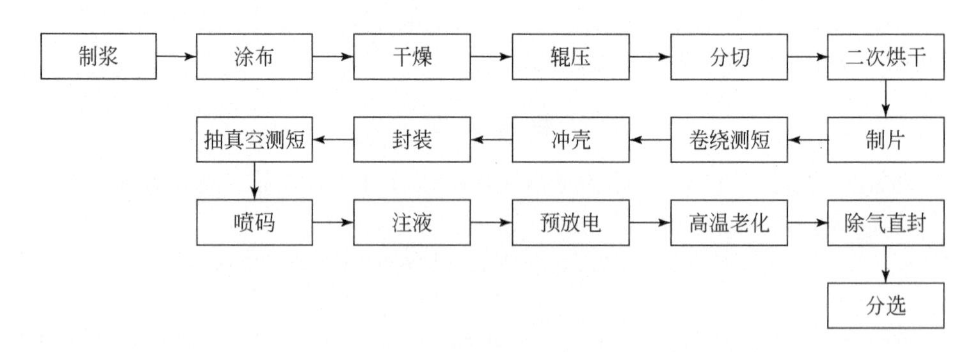

图5.2　方形软包装卷绕锂氟化碳电池制备流程

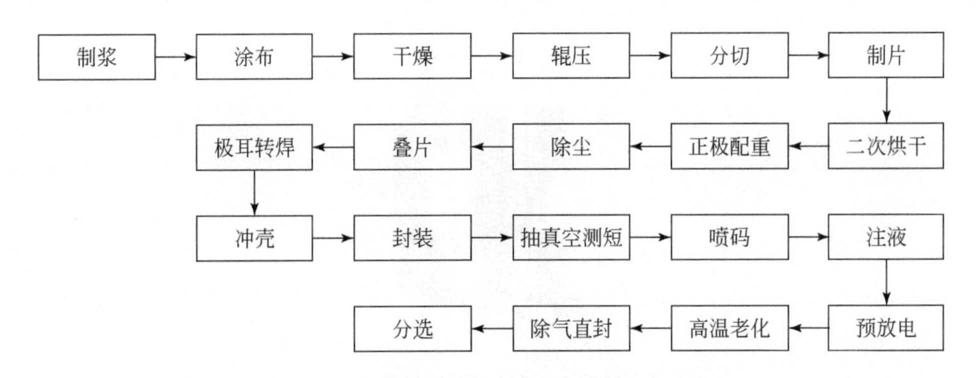

图5.3　方形软包装叠片锂氟化碳电池制备流程

5.1 制　浆

5.1.1 电极配方

由于氟化碳材料导电性极差，接近于绝缘体，因此在电极配方中添加多种导电性较好的导电剂搭建良好的导电网络。通常在电极配方中，氟化碳含量为80%~90%，导电剂含量为5%~12%，黏结剂含量为5%~8%。

5.1.2 制浆主要步骤

1. 制浆准备

①烘干。将氟化碳、导电剂和黏结剂等粉料进行真空烘干，烘干温度为80~110℃，时间为8~12h。真空烘干不仅可减少水分对制浆的影响，还有助于减少表面吸附物质，增大颗粒的表面能，以便增大对分散剂的吸附。

②聚偏二氟乙烯（PVDF）黏结剂溶液制备。为了更好的分散效果，一般需要将黏结剂配制成溶液使用。使用普通的搅拌罐（图5.4），先加入一定量的N-甲基吡咯烷酮（NMP）溶剂，再将设计的固含量的黏结剂PVDF胶粉用量加入其中，搅拌4~6h后得到PVDF胶液。PVDF胶液外观为无色透明、具有一定黏度的液体，通常固含量为5%~10%，制备好的PVDF胶液一般需要抽真空并静置12h，以消除搅拌过程中产生的气泡。

2. 浆料制备

将导电剂和氟化碳粉料依次加入搅拌罐中，为保证氟化碳材料与胶液能够有效充分地分散，通常可采用分布添加氟化碳材料的方式，设定公转速度约为（20±10）r/min，氟化碳粉体浸润后，开启（2000±100）r/min的自转分散，持续分

图 5.4　行星式搅拌设备[2]

散 60min，其间辅助适当的 NMP 调节黏度，保持上述搅拌参数持续 3h 以上。同时搅拌过程中，根据需要对搅拌桨进行刮桨处理，防止黏附在搅拌桨上的粉体抱团而无法被充分分散浸润。

3. 黏度调节

浆料经过充分分散后，需要对其黏度进行调节，需要少量多次加入 NMP 溶剂调接浆料的黏度，通常设定公转速度为（20±10）r/min，搅拌 20 ~ 30min 再复测黏度值。一般氟化碳浆料的黏度约为 5000 ~ 13000cP，具体黏度的设置和材料种类、涂布方式及固含量的设计都有关系，视具体情况而定。

4. 真空消泡

由于浆料前期长时间的搅拌分散，浆料中存在很多气泡，因此在浆料黏度调节完成后，需要在真空状态下进行慢速搅拌，使气泡脱出。但是真空脱气时间不宜过长，以防过多损失溶剂。一般消泡参数设置为真空度为-6. 1kPa，脱气搅拌时间不超过 0. 5h。

5. 过滤

过滤的目的是除去浆料中未分散的聚团大颗粒。由于氟化碳材料的粒径较小，因此通常使用 80 ~ 300 目的筛网对浆料进行过滤。也可以用特制的过滤器来完成。过滤工序并非只有一次过滤，根据需要可以安排多次过滤，确保浆料具有良好的分散效果。当然，最重要的还是最后一次过滤，这是分离出大颗粒的最后一道屏障。

5. 1. 3　氟化碳浆料分散性表征方法

氟化碳浆料表征分散性的测试方法主要包括黏度法、粒度法和极片法三种[3]。

①黏度法就是用浆料黏度间接表征分散性能的方法。一般来讲对于一定的浆料体系，制浆后黏度越低，表明分散越好。加入越多的 NMP 溶剂，浆料的固含

量就越低，为了保证浆料具有较好的流动性和较高的固含量，浆料黏度通常设定为 5000～13000cP（图 5.5）。

图 5.5　浆料黏度测试设备[4]

②粒度法是由激光粒度仪和刮板细度计进行测定，主要用于分散后浆料中聚团或颗粒的粒度及其分布测试。浆料中分散颗粒的粒度越小，则表明分散性能越好。其中刮刀浆料细度计如图 5.6 所示，测试方法为将浆料滴在刮槽深的一边，然后利用刮板向刮槽由深到浅方向刮涂，由于槽深不断变浅，颗粒被留在其直径的槽深的地方，观察浆料在不同槽深处的残留情况就可以判断出浆料粒度情况，测试范围在 5～100μm。由于评判标准具有较大的主观性，刮板细度计一般只能用于粗略的测量。通常来说，氟化碳粉体材料粒径都在接近于纳米级，分散后浆料细度大都在 15～30μm。

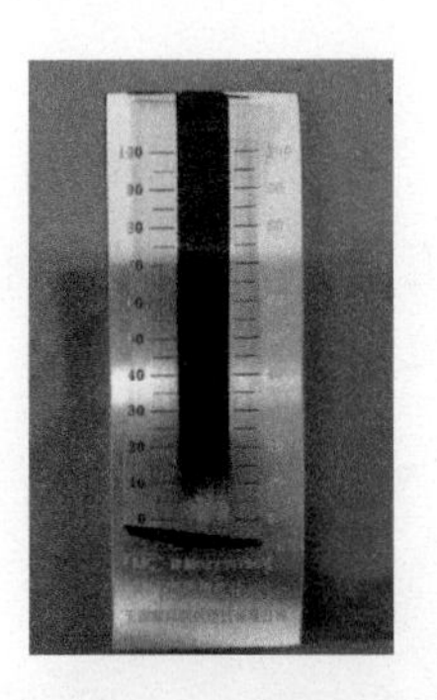

图 5.6　刮板细度计测试浆料细度

③极片法属于间接判断方法，可以通过扫描电镜（SEM）分析，直接观察活性物质颗粒和导电剂在浆料中的分散情况；也可以采用探针法测定涂布极片的电导率，对各组分在浆料中的分散效果进行间接判断。

5.1.4　浆料稳定性表征方法

浆料的稳定性即浆料在足够长的时间内，不会发生沉降或者在进行再加工后浆料能够快速恢复到之前的状态。浆料稳定性的表征方法主要测定浆料固含量，即采用固含量测试仪测试不同沉降时间浆料的固含量变化情况（图 5.7）。

氟化碳材料由于自身的比表面积较大，且氟化碳电极配方中导电剂含量较高，需要大量的溶剂浸润，因此浆料的固含量相对较低，通常在 20%~50%；但是浆料黏度相对较高，粉料振实密度相对较低，浆料体系相对比较稳定，通常来说，同一位置 24h 浆料的固含量变化情况不超过 2%。

图 5.7　浆料固含量测试仪[5]

5.2　涂　　布

5.2.1　集流体的选择

通常正极采用铝箔作为集流体，由于氟化碳材料的导电性极差，因此选择用涂碳铝箔作为氟化碳电极的集流体（图 5.8）。

图 5.8　涂碳铝箔示意图

涂碳铝箔是在铝箔表面上添加含有炭黑、石墨片或石墨烯等导电性良好的碳材料涂层。碳材料与一定的黏结剂调配成浆料，按照一定的尺寸涂布在铝箔表面，干燥后形成一层致密的涂碳表层。涂碳铝箔上的涂碳层可以起到桥梁的作用，将氟化碳与铝箔紧密黏结起来，颗粒间相互嵌入，从而提高了氟化碳极片的导电性，此外，涂碳层可以使铝箔表面呈现均匀的凹凸，增加了氟化碳粉料与集流体之间的接触面积，有利于降低界面转移阻抗。通常采用涂碳铝箔的厚度为15～24μm。

5.2.2　涂布方式的选择

涂布方法很多。浸涂涂布方法有浸涂、辊涂、刮刀涂和缠线棒涂布等方法；辊涂有单辊、双辊和多辊涂布方法；预定量涂布有坡流、条缝、挤压和幕帘涂布等方法。氟化碳电极的涂布方式通常选择精度较高的辊涂中的多辊涂布方式和预定量涂布中的狭缝挤压涂布方式。

1. 多辊涂布方式

多辊涂布是由涂布辊将浆料带上来，通过计量辊对涂布膜进行定量，最后将涂布辊上的定量膜全部转移至上背辊的片幅上，如图5.9所示。三辊顺转涂布时，涂布辊和计量辊、计量辊和上背辊均以顺转形式进行旋转，由涂布辊将浆料带上来，经过刮刀定量厚度，然后通过涂布辊和计量辊辊缝进行分裂，计量辊上涂膜在进入计量辊和上背辊间隙时再次进行分裂，上背辊上的涂层留在片幅上获得最终涂层。

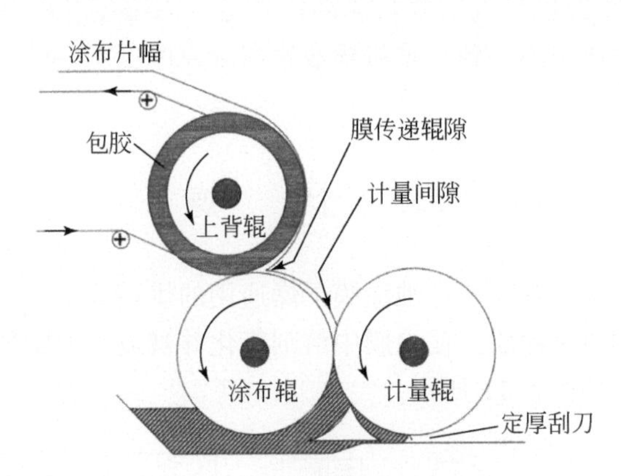

图5.9　多辊涂布示意图

采用多辊涂布的涂布方式可获得浆料湿涂层厚度约为50～400μm，涂布辊上面的浆料厚度源于缝隙和转动上料过程，因此能够涂布黏度较高且流动性较差(浆料黏度接近13000cP) 的浆料，但流动性较差的浆料自流平性不好，导致涂布的湿膜呈现中间厚两边薄的情况，黏度越大削薄区比例越大。多辊涂布效率偏低，因此在进行大批量生产的情况多采用狭缝挤压涂布的方式。

2. 狭缝挤压涂布方式

狭缝挤压涂布方式是通过挤压系统将供料系统提供的浆料挤压至输送带上，并在输送带的作用下将其输送至涂布系统。在涂布系统中，浆料进入内部型腔通过狭缝式喷嘴均匀地喷洒在涂碳铝箔上，形成一层均匀的湿膜涂层（图 5.10）。

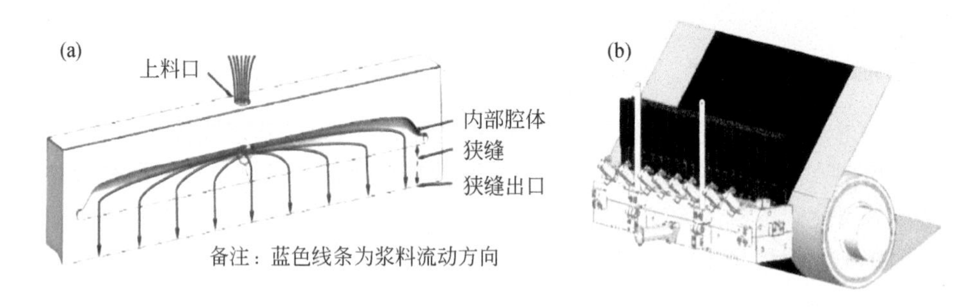

图 5.10　(a) 狭缝挤压式涂布原理和 (b) 涂布效果[6]

狭缝挤压涂布方式相较于多辊涂布的方式具有更高的涂布精度，且由于狭缝的均匀性分布使得涂布的均匀性大大提升。此外，设备采用封闭式设计，使得涂布过程中的废料和废气得到了有效处理，提高了环保的要求。

相较于多辊涂布方式，狭缝挤压涂布方式要求浆料的黏度要低（5000 ~ 8000cP），这是由于黏度较大的浆料流动性较差，内部型腔中各个狭缝的出口压力不稳定或者出口压力不一致，这将导致涂布湿膜厚度不一致，影响涂布精度及均匀性。

5.3　干　　燥

锂氟化碳电池采用锂离子电池涂膜干燥通用的烘道式干燥方式，空气作为热载体，利用对流加热湿涂膜，使涂膜中溶剂气化并被流动的空气带走，达到涂膜固化干燥的目的，如图 5.11 所示。

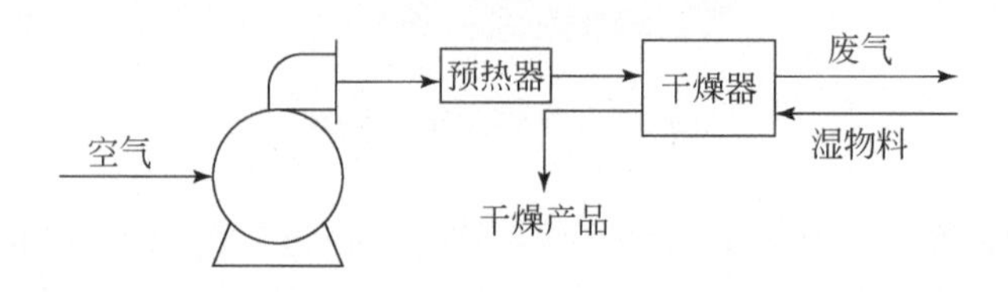

图 5.11　空气干燥器对流干燥示意图

干燥速率与空气和湿膜浆料状态相关，当空气的温度、湿度、流速及与湿膜浆料的接触方式都不变的情况下，参照典型的干燥速率曲线如图 5.12 所示，对于湿膜浆料沿着烘箱长度方向的涂膜温度、湿含量的变化如图5.13所示，可以分为过渡段、恒速干燥段和降速干燥段。

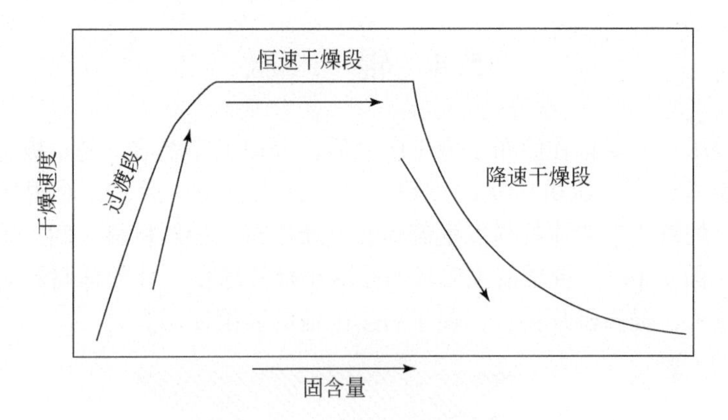

图5.12　对流干燥速率曲线

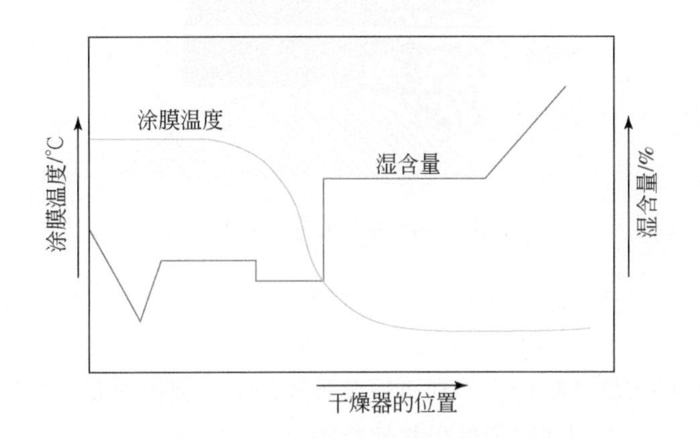

图5.13　涂膜的温度和溶剂含量曲线

过渡段是指涂膜刚刚进入干燥烘箱后，溶剂开始蒸发。通常此段烘干温度参数设置较低，避免表面湿膜的溶剂快速蒸发，使得溶剂将湿膜浆料中的导电剂和黏结剂等随着溶剂蒸发而上浮。

恒速干燥段的温度和风速参数设置相对较大，这一阶段湿涂膜进入烘箱的中段位置，此时湿膜中含有大量的溶剂，溶剂挥发速率只和外界干燥参数相关，此时湿膜内部的上下蒸发速率相同，溶剂大量挥发，涂膜温度处于稳定阶段。

降速干燥段位于烘箱的尾部部分，经历过恒速干燥段，绝大部分溶剂已经挥发，此时涂膜的表面已经不在湿润，涂膜表面开始固化，但内部仍有些溶剂未挥发，此时涂膜内外蒸发速率不一致，涂膜温度开始升高，由于内外不一致，导致涂膜表面温度高，而内部温度低，如果涂膜较厚，可能引起涂膜表面皲裂。因此在此阶段，应当降低烘干温度，使得表面的蒸发速率降低，从而避免内外烘干状态不一致。

5.4 辊　　压

极片辊压一般安排在涂布干燥工序之后，分切工序之前，是正极金属集流体上的涂布粉体经过辊压机压实的过程。极片进入辊压机后，在对辊压力的作用下，极片上的氟化碳粉体材料发生流动和重新排布，粉体材料之间空隙减少，排列致密化（图 5. 14）。辊压的主要目的是减小极片厚度，让粉体材料与涂碳铝箔贴合更为紧密，提高极片韧性，便于后续电池的装配使用。

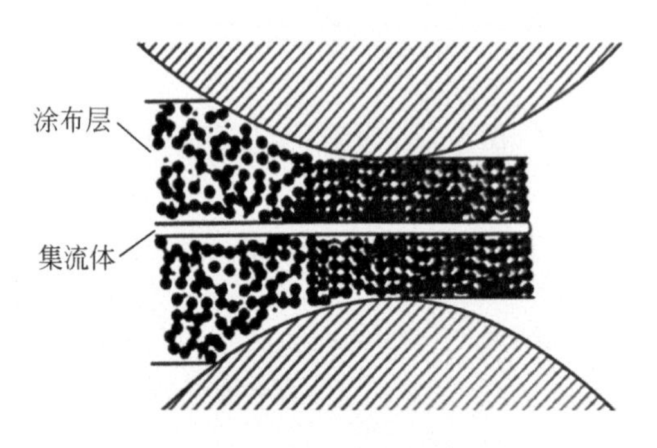

图 5. 14　极片辊压示意图

辊压主要通过调节辊压设备的压力参数、辊压张力参数、辊压速度参数和压辊间缝隙的参数来控制极片辊压厚度，随着极片厚度变薄的同时，极片长度变长，极片变长导致韧性降低，不利于后续极片加工。因而需要选择最佳极片压实参数，确保极片压实的同时降低极片伸长率。

氟化碳材料本身粒径较小、微观形貌多呈现块状且比表面积大，导致颗粒之间的摩擦力、黏附力较大，受到外力时不易产生滚动和流动；随着加入导电剂和黏结剂，它们与氟化碳材料形成的导电网络，进一步增加了氟化碳材料流动的阻力，降低了极片的压实密度。因而，氟化碳极片的压实密度通常控制在 0. 8 ~ 2. 5mg/cm^3，即使使用较大的压实参数压实极片短暂获得较高的压实密度，但是随后又会由于材料特性形成厚度迅速反弹。因此氟化碳材料的低压实密度是很难改变的。

5.5 分　　切

分切是利用分切设备将辊压后的极片裁切成相同宽度的小条，极片的宽度方向对应电池的高度。分切后的极片不能出现褶皱和掉粉的情况，同时需要利用高效投影仪测量分切后的极片断面是否存在金属碎屑（毛刺）和目测是否存在波浪边的情况，品质良好的分切后极片不允许存在毛刺和波浪边等，分切极片要求精度很高，通常情况下分切宽度范围为±0.2mm（图5.15）。

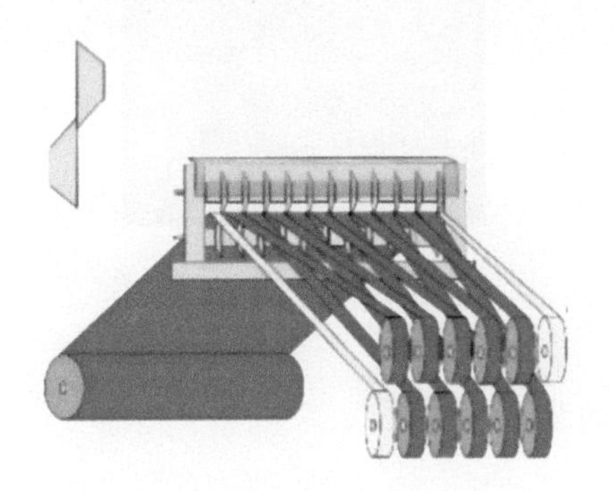

图5.15　极片分切过程示意图[7]

5.6　电池装配

锂氟化碳电池的装配通常是氟化碳正极片、金属锂负极、隔膜、正负极极耳和电池外壳等多种物料组装成电池的过程。装配的主要工序有卷绕或叠片、组装、焊接、封装等工序，其中卷绕或叠片是将焊接有集流极耳的正负极片和隔膜制备成正极-隔膜-负极结构的圆形或方形电芯结构的过程，组装是指将电芯、外壳、绝缘垫片等物料组合装配到一起的过程，焊接是指将极耳和极片、极耳和壳体按照工艺要求连接在一起的过程，封装是将电芯和壳体通过特定工艺要求连接到电池本体的过程。

5.6.1　极片的二次烘干

极片在进行装配前需要进行再次烘干，主要目的是进一步除去极片中残留的溶剂组分，与电极加工的干燥过程不同，本阶段的烘干一般采用的是真空干燥箱（图5.16），在一定真空度的情况下，极片中残留的溶剂组分沸点降低，受热更容易挥发出来。具体操作方法是将待烘干的极片放入真空烘箱，然后将烘箱加热到设定的烘干温度，再进行抽真空使烘箱内部达到设定的真空度。通常情况下氟化碳极片的二次烘干真空度在-90kPa，烘干温度设置为100～130℃，烘干时间为8～12h。

图 5.16　极片烘干示意图

5.6.2　圆柱形卷绕电池装配

1. 制片

正负极片制片（图 5.17）的过程主要分为极片裁切、焊接极耳、贴保护胶带和极片除尘四个步骤。

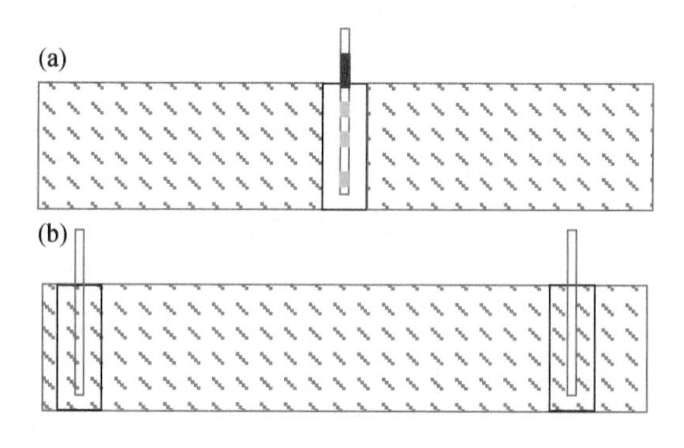

图 5.17　(a) 正极片和 (b) 负极片制片示意图

①极片裁切。极片裁切是将极片裁切成满足工艺要求的尺寸。氟化碳正极片的裁切要求是金属箔的断面毛刺要小，纵向的毛刺长度不能超过隔膜的厚度，否则毛刺刺穿隔膜会引起正负极短路。

②焊接极耳。焊接极耳是指在按照工艺的尺寸要求，在极片的未涂料的空箔区域点焊集流的正极极耳，要求焊点位置可靠，焊点拉力测试要求拉力≥10N。相对特殊的，负极金属锂带通常根据工艺要求的宽度进行定制化生产，由于质地柔软且具有一定的黏性，无法采用点焊的方式连接负极极耳，结合金属锂带具有黏性的特点，通常施加外力将极耳固定在锂带上后，再用胶带或锂带覆盖极耳，由于锂带质地柔软不适合拉力测试仪测试拉力，通常这一步骤检验用人工手动检

验，拉拽极耳带锂即为合格。

③贴保护胶带。通常在氟化碳正极片贴保护胶带，主要作用有保护焊点，避免焊点毛刺刺穿隔膜；在极片粉料涂布开始和结束的位置贴上保护胶带，胶带通常盖住粉线1～2mm，防止边缘的极粉脱落。

④极片除尘。极片除尘通常是用柔软的无纺布或毛刷擦拭氟化碳极片，擦去极片表面因操作过程中沾染的杂质或异物，使极片表面保持洁净。

2. 卷绕

卷绕是采用卷针将氟化碳正极片、负极锂带和隔膜按照正极-隔膜-负极-隔膜-正极的顺序进行组装的过程，如图5.18所示。由于负极金属锂带质地柔软支撑性不强，因而在卷绕设计中，通常采用氟化碳正极片包覆负极金属锂带，正极氟化碳极片的宽度比负极锂带宽1～2mm，隔膜宽度比正极片宽2～4mm；但在长度方向上，正极氟化碳极片的长度比负极短5～10mm，隔膜比负极长度长10～20mm，从而使氟化碳电池容量能够充分发挥。

图5.18　卷绕式锂氟化碳电芯结构示意图

卷绕式结构的电芯的装配过程为：隔膜、正负极极片利用放料卷主动放料进入输送过程，隔膜经过除静电后进入卷绕工位，在卷针的旋转下进行预卷绕；正负极片经过除尘、极耳复合、贴保护胶带进入卷绕工位，依次插入预卷绕的隔膜中进行共同卷绕（图5.19）；卷绕到工艺要求的参数后进行切断极片和隔膜，贴合固定胶带，固定电芯结构，进行短路检测，进入传送装置，自动分选出合格和不合格品，将合格品输送至下一道工序。

卷绕过程需要特别关注卷绕张力和极片对齐度。卷绕张力需要根据设备和工艺情况进行调整，卷绕张力较小会使得极组直径偏大，正负极片之间贴合不紧密，影响极组入壳和内阻较大；张力过大则会使极片隔膜发生断裂，影响生产效率。解剖卷绕的电芯，观察正负极片的相对位置关系，负极、正极和隔膜应当依

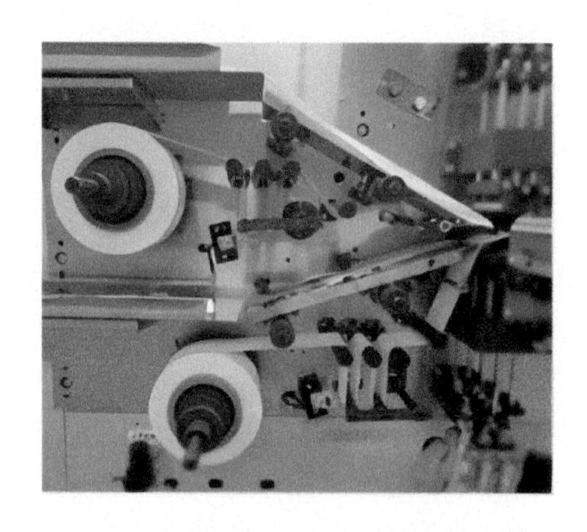

图 5.19　圆柱形极组卷绕过程示意图

次居中，包覆余量为 2 ~ 4mm，避免偏移和短路危险。此外，卷绕车间的环境温度≤25℃，相对湿度≤1%。

3. 入壳

圆柱卷芯入壳之前需要进行极组短路测试，然后将下垫片垫入卷芯底部后弯折负极耳，使极耳面正对卷芯卷针孔，最后垂直插入钢壳。当然，卷芯直径需要小于钢壳内径，为极片的厚度反弹和电解液预留空间，一般而言，卷芯直径≤97%钢壳内径较为适宜。卷芯插入钢壳后，再用同样的方法插入上垫片（图 5.20）。

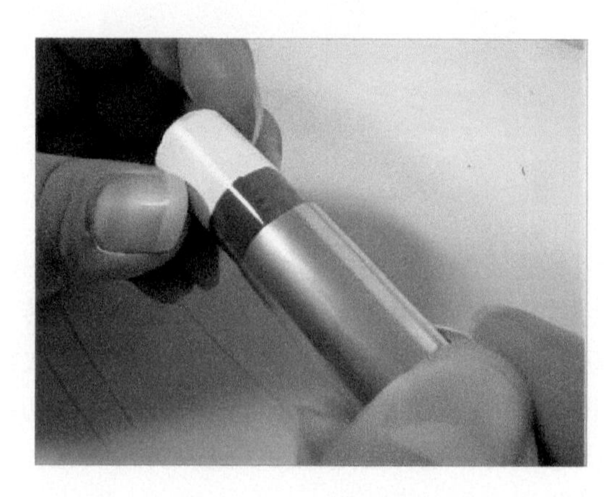

图 5.20　电芯入壳示意图

4. 底焊

将焊针插入卷芯中间孔（图 5.21），采用电阻焊设备将负极极耳与壳体连接，焊接后抽样进行焊接强度测试，拉断负极耳拉力≥10N 即为合格；焊接强度过低容易导致虚焊，电池内阻偏大；焊接强度过大则容易将钢壳表面的镀镍层融掉，导致焊点处生锈漏液。

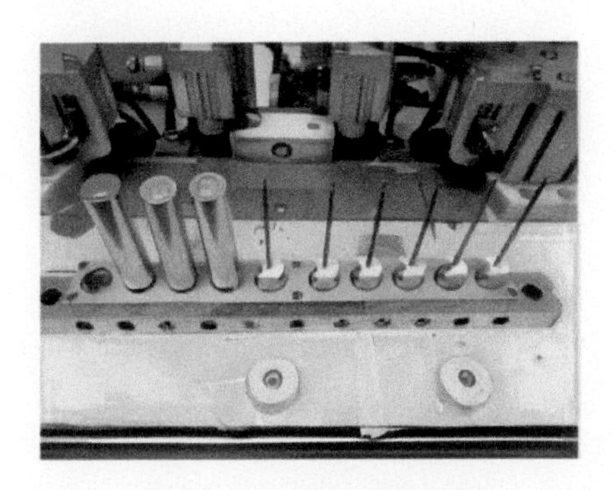

图 5.21　电芯底焊示意图

5. 滚槽

滚槽主要是将卷芯固定在壳体内不晃动，此工序注意横向挤压速度和纵向下压速度相匹配，避免横向挤压速度过大破坏钢壳，纵向下压速度过快镀镍层脱落或影响开槽高度（图 5.22）。滚槽后需要对槽口内径、槽路宽度、肩高和总高等工艺参数进行测量是否满足工艺需求，检验槽口光滑无裂纹、无波浪边、无变形，钢壳内外壁无镀层受损、裂纹和划痕，并对整体进行吸尘处理，避免金属屑进入卷芯内部。

图 5.22　滚槽示意图

6. 注液

由于极组中包含金属锂，故极组不再进行烘干，直接进入注液工序。注液工序在真空环境中进行，将电芯放入真空系统中进行称重，记录质量后套上注液帽，按照工艺给定的注液量加入到注液帽中，放入到真空箱中抽真空（真空度≤-90kPa），加速电解液进入钢壳内部，反复几次负压静置后，取出电芯进行称重，计算注液量是否满足工艺范围，如果注液量偏少则需要补液，如果注液量偏多则需要倒掉多余部分（图 5.23）。

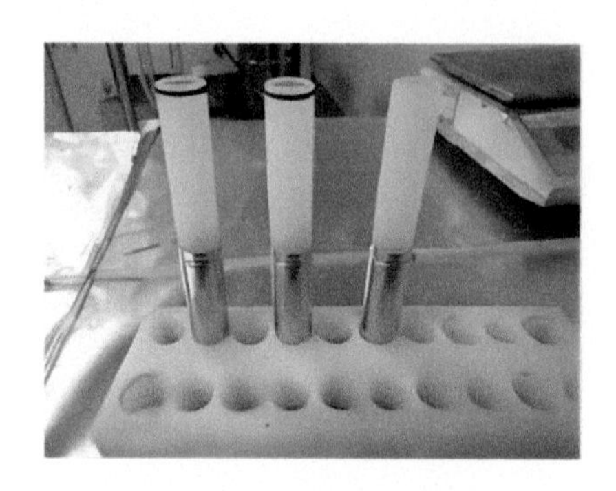

图 5.23　电池注液示意图

7. 超声焊

将电池盖紧扣在超声焊机的模具中，另一侧将电芯的正极极耳与电池帽的极耳对齐，然后进行超声焊接（图 5.24）。焊接后需要检查焊接强度，焊接强度≥6N即为合格，焊接无极耳弯折，无极耳断裂。

图 5.24　超声焊示意图

8. 封口

将超声焊后的电池进行压力封口，封口压强≥6MPa，封口后端口平整，无裂纹、飞边，壳身和底部无破损、划痕（图 5.25）。检验封口后的电池的长度尺寸是否满足工艺要求。

9. 清洗

使用酒精对电池进行浸没式清洗，洗去外壳上沾染的杂质或异物，保持电池外壳洁净。

10. 热缩

将清洗后的电池套上相应尺寸的热缩套，然后用热风枪或热缩设备加热热缩

图5.25　封口示意图

套，使得热缩套包裹住电池外壳（图5.26），要求热缩套平整在电池外壳上，表面不应出现褶皱和异物。

图5.26　热缩示意图

11. 喷码

在电池本体上进行喷码，喷码主要包括文字和条形码，喷码的信息包括电池正负极性、电池型号、电池生产日期、电池流水号等信息，喷码位置居中（图5.27），要求条形码能够使用扫码枪扫码出的信息与喷码的文字信息相一致。

图5.27　喷码示意图

12. 高温老化

圆柱形电芯由于结构和张力的原因，越靠近卷芯中心的地方越难以浸润，加上氟化碳材料本身比表面积大难以短时间浸润，因此需要进行高温加速浸润速率。将电池装好放置在45℃高温环境下搁置7～14天（图5.28），然后按比例抽取老化后的电池进行浸润性解剖，倘若解剖电池极片中无明显未浸润的区域，则电池浸润性能良好，方可进入下一工序。

图5.28　电池高温老化示意图

13. 预放电

锂氟化碳电池注液后，电池就处于满电状态。电池在高温老化冷却至室温后，对电池进行预放电工序。预放电主要是为了除去电池生产过程中的水和微量杂质，水分可以通过电化学分解来实现。通常采用0.01C甚至更小的电流进行恒流放电，放电容量不应超过额定容量的1%（图5.29）。

图5.29　预放电示意图

14. 分选

对锂氟化碳电池进行基础参数测试，主要包括电压、内阻、厚度、质量。结合氟化碳材料的特性，对基础数据散布较大的电池分选挑出（图5.30），剩余即可作为良品电池，进行装箱入库。

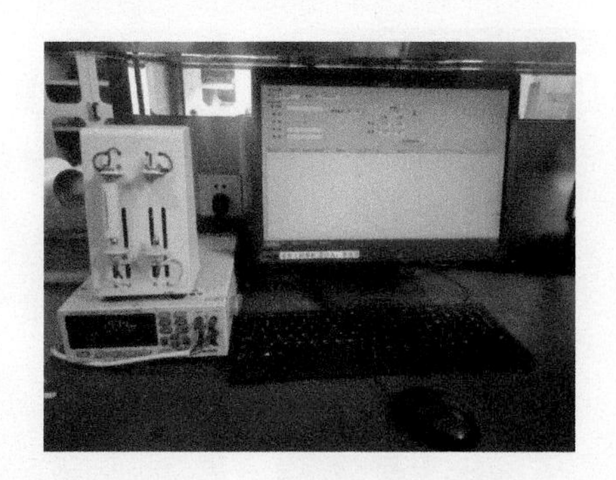

图5.30 分选工序示意图

5.6.3 方形软包装电池装配前序

1. 方形软包装叠片电池装配前序

(1) 制片

叠片结构的软包装电池制片需要采用模切刀具将氟化碳正极片模切成带金属箔引流极耳的极片；由于负极为金属锂带无法直接作为集流使用，因此常用铜箔作为引流极耳，将一定尺寸的铜箔固定在锂带的合适位置然后用胶带或者锂带进行覆盖，需要注意的是由于负极金属锂带具有黏性，通常采用聚四氟乙烯的刀具进行裁切加工，并配合石蜡对刀具进行擦拭，延长刀具的使用寿命。负极锂带由于无法直接进行集流，需要转接铜箔或者镍带进行极片引流（图5.31、图5.32）。

图5.31 (a) 正极片制片设备及 (b) 模切后正极片

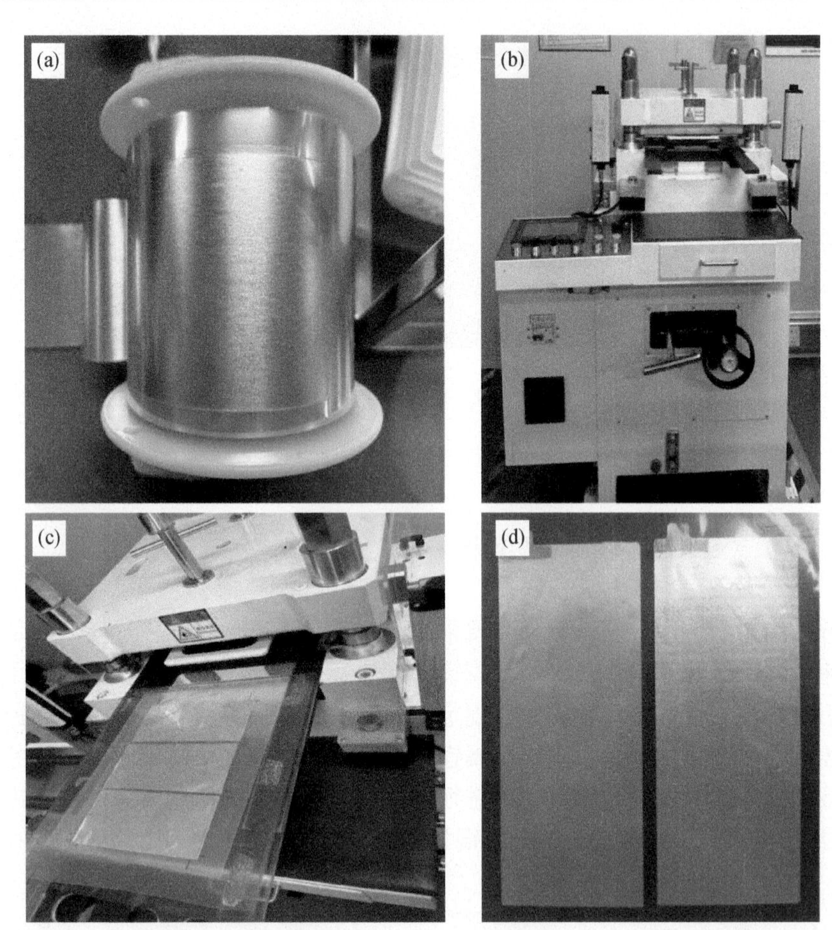

图 5.32　(a) 金属锂带，(b) 制片设备，(c) 制片过程和 (d) 制成后金属锂负极片

使用冲片刀具冲切，通常极片长度和宽度比冲切刀模的长度和宽度至少大 3mm；同时，为了保证包覆余量，通常正极片的长度和宽度比负极片的长度和宽度至少大 1mm。

(2) 极片二次烘干

极片在进行装配前需要进行再次烘干，相关工艺参数详见 5.6.1 小节。

(3) 正极配重

由于氟化碳材料的克容量较大，重量偏差过大会引起较大的电池容量波动，因此正极配重是必要的。通常是采用精度不低于 0.01g 的电子天平进行整组数量的氟化碳正极片称重，通常控制整组极片理论质量的变化为正偏差 2% 以内（图 5.33）。

图5.33　正极配重系统

(4) 除尘

极片除尘通常是用柔软的无纺布或毛刷擦拭氟化碳极片，擦去极片表面因操作过程中沾染的杂质或异物，使极片表面保持洁净。

(5) 叠片

手动叠片需要配合叠片工装使用，通过叠片工装限定正负极片之间的相对位置关系，再通过隔膜左右往复移动形成负极-隔膜-正极-隔膜-负极的Z字形叠片，达到工艺要求的层数后进行贴固定胶带进行束缚收尾（图5.34）。

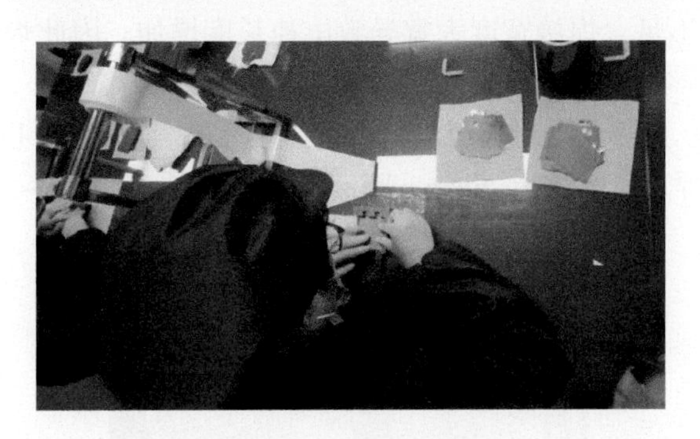

图5.34　手动叠片示意图

手动叠片的效率太低，另外由于人员的手动误差，叠出的极组的一致性也参差不齐，不利于批量化的生产，因此进一步开发出自动叠片机。自动叠片机将氟化碳正极片和负极锂片经过定位后经磁吸转移至叠片台，隔膜从料卷放卷后也引入叠片台，极片经过精准定位后依次叠放在叠片台上，隔膜左右往复移动形成负极-隔膜-正极-隔膜-负极的Z字形叠片结构，达到工艺要求的叠层数量后，进行自动贴胶带固定，形成极组。将极组转移至极组测试台测短路，测试短路的电压根据隔膜厚度而定，测试极组不短路后，将极组转移至下一工序（图5.35）。此工序需要手动拆开检查叠片的隔膜-正极-负极三者之间的包覆情况，通常是隔膜包覆正极约 2 ~ 4mm，氟化碳正极片包覆锂片 1 ~ 2mm。

图 5.35　自动叠片机

（6）极耳转焊

每一片正负极片都有引流极耳，需要通过超声焊机将多层引流极耳转焊统一成一个正极和负极极耳，通常正极通常采用带胶的铝极耳，负极采用带胶铜镀镍极耳。焊接后需要检验焊接强度，保证焊接良好且焊接区域极耳无明显穿孔，焊接强度较低会引起虚焊导致接触不良，焊接强度过大会导致引流极耳穿孔或断裂导致金属屑刺破隔膜短路或电池容量不足。此外焊接宽度也是必要的，焊接宽度太窄过电流能力不足，焊接宽度太宽导致电池长度增加，因此焊接宽度以两排焊点宽度为宜。

焊接结束后，用吸尘器对极组进行吸尘后，在焊点区域贴上聚酰亚胺保护胶带，胶带长度比焊点长度长 3 ~ 6mm，胶带宽度比焊点宽度宽 1 ~ 2mm（图 5.36）。

图 5.36　叠片极组焊接后示意图

2. 方形软包装卷绕电池前序装配

（1）极片二次烘干

极片在进行装配前需要进行再次烘干，相关工艺参数详见 5.6.1 小节。

（2）极片制片

将极片按照设计裁切成固定尺寸，然后采用点焊设备进行极耳焊接，焊点位置贴焊点保护胶带，再进行除尘。

①裁切。将正极片按照相应的尺寸进行裁切，预留出焊接的极耳位置和包覆收尾的空箔，裁切注意裁切处的毛刺凸起高度不能超过隔膜厚度，否则引起内部短路（图5.37）。

图5.37　极片裁切后示意图

②极片焊接。极耳焊接是指在按照工艺的尺寸要求，在极片的未涂料的空箔区域点焊集流的正极极耳，要求焊点位置可靠，焊点拉力测试要求拉力≥10N。相对特殊的，负极金属锂带通常根据工艺要求的宽度进行定制化生产，由于质地柔软且具有一定的黏性，无法采用点焊的方式连接负极极耳，结合金属锂带具有黏性的特点，通常用施加外力将极耳固定在锂带上后，再用胶带或锂带覆盖极耳，由于锂带质地柔软不适合拉力测试仪测试拉力，通常这一步骤检验用人工手动检验，拉拽极耳有锂带粘连即为合格。

③贴保护胶带。通常在氟化碳正极片贴保护胶带，主要作用有保护焊点和避免焊点毛刺刺穿隔膜；在极片粉料涂布开始和结束的位置贴上保护胶带，胶带通常盖住粉线1～2mm，防止边缘的极粉脱落，如图5.38所示。

图5.38　贴保护胶带示意图

(3) 卷绕

使用一定宽度的卷针，用隔膜缠绕卷针半圈，插入负极片转动卷针半圈，再插入正极片进行卷绕，卷绕过程中需要不断关注正负极片的包覆情况，使得正负极片的位置始终相对居中，卷到最后用胶带固定收尾的极片，拔下极组即为卷绕完成（图 5.39）。

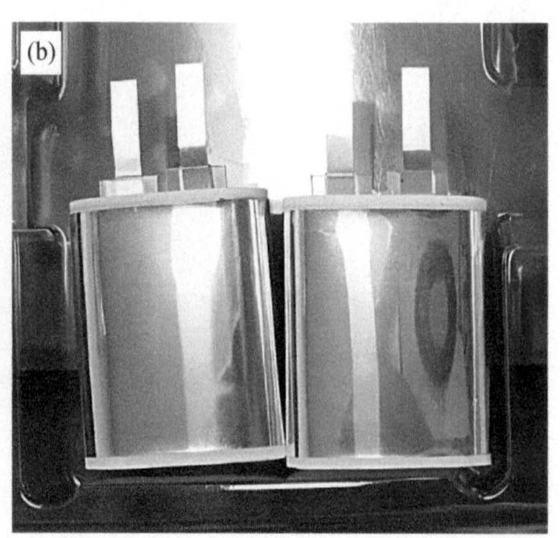

图 5.39　(a) 卷绕过程及 (b) 成品电芯

(4) 极组短路测试

将卷绕后的电芯采用极组短路测试仪测试极组是否短路，测试电压根据装配的隔膜厚度不同而进行调节，挑选出极组短路的电芯视为不良品，禁止向后序流转。

随着自动化程度的提升，卷绕式软包装电池可采用自动化卷绕设备完成上述的前序装配，卷绕式结构的电芯历经多年的发展早已进入全自动卷绕时代，隔膜、正负极极片利用放料卷主动放料进入输送过程，隔膜经过除静电后进入卷绕工位，在卷针的旋转下进行预卷绕；正负极片经过除尘、极耳复合、贴保护胶带进入卷绕工位，依次插入预卷绕的隔膜中进行共同卷绕；卷绕到工艺要求的参数后进行切断极片和隔膜，贴合固定胶带，固定电芯结构，进行短路检测，进入传送装置，自动分选出合格和不合格品，将合格品输送至下一道工序。

5.6.4　方形软包装电池的后续装配

1. 冲壳

软包装电池的外壳通常为铝塑膜，铝塑膜大都由外层尼龙层（ON）、黏结剂、中间层铝箔（Al）、黏结剂、内层热封层（cPP）组成。铝塑膜配合冲壳模具在铝塑膜上冲出不同深度的坑深用以固定电池极组，通常极组厚度≤5mm，配合单坑冲壳模具，极组厚度>5mm 则需要配合双坑冲壳模具（图5.40）。

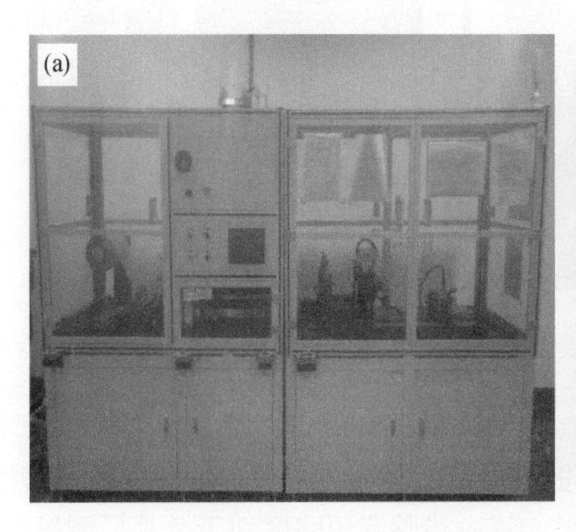

图5.40 （a）冲壳设备和（b）冲壳后成品铝塑壳

不同厚度的铝塑膜的最大冲深度存在差距，一般来说冲壳深度和铝塑膜的厚度呈现正相关关系，常见的铝塑膜厚度计冲壳深度如表5.1所示，当然随着冲壳模具和铝塑膜的种类不同，其冲壳深度也会有相应的变化，需要以实际操作情况为准。

表5.1 常见的铝塑膜厚度计冲壳深度

铝塑膜厚度/μm	68	91	113	153
冲壳深度/mm	≤2.5	≤4.0	≤4.5	≤5.5

一般来说，冲壳深度比极组厚度大约0.3mm，为后续极片膨胀和电解液预留空间。

2. 封装

此阶段的封装主要分为正负极耳端的顶封和侧面的侧封，顶封主要是采用热熔的铜质封头将铝塑膜和极组的极耳胶融合在一起，通常通过调节封装温度、封装时间和封装压力等参数来调节封装强度，需要检验封装强度，主要从溶胶是否有间断和极耳溶胶宽度两个方面进行外观检验，同时对极耳和铝塑膜的黏结力进行测试，黏结力≥20N即为合格（图5.41）。

侧封主要是将侧面的两层铝塑膜溶胶在一起，由于材质均一，封装参数相对稳定，封装效果良好。一般采用千分尺对封装后的封装厚度进行测量，封装后的厚度约为封装前厚度的80%~90%，即为合格，同时封印的厚度极差应当控制在10μm以内。

图 5.41　(a) 双边封设备和 (b) 封装效果

3. 抽真空测极组短路

将封装后的极组采用真空泵将极组内部真空度控制在-90kPa 封口，然后用极组短路测试仪对电池进行短路测试。这一步骤测短路区别于叠片后测短路，是由于极组抽真空后，正极-隔膜-负极之间贴合得更加紧密，倘若内部存在杂质颗粒，则抽真空后施加短路电压容易刺穿隔膜引起短路，可以把这些不良极组分选出来（图 5.42）。

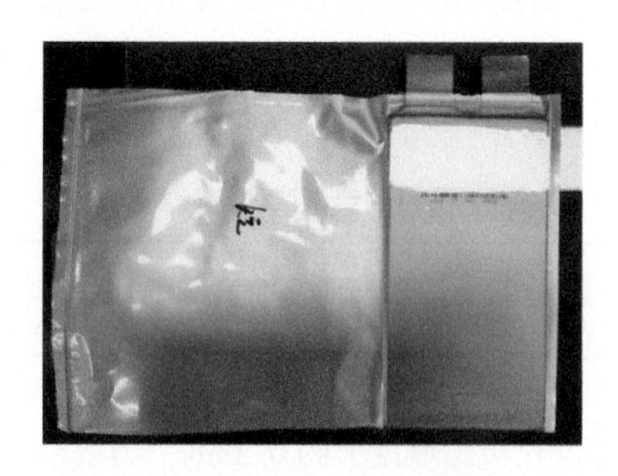

图 5.42　抽真空及测短路

4. 喷码

在电池本体上进行喷码，喷码主要包括文字和条形码，喷码的信息包括电池正负极性、电池型号、电池生产日期、电池流水号等信息，喷码位置居中，要求条形码能够使用扫码枪扫码出的信息与喷码的文字信息相一致（图 5.43）。

5. 注液

将抽真空测短路的合格电池极组剪口称重，用绝缘电木笔对铝塑膜气袋进行扩孔，然后将电池极组转移至真空干燥箱内，根据制备工艺给定的注液质量采用自动注液机进行注液，手动调整好注液量后，将注液后的极组转移至真空箱内，将箱内调成负压促进电解液快速进入电池内部，反复几次，待气袋内无可见的电解液时，对电池极组进行抽真空封口。

图5.43　喷码及喷码电池效果图

6. 预放电

锂氟化碳电池注液后，电池就处于满电状态。电池在常温环境下静置8～12h后，对电池进行预放电工序（图5.44）。预放电主要是为了除去电池生产过程中的水、微量金属杂质和微量元素等杂质，金属的反应电位相对较低且含量小，故需要用较小的电流和电压来确定，水分可以通过电化学分解来实现。通常采用0.01C甚至更小的电流进行恒流放电，放电容量不应超过额定容量的1%。

图5.44　电池预放电设备

7. 高温老化

锂氟化碳电池中负极为金属锂带，致密不能够吸收电解液。因此，电池中的电解液仅能在氟化碳正极片和隔膜中存在，有氟化碳材料比表面积大短期内常温搁置很难达到浸润效果。因此，提高老化温度，将电池在45℃高温环境下搁置7～14天（图5.45），然后进行浸润性解剖，倘若解剖电池极片中无明显未浸润的区域，则电池浸润性能良好。

8. 除气直封

将高温老化后的电池自然冷却至室温后，采用除气封装设备将电池进行施加压力和抽真空，挤出电池内部多余的电解液，使得正负极贴合紧密，然后利用热

图 5.45　高温老化设备

熔封头将电池进行封边，并切掉多余的气袋部分（图 5.46）。此工序难于控制的是挤出多余的电解液的量，如果挤出过多的电解液，则影响电池容量的发挥；若挤出电解液太少，则电池内部正负极贴合不紧密，导致电池膨胀率增大。根据经验值而言，一般保证电池内部的电解液质量不低于电池容量即可。

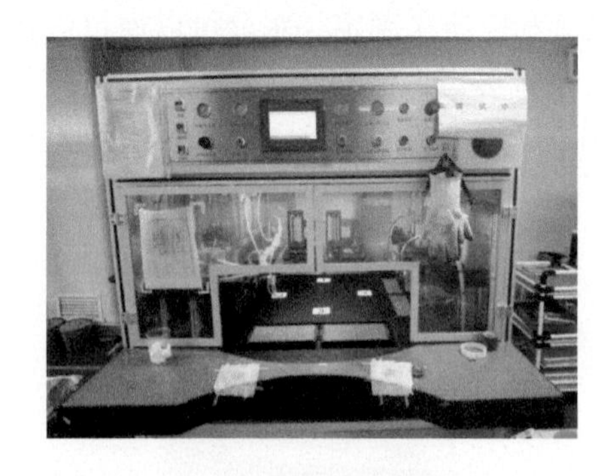

图 5.46　除气直封设备

9. 电池分选

对电池进行基础参数测试，主要包括电压、内阻、厚度、质量。结合氟化碳材料的特性，对基础数据散布较大的电池分选挑出，剩余即可为良品，对良品电池进行装箱，入库即可。

5.7　总结和展望

本章详细介绍了圆柱形卷绕锂氟化碳电池、方形软包装卷绕锂氟化碳电池和方形软包装叠片锂氟化碳电池的制备工艺，每一种电池的制备都包含了数十道工序流程，且不同结构的电池制备需要用到很多的专用设备。在实际的开发过程中每一道工序的工艺参数都需要反复的优化，直至生产稳定方可固化。每一款锂氟化碳电池产品都需要经历小样、中试、试生产到批量生产的过程，其间每一次生产过程的变化都需要重新确定工艺参数，直到产品的一致性和良品率复合要求后，才可以进行稳定生产。

参考文献

[1] 陈华．锂电池制造工艺及装备［M］．北京：化学工业出版社，2024.

[2] 秦皇岛鹏翼智能科技．双行星搅拌机适用于哪些行业？鹏翼双行星搅拌机高效智能一体化［OL］．2022-04-07. https://baijiahao.baidu.com/s?id=1729411717133090213.

[3] 杨绍斌．锂离子电池制造工艺原理与应用［M］．北京：化学工业出版社，2020.

[4] 上海京工实业有限公司．博力飞黏度计 BROOKFIELD 黏度计 RVDV-Ⅱ+PRO［OL］．2017-07-04. https://www.chem17.com/st104021/product_3400226.html.

[5] 深圳市芬析仪器制造有限公司．白乳胶固含量检测仪［OL］．https://www.instrument.com.cn/show/C307287.html.

[6] 思瀚产业研究院．狭缝式涂布技术介绍［OL］．2023-05-08. https://www.163.com/dy/article/I4753GPF05560PIJ.html.

[7] 锂电派．圆柱锂电芯制造［OL］．2022-04-02. https://xueqiu.com/7479326512/216028827.

第 6 章　锂氟化碳电池理论计算与表征

材料理论计算学是一门利用计算机科学和数学工具来模拟和设计材料的结构和性能的交叉学科。它涉及材料的性能、结构、特性以及如何使用数学和物理原理来描述和预测这些方面。有很多不同的理论模型和计算技术，能够预测材料的晶体结构、力学性能、相变行为、电子结构、热传导等。基于量子力学的原子层级模拟计算，用于研究材料的空间原子结构、电子结构以及宏观物理、化学特性，因此可以直接根据预测氟化碳电极材料的电化学性能，如氟化碳材料的容量、充放电速率、相变过程等，无需繁复的实验，优化氟化碳材料的结构、表面形貌和界面特性，以提高整体特性。通过计算模拟，还可以深入研究氟化碳电极工作过程中的界面的电荷转移、电子结构和反应机制，揭示界面的动力学过程，有助于改进电池的体积膨胀和产热量。

材料表征与检测技术在现代材料科学与工程中扮演着关键角色，能够全面分析材料的化学组成、内部组织结构、微观形貌、晶体缺陷以及其他性能方面。先进表征方法在氟化碳领域中具有重要的应用，帮助人们更深入了解氟化碳材料的性能、结构和电化学行为，包括研究氟化碳材料在电池工作状态下的动态变化，用于分析氟化碳材料的晶体结构、电荷状态和界面反应，研究电极反应过程中的界面和离子传输，以及分析氟化碳材料的结构、表面化学和动态行为。这些先进表征方法为氟化碳电池的研究提供了丰富的信息，有助于优化锂氟化碳电池性能、理解界面反应和改进储能特性。

本章将对理论计算方法和先进的表征技术在锂氟化碳电池研究中的应用进行详细阐述。

6.1　理论计算简介

从原始的石器时代到青铜时代，从青铜时代到钢铁时代，再到现在的各种高分子、金属、陶瓷材料时代，人类社会的发展历程是以材料的更迭为标志的，材料是人类社会进步的基础和先导[1]。20 世纪以来，物理学、化学的发展，尤其是量子化学的发展，极大地促进了材料学的发展，为材料的理论计算提供了应用的可能且随着计算机技术的发展，计算机模拟已经成为材料学研究中的重要部分。理论解决化学问题的方法可以追溯到化学发展的早期，但在奥地利物理学家埃尔温 · 薛定谔导出薛定谔方程之前，可用的理论工具相当粗糙，并存在很大的猜测特点。当今，基于量子力学及统计力学原理的理论计算方法已经非常普遍。通过理论计算，我们可以从不同空间和时间尺度获得所需要的信息，在微观层面上理解化学物质的性质、分子间的相互作用力，甚至从宏观层面上理解材料的形成过程。材料的理论计算是材料科学研究里的“计算机实验”，涉及材料、物理计算机、数学、化学等多门学科，是关于材料组成、结构、性能等的计算机模拟与设计的学科。目前常用的计算方法有第一性原理方法、分子动力学方法、蒙特卡罗方法、元胞自动机方法、相场法、几何拓扑模型方法、有限元分析等[2,3]。本节主要对第一性原理方法和分子动力学方法及其在锂/氟化碳电池中的应用进行简单的介绍。

6.1.1　计算方法

1. 第一性原理方法

第一性原理方法是指根据原子核和电子相互作用的原理及其基本运动规律，运用量子力学原理经过近似处理后直接求解薛定谔方程的算法。从头算是狭义的第一性原理计算，用电子质量、光速、质子中子质量等少数实验数据进行的量子计算，该方法计算精度高但计算量大[4]。大多数情况下第一性原理方法包括一定的近似，而这些近似值常由基本数学推导产生，例如换用更简单的函数形式或采用近似的积分方法。第一性原理方法常使用玻恩-奥本海默近似，将电子运动和原子核运动分离以简化薛定谔方程[5]。计算常分为电子结构计算和化学动力学计算两个步骤进行。

电子结构是原子的电子层数、能带和能级分布以及价电子的数目结构及其所处位置等的总称，通过求解定态薛定谔方程（也称为不含时薛定谔方程）得到。代表性计算方法包括哈特里-福克方程、量子蒙特卡罗、密度泛函理论、现代价键理论等。最常见的第一性原理电子结构计算方法是哈特里-福克方程，其采用变分法求解，所得的近似能量永远等于或高于真实能量，随着基函数的增加，哈特里-福克能量无限趋近于哈特里-福克极限能[6]。量子蒙特卡罗法采用蒙特卡罗方法对积分进行数值解析，其体系的基态波函数显式地写成关联的波函数；该方法计算非常耗时，但在目前的第一性原理方法中精确度最高。密度泛函理论是指在一个具有相互作用的多粒子系统中，以电子密度为该系统的唯一变量，则可用该体系基态电子密度的泛函来描述体系中其他物理量，这便是泛函理论的开端。密度泛函理论使用电子密度而不是波函数来表述体系能量，其中哈密顿量的一项，交换关联泛函，采用半经验近似形式。当采取的近似足够小时，第一性原理电子结构方法的结果可以无限趋近准确值。然而，随着近似的减少，与真实值的偏差往往并不会单调递减，有时最简单的计算反而可能得到更精准的结果。

化学动力学是在玻恩-奥本海默近似下对原子核坐标变量与电子变量进行分

离后，与核自由度相关的波包通过与含时薛定谔方程全哈密顿量相关的演化算符进行传播。而在以能量本征态为基础的另一套方法中，含时薛定谔方程则通过散射理论进行求解。原子间相互作用势由势能面描述，一般情况下，势能面之间通过振动耦合项相互耦合[7]。用于求解波包在分子中传播的主要方法包括：分裂算符法、多组态含时哈特里方法、半经典方法。

2. *分子动力学方法*

分子动力学方法，最早在20世纪50年代由物理学家提出，是结合物理、化学、生物体系理论，用以研究物质诸多性质的常用方法之一[8]。根据在计算机中时刻追踪全部粒子的运动规律，导出物质全部的性质，这就是分子动力学法。分子动力学使用牛顿运动定律研究系统的含时特性，包括振动或布朗运动，大部分情况下也加入一些经典力学的描述。分子动力学与密度泛函理论的结合称作卡尔-帕林尼罗方法[9]。分子动力学严格求解每个粒子的运动方程，通过分析系统来确定粒子的运动状态。通常，分子、原子的轨迹是通过数值求解牛顿运动方程得到，势能（或其对笛卡儿坐标的一阶偏导数）通常可以由分子间相互作用势能函数、分子力学力场、从头算给出。基本计算步骤如下：①确定起始构型。进行分子模拟的基础是通过实验数据或量子化学计算确定能量较低的起始构型，之后根据玻尔兹曼分布随机生成构成分子的各个原子速度，调整后使得体系总体在各个方向上的动量之和为零，即保证体系没有平动位移。②平衡相。由确定的分子组建平衡相，在构建平衡相时对构型、温度等参数加以监控。根据牛顿力学和预先给定的粒子间相互作用势能来对各个粒子的运动轨迹进行计算，体系总能量不变，但分子内部势能和动能不断相互转化，使体系的温度也不断变化，在整个过程中，体系会遍历势能面上的各个点（理论上，如果模拟时间无限）。③计算结果。用抽样所得体系的各个状态计算当时体系的势能，进而计算结构积分[10]。

在锂氟化碳电池中，许多机理尚不明确，且难以通过实验验证，而模拟计算方法为解决这些问题提供了有力的工具，有效地预测出氟化碳电子构型、锂氟化碳电池的热力学过程和动力学过程。

6.1.2 氟化碳的电子构型

石墨烯是由单一元素构成的超薄薄片，是研究二维晶体反应性独特特征的理想对象。此外，将任何化学物种附着到石墨烯上对于打开能隙至关重要，能隙通常为零[11]。能隙的控制是制造基于石墨烯的晶体管和光电子器件的决定性因素。石墨烯的平面蜂窝状晶格中，每个碳原子通过 σ 和 π 电子与三个邻近原子强烈相互作用，对化学反应相当惰性。从实验上看，只有在氟化和氢化的情况下，才能成功地从每个石墨烯原子中脱掉一个电子进行共价键结合。而氟化碳材料的发展便是其中的一种关键的碳基材料。人们合成了具有蜂窝结构的二维氟碳化合物，它具有特殊的电子、磁性以及机械性能。氟化是一个更复杂的过程，会在基础石墨烯平面和边缘上产生一系列不均匀分布的含氟基团。在化学元素中，氟具有最大的电负性，因此它很容易与碳形成极性共价键。根据鲍林原理，F 原子的电负性为 3.98，明显高于 C 的 2.55、H 的 2.20 以及 O 的 3.44。因此氟化碳有望成为一种比氧化碳和碳材料本身更有研究意义的材料。在第一次合成石墨烯之前，氟化石墨已经在理论上进行大量的预测[12]。在本小节，我们将首先从电子构型的角度出发，讲述氟化碳材料的电子特性。

每次这样的作用都会从离域 π-电子云中移走一个电子，从而改变石墨烯最初的半金属状态。为了精确调控石墨烯的电子结构和性质，一定数量的氟原子应被放置在平面的特定位置。目前，通过功能化来调控石墨烯的性质是一个迅速发展的领域，特别是实验工作得到了广泛的量子化学计算支持。由于计算更加丰富，并且通常能够提供更清晰、更具代表性的图景，因此主要将重点放在这些结果上。

计算结果将与现有的实验数据进行比较。从描述石墨烯氟化物结构和化学键合的现代概念开始，这可以作为石墨烯氟化物的来源，突出石墨烯在氟化过程中的特性，然后详细讨论氟化石墨烯的每一个特定特征。石墨在高温下与元素氟发生相互作用，这种反应首次报告于 1934 年。在接下来的 50 年里，关于石墨氟化物合成和结构表征的进展已在渡边等的著作中有所描述。氟与石墨烯平面上的每个碳原子结合需要约 600℃的温度。产生的化合物的近似组成为 $(CF)_n$，称为聚(单氟化碳) 或石墨单氟化物[13]。将温度降低到不低于 350℃的值，将会使氟原子与每隔一个碳原子结合，从而产生多 [$(C_2F)_n$]。由于难以获得适合进行 X 射线衍射研究的单晶体，因此这些化合物的确切结构仍然未知。

对粉末的 X 射线衍射图案分析表明，氟原子位于 $(CF)_n$的石墨烯片的两侧。完全氟化的碳六边形可以采取椅式或船型形态，量子化学计算显示前者的构象在热力学上更稳定。将平面碳六边形转变为椅形构象需要在石墨烯片上方和下方一致地附着氟原子，如图 6.1 (a) 所示。尤其是初始石墨中的杂质，可能会干扰这种氟交替，导致形成船形氟化碳六边形。$(C_2F)_n$的结构由表面氟化的石墨烯双层呈现，其中来自不同层的相邻裸露碳原子通过共价键结合，如图 6.1 (b) 所示。$(CF)_n$和 $(C_2F)_n$中所有碳原子的 sp^3 杂化使这些石墨氟化物具有绝缘性质。由于 C—F 键的高能量和化合物的分层结构，它们在一次性锂电池和固体润滑剂中被用作电极材料。通过向 F_2添加 HF，或使用金属或非金属氟化物，可以在较低的温度下使石墨氟化。这类产物中的氟含量通常低于 50%，这取决于合成条件的不同。由于层间空间通常包含反应混合物中存在的物种，或作为合成结果形成的物种，因此这类氟化石墨产物实际上是氟化石墨插层化合物（FGICs）。各种分子可以替代适应物种，这对于储存强氧化剂以及在这种二维反应器中制造新产品非常有吸引力[14]。

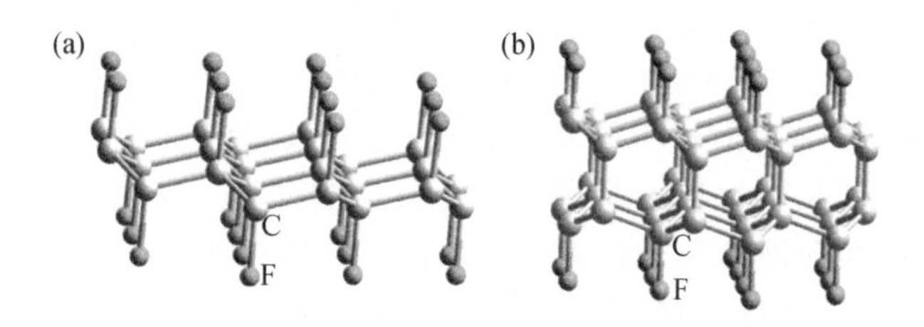

图6.1　(a) 聚 (一氟化碳) $(CF)_n$和 (b) 聚 (一氟化二碳) $(C_2F)_n$层的结构

通过分析和建模光谱数据，已经提出了 FGIC 层中氟的分布情况。通过近边 X 射线吸收精细结构 (NEXAFS) 和核磁共振 (NMR) 光谱法，比较了三种类型的石墨氟化物：高温制备的 $(CF)_n$ 和 $(C_2F)_n$ 以及室温制备的 $(C_{2.5}F)_n$。NEXAFS 提供了有关未占据电子态的部分密度的信息，而 NMR 谱中的线位移取决于化合物的键强度。这两种方法都对局部原子排列和化学键合非常敏感。在测量了 $(CF)_n$和 $(C_2F)_n$的 CK 边附近的 NEXAFS 光谱后，发现了相同的共振峰集，如图6.2 (a) 所示。289.5eV 处不同强度的不平等共振与比较的石墨氟化物中的 C—F 共价键数量不同相关。实际上，在 $(CF)_n$中，氟与每个碳原子结合，在 $(C_2F)_n$中，氟与每隔一个碳原子结合。与这些样品的光谱相反，$(C_{2.5}F)_n$的 CK 边谱显示出强烈的共振，位于 285eV，表现出 π 电子相互作用的特征。另一方面，高能共振重复了 $(CF)_n$和 $(C_2F)_n$的谱中的那些共振。在 $(CF)_n$和 $(C_2F)_n$ 的^{19}F 魔角旋转 NMR 谱中，两种石墨氟化物中都有一个位于 190ppm 的强线，证明了碳与氟之间的共价键结合，如图6.2 (b) 所示。室温制备的 $(C_{2.5}F)_n$的谱在 147ppm 处还展示了一个额外的线，这被归因于与非氟化碳区域的 π 电子体系超共轭引起的 C—F 键的减弱。基于这些结果，$C_{2.5}F$ 层的结构被描述为平面芳香六边形和弯曲的 CF 区域的共存，如图6.2 (c) 所示。

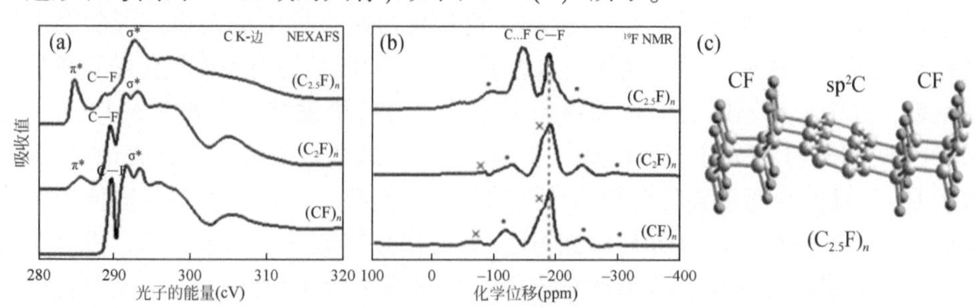

图6.2　(a) C K边 NEXAFS 光谱和 (b) ^{19}F NMR 光谱，分别测于高温制备的 $(CF)_n$ 和 $(C_2F)_n$，以及室温制备的 $(C_{2.5}F)_n$的石墨氟化物；(c) $(C_{2.5}F)_n$层的结构[14]

进一步通过角分辨 NEXAFS 与量子化学计算相结合，对室温氟化石墨中C—F键的结合方式了进一步澄清。通过 X 射线光电子能谱（XPS）评估，矩阵的组成为 ~$C_{2.3}F$。位于 F 的 K 边谱中 686.7eV 和 688.8eV 低能峰的强角度依赖性［图 6.3（a）］模糊地指向 C—F 键与层的基面近乎垂直的取向。鉴于氟化层保持了 π 电子区域，这种取向只有在将氟原子后续附着到石墨烯片的两侧时才可能出现。最适合光谱数据的模型由氟化碳原子的锯齿链与裸露的 sp^2 杂化碳原子的链交替排列而成，如图 6.3 所示。

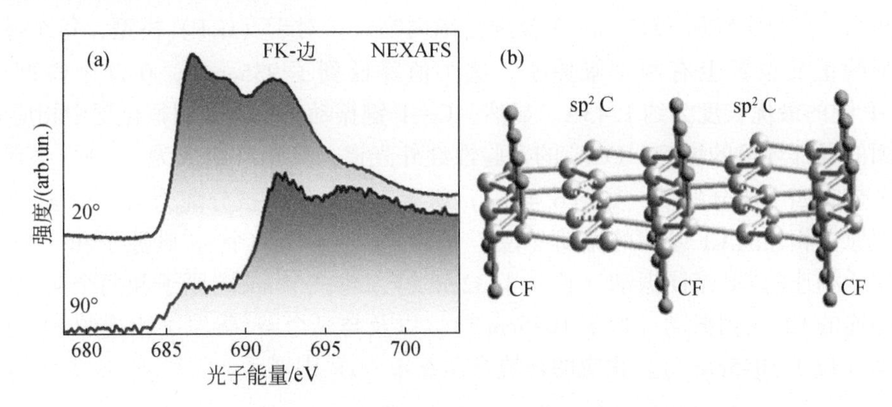

图 6.3　（a）展示了在入射辐射角度为 20°和 90°下测得的室温氟化石墨（$C_{2.3}F$）的 F K 边 NEXAFS 光谱；（b）所提出的石墨氟化物层的结构，其中交替排列着锯齿状 sp^2 杂化碳链和 CF 链[15]

类似的氟排列方式已经通过中子衍射分析提出，用于对 FGICs 的分析。多个位置上氟原子的同时吸附可能导致 CF 链在石墨烯片上随机分布的种子。链长度包括几个氟原子，这是通过 XPS 分析确定的，并由原子力显微镜（AFM）对新样品表面的图像确认。就像高温制备的 $(CF)_n$ 和 $(C_2F)_n$ 中共价 C—F 键的形成目前是一个共识一样，低温合成的石墨氟化物层的键合性质引发了激烈的争议。这是因为这两种类型的石墨氟化物在 XPS、IR 和 NMR 光谱数据方面存在显著差异。在 $(CF)_n$ 中，XPS F 1s 谱呈现出 ~689.2eV 的峰值，而在室温下制备的氟化石墨中，这个峰值降至 ~686eV。这种偏移被归因于“半共价”或“半离子”C—F 键的形成，因为离子化合物 LiF 的 F 1s 谱位于 ~684.5eV。此外，与高温制备的 $(CF)_n$ 和 $(C_2F)_n$ 的光谱相比，FGICs 的 ^{19}F NMR 谱中出现了额外的峰。所有这些光谱事实被归因于从碳到氟的电子密度的强烈拉扯，从而使后者原子变得几乎离子化。针对具有不同氟模式和氟负荷的氟化石墨模型的 F 1s 结合能、振动频率和 NMR 位移的计算表明，实验观察到的谱线偏移可以找到另一种解释。

FGICs 的 XPS 谱中 F 1s 水平的下移可以归因于氟在石墨网络上的覆盖密度较

低。实际上，计算得到的能量值从 691eV 逐渐降低到 685.7eV，与 CF 链的长度从无限延伸到包含一个氟对和孤立 F 原子相关。在此过程中，模型中的 C—F 距离在密度泛函理论（DFT）下放松，从 1.36Å 增加到 1.49Å，这是共价键结合的特征[15]。此外，正如 Claves 指出的，在“半离子”C—F 键中原子之间的电荷分离增加，应该导致 F 1s 和 C 1s 能级的相反能量偏移，而 XPS 测量显示它们在一个方向上偏移。

C—F 键拉伸振动在三维（$CF)_n$模型中的振动频率在 DFT 计算中被确定为 $1165cm^{-1}$，与实验值 $1215cm^{-1}$在合理范围内吻合。对于（$C_3F)_n$模型，每个碳六边形的正交位置上有两个氟原子，这个值降低到了 $935cm^{-1}$。在这个模型中，C—F 键的最优长度为约 1.43Å。显然，C—F 键振动频率应受到氟化层中相应 CF 基团的局部环境的影响。FGIC 的实验性红外光谱，其矩阵组成为 $C_{2.5}F$，显示了一个带有四个成分的带，如图 6.4（a）所示。它们暂时被分配为与三个 sp^3 杂化的碳原子相连的 CF 基团的振动（位于 1230 cm^{-1}），与两个 sp^3 碳原子和一个 sp^2 碳原子相连的 CF 基团振动（位于 $1132cm^{-1}$），与一个 sp^3 碳原子和两个 sp^2 碳原子相连的 CF 基团振动（位于 $1095cm^{-1}$），以及与三个 sp^2 碳原子相连的 CF 基团振动（位于 $1045cm^{-1}$）。相应的环境在图 6.4（b）中展示。

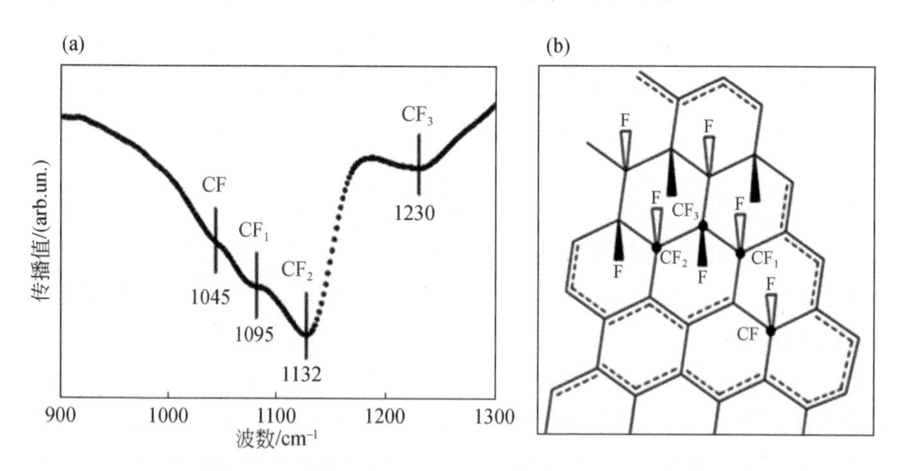

图 6.4 （a）室温氟化石墨（$C_{2.5}F)_n$的红外光谱，其中显示了四个成分，它们对应于（b）具有不同局部环境的 C—F 键的伸缩振动，CF_3、CF_2、CF_1 和 CF 分别代表与三个、两个、一个和零个 sp^3 杂化碳原子相连[16]

Panich 指出，半离子和半共价 C—F 键的参与并不是解释 FGICs 的 ^{13}C 和 ^{19}F 化学位移的必要条件。在室温下，氟化石墨中 ^{19}F 化学位移的分配是基于不同氟化动机的模型中 DFT 计算的 ^{19}F 绝对屏蔽效应。研究表明，位移是由于在氟原子附近形成的 π 电子密度的变化，与氟分布的局部浓度有关。基于 C—F 键长的 ^{19}F

化学位移的演变，Giraudet 等提出通过“减弱共价”C—F 键来改变“半共价”的名称。

尽管其化学成分和原子结构存在不确定性，但是氟化碳材料通过计算发现是一种非常有前途的材料，其电子结构特性现在引起了相当大的关注。为了确定氟化样品的结构，以前的理论模型试图推断出最低能量的结构。此外，还将密度泛函理论（DFT）计算的不同结构的带隙与具体测量结果进行了比较。然而，所提出的结构的稳定性会受到了质疑，不同模型之间参数不尽相同，算出的结果千差万别[16]。

理论说，若 C ═C 键未发生断裂，石墨烯的每个碳原子只能结合一个 F 原子，通过覆盖（或修饰）石墨烯的一个或两个侧面，可以实现多样化的 C_nF 结构。其中统一 F 覆盖范围 $\Theta=1/n$（即每个 F 原子一个 nC 原子），基于此，$\Theta=0.5$ 对应于半氟化和 $\Theta=1$ 单个 F 原子对石墨烯的吸附为 C_1F_1 表征氟化石墨烯结构。由此当放置在（4×4）石墨烯的超级晶胞中，一个简单的 F 原子移动到碳原子的顶部位置并保持吸附在那里。所得结构是非磁性的，其结合能为 $E_b=2.71$eV 处于平衡状态，与吸附在石墨烯上的许多其他吸附原子不同，这是一种相当大的结合能。其中能量屏障为 $Q_B=\sim0.45$eV，沿其最小能量迁移路径发生。当计算过程与单个 F 原子的最小能量路径有关时，需要遵循底层石墨烯的六边形。也就是说，F 原子通过桥位点（石墨烯的两个相邻碳原子之间的桥位置）从最高的结合能位点，即顶部位点（在碳原子的顶部）迁移到下一个顶部位点。其中单个 F 原子的相应扩散常数，$D=vae-Q_B/k_BT$，是根据晶格常数（$a=2.55$Å）计算的，特征跳频 $\nu\approx39$。实验证明，0.5eV 量级的能垒可以使吸附原子移动。此外，即使在靠近的第二个 F 原子存在下坍缩，这种能垒也会进一步降低。因此，在氟化过程中，这种情况以及聚集的趋势有利于在石墨烯上形成不同 n 的 C_nF 颗粒（或畴）。

注意到，单个碳原子吸附在石墨烯的桥位上的扩散的能量势垒计算在一个类似的能量范围内。石墨烯上的碳原子具有很强的流动性。发现单个碳原子的能垒降低，甚至在靠近第二个碳原子时坍塌。在早期的理论研究中总能量和/或结合能作为给定能量的标准 C_nF 结构存在[17-20]。即使 C_nF 结构在玻恩-奥本海默表面上似乎处于最小值，其稳定性也会通过计算 BZ 中所有声子模式的频率来仔细检查。这里计算了大多数优化的声子色散 C_nF 结构。发现 C_4F、船式 C_2F、椅式C_2F（图6.5）和椅式 CF（图6.6）结构，这些结构在整个 BZ 中具有正频率，表明其具有稳定性。

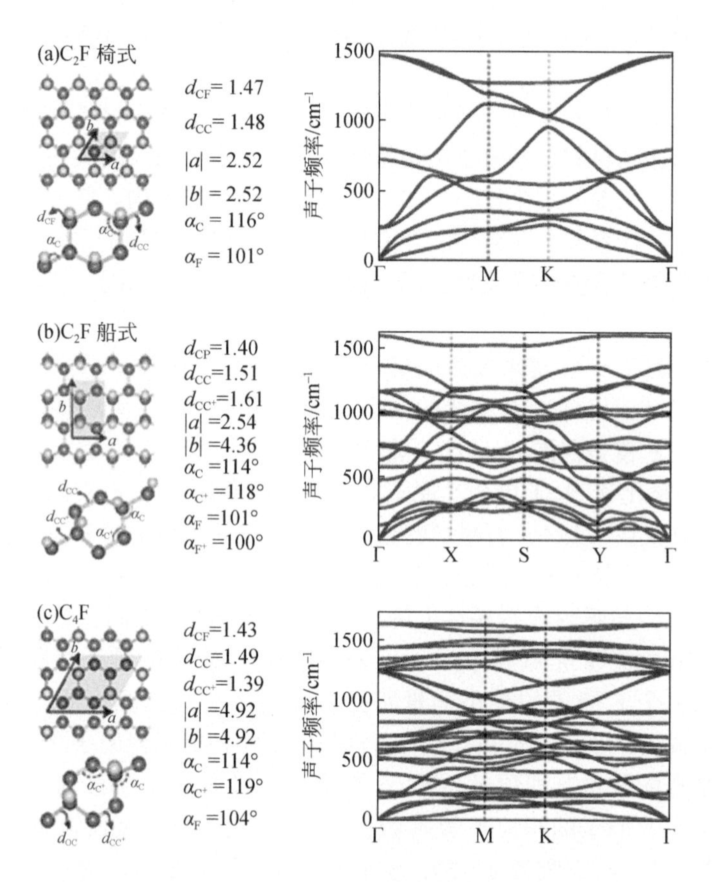

图 6.5　沿 BZ 对称方向计算的各种优化 C_nF 结构的原子结构和计算声子带（即声子频率与波矢量 $\boldsymbol{k}$），其中碳原子和氟原子分别用深蓝色（暗）球和蓝色（亮）球表示。(a) 椅式 C_2F 结构；(b) 船式 C_2F 结构；(c) C_4F 结构，结构参数的单位为 Å，频率单位为 cm^{-1} [20]

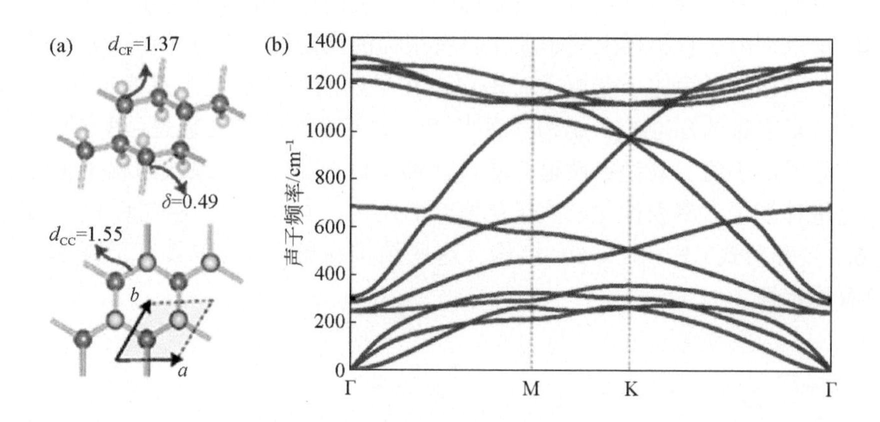

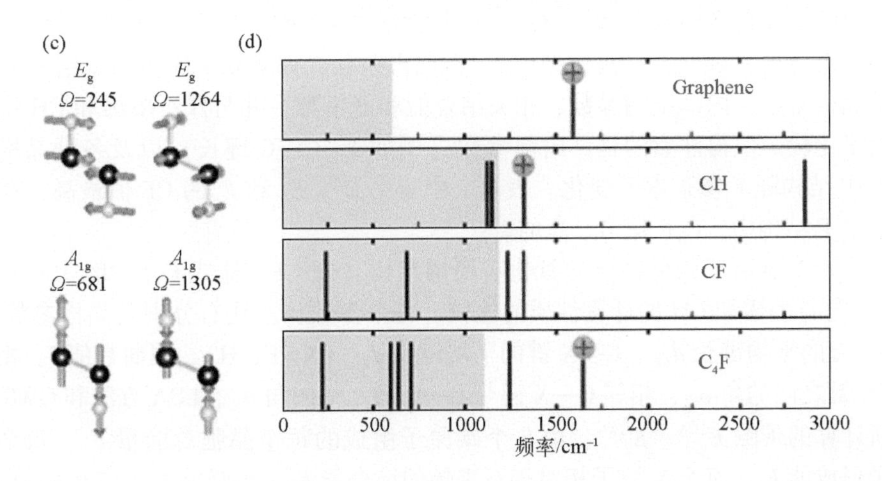

图6.6　(a) 氟石墨烯（CF）的原子结构，a 和 b 是向量（$|a|=|b|$）的六边形结构，d_{CC}（d_{CF}）是C—C（CF）键长，δ 是屈曲；(b) 在BZ中沿对称方向计算的优化CF的声子频率与波矢量 $\boldsymbol{k}$；(c) CF的拉曼活性模式的对称性、频率和描述；(d) 计算出的石墨烯、CH、CF和 C_4F 的拉曼有源模式在频率轴上显示。用"+"表示的模式是通过实验观察到的。阴影区域表示没有实验拉曼数据。结构参数单位为Å，频率单位为 cm^{-1}[20]

一些声子分支 C_nF 结构（例如，船式CF结构）具有虚频率，因此不稳定，尽管它们的结构可以优化结果。然而，不排除这些不稳定结构在有限和较小的尺寸下形成的可能性。对于稳定的结构，光学分支和声学分支之间的间隙被折叠，因为与C—F键模式相关的光学分支发生在较低的频率下[21-23]。这种情况与石墨烯的声子谱相反，与C—H键相关的光学模式出现在 $2900cm^{-1}$ 处的声学分支上方。

氟化过程中形成的能量定义为 $E_f=(n_{F_2}E_{T,F_2}+E_{T,Gr}-E_{T,C_nF})/nF$，就不同组成下碳材料和氟化碳优化结构的总基态能而言，即 $E_{T,Gr}$、E_{T,C_nF}，以及单个碳原子的总基态能 $E_{T,C}$，以及 F_2 分子和F原子（E_{T,F_2} 和 $E_{T,F}$）。类似地，F原子相对于石墨烯（包括F—F偶联）的结合能为 $E_b=(E_{T,Gr}+n_FE_{T,F}-E_{T,C_nF})/nF$ 以及没有F—F偶联的 $E_{b'}=(E_{T,Gr}+E_{T,nFF}-E_{T,C_nF})/nF$。在这里 $E_{T,nFF}$ 是悬浮的单层或双层F的总能量，占据 C_nF 解离能。E_d 是从 C_nF 表面去除单个F原子所需的能量，n_{F_2} 和 nF 是 F_2 分子和F原子。总能量在包含八个碳原子的周期性重复超级晶胞中计算，并使用自旋极化和自旋非极化局域密度近似（LDA）保持上述计算的所有参数[24-26]。最低（磁性或非磁性）总能量用作基态总能量。

结果证明，在氟化石墨烯的结构中，F原子从顶部和底部交替地与石墨烯的每个C原子结合，在能量上是最有利能量最低的结构。完全氟化后，C原子的平面蜂窝结构变得弯曲（起皱），C—C 键长度增加 ~10%。最后，虽然平面 sp^2 石墨烯的键合被去杂化，屈曲构型由 sp^3 类似再杂化。如表 6.1 所示为稳定 C_nF 结构的晶格常数、内部结构参数、相关结合能和能带隙，并与裸石墨烯和 CH 结构进行了比较。值得注意的是，内部参数（例如 δ，C—C 键长）以及各种晶格常数 C*n*F 结构随 F 覆盖率而变化。表 6.1 中 E_f、E_b、$E_{b'}$ 和 E_d 的 CF 值最高；在稳定的 C_nF 结构中，C_4F 是第二高的。

表 6.1 显示了四种稳定的氟化石墨烯结构（即 CF、椅式 C_2F、船式 C_2F 和 C_4F）与石墨烯和 CH 的计算性质的比较。各个参数从左往右分别是晶格参数 a、C—C 键的平均键长 d_{CC}、C—X 键的平均键长 d_{CX}（X=F、H）、屈曲数值 δ、相邻 C—C 键之间的角 α_C、相邻 C—X 键与 C—C 键之间的角 α_X、LDA 方法和 GW0 方法所计算的带隙 E_g^{LDA}、E_g^{GW0}、由 8 个碳原子组成的每个晶胞总能量 E_T、每个 X 原子形成能 E_f、每个 X 原子相对于石墨烯的结合能 E_b、解吸能 E_d、光电阈值 Φ、面内刚度 C、泊松比 ν。

表 6.1　四种稳定的氟化石墨烯结构与石墨烯和 CH 的计算性质的比较[19]

材料名称	a /Å	d_{CC} /Å	d_{CX} /Å	δ /Å	α_C /deg	α_X /deg	E_g^{LDA} /eV	E_g^{GW0} /eV	E_T /eV	E_f /eV	E_b /eV	E_d /eV	Φ /eV	C /(J/m^2)	ν
石墨烯	2.46	1.42	—	0.00	120	—	0.00	0.00	80.73	—	—	—	4.77	335	0.16
CH	2.51	1.52	1.12	0.45	112	107	3.42	5.97	110.56	0.39	2.8	4.8	4.97	243	0.07
CF	2.55	1.55	1.37	0.49	111	108	2.96	7.49	113.32	2.04	3.6	5.3	7.94	250	0.14
椅式 C_2F	2.52	1.48	1.47	0.29	116	101	金属	金属	89.22	0.09	1.7	1.2	8.6	280	0.18
船式 C_2F	2.54	1.51	1.40	0.42	114	100	1.57	5.68	92.48	0.91	2.5	2.4	7.9	286	0.05
C_4F	4.92	1.49	1.43	0.34	114	104	2.93	5.99	87.68	1.44	3.0	3.5	8.1	298	0.12

由于拉曼光谱可以传达特定结构的信息，因此可以设置其特征，计算出的拉曼活性模式中稳定的 C_4F 和 CF 结构，以及石墨烯和 CH 的结构，也显示在图中［图 6.6（c）和（d）］。目前为止，已知石墨烯的唯一特征拉曼活性模式在 1594cm^{-1}处。同样，对于 CH 模式在 1342cm^{-1}处被观察到。而 C_4F 的拉曼活性模式在 1645cm^{-1}被观察到。根据理论，所有这些观测模式的声子分支都表现出扭结结构。然而，图 6.6 中没有显示 CF 的拉曼活性模式被观察到。低频范围内的拉曼光谱可能有助于识别实验结构[27,28]。

通过计算得出的带隙能量如图 6.7 和 6.8 所示，针对优化计算的 C_4F、船式 C_2F，椅式 C_2F 和椅式 CF 结构。还给出了轨道投影态密度（PDOS）以及这些优化结构的总态密度（DOS）。对电子结构的分析也可以提供数据来揭示观察到的氟化石墨烯的结构。如表 6.1 所示，稳定 C_nF 结构的 LDA 带隙范围为 0 ~

2.96eV。而在椅式 C_2F 中，由于原始晶胞中价电子的奇数，该结构被发现是一种金属。即使氟化石墨烯带隙的各种测量值在 68meV ~ 3eV 的能量范围内，LDA 低所计算出的带隙值则较低。带隙在通过各种自能方法校正后会发生显著变化。事实上，使用校正 GW0 自能法预测 CF 的带隙相当宽，为 7.49eV。校正后的带隙船式 C_2F 和 C_4F 分别为 5.68eV 和 5.99eV。应该指出的是，GW0 自能法能够成功预测三维（3D）半导体的带隙[29]。

在预测 CF 带隙的同时，Nair 等报告的实验数据所测量带隙为 3eV。标志着理论与实验具有严重差异。通过 PDOS 的分析以及图中特定能带的电荷密度，揭示了 CF 能带结构的特征（图 6.7）。导带边缘由 F 和 C 原子的 p_z 轨道组成。C 原子本身的 p_z 轨道组合形成 π 键。价带边缘的条带由 C 原子的 p_x+p_y 和 F 原子的 p_x+p_y 轨道组成。C 轨道对价带的总贡献可以看作四个四面体配位的贡献，sp^3 类似混合 s 轨道的和 C 原子的 p 轨道。然而，当 n 增加或单侧氟化，图 6.7 中呈现的总 DOS，在图 6.7 和图 6.8 有关键的不同。在这方面，光谱学数据有望产生有关观察到的氟化石墨烯结构的重要信息。

总电荷密度的等值线图（ρ_T）ρ_T 在 F—C—C—F 平面上表明两个 C-sp^3 的键合组合形成了强共价 C—C 键混合轨道。差电荷密度（$\Delta\rho$，通过减去位于 CF 中各自位置的自由 C 和自由 F 原子的电荷获得）表示了电荷转移到 C—C 键的中间和 F 原子，揭示了 C 原子之间的键电荷和 C—F 键的离子特性。然而，电荷转移的值不是唯一的，而是在不同的分析方法之间多样化。然而，计算电荷转移的方

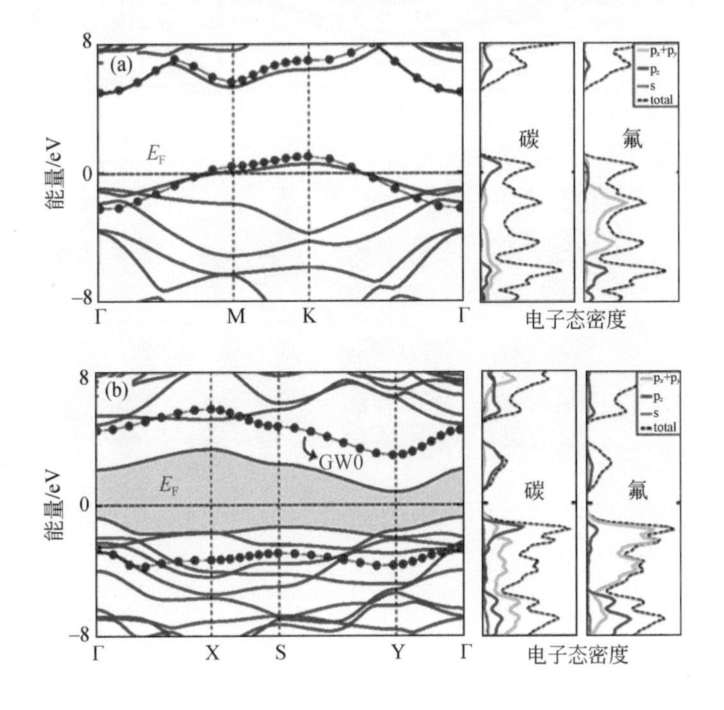

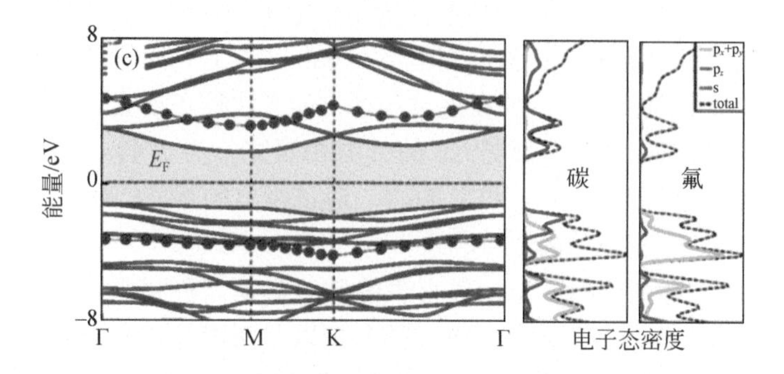

图 6.7　各种稳定的能带结构 C_nF 结构，以及轨道 PDOS 和 DOS。LDA 所计算的带隙被阴影化，能量零点设置为费米能级 E_F 总 DOS 扩展到 45%。之后的价带和导带边缘的 GW0 校正由填充（红色）圆圈表示。(a) 椅式 C_2F 结构；(b) 船式 C_2F 结构；(c) C_4F 结构[20]

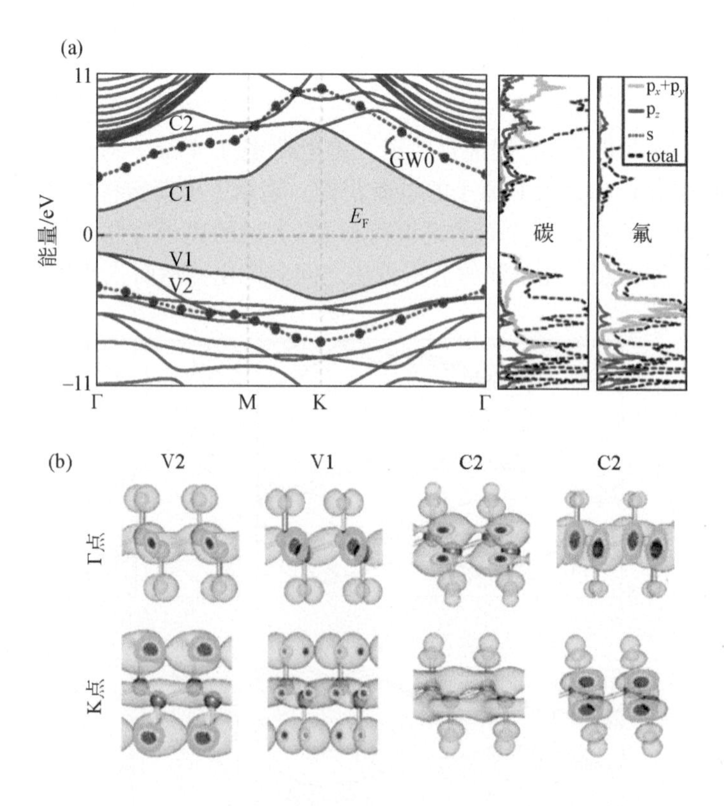

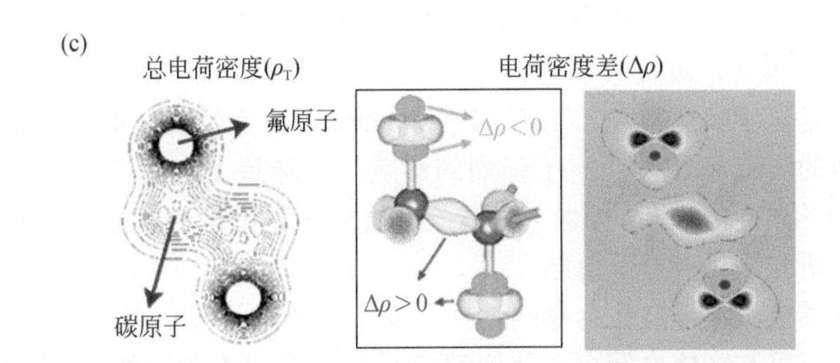

图6.8　(a) CF的能带结构，以及轨道PDOS和总DOS。LDA带隙被阴影化，LDA所计算的带隙被阴影化，能量零点设置为费米能级E_F。总DOS扩展到45%。之后的价带和导带边缘的GW0校正由填充（红色）圆圈表示；(b) 电荷DOS的等值面对应于第一（V1）、第二（V2）价带和第一（C1）和第二（C2）导带，位于Γ和K点；(c) 在F—C—C—F原子的平面中总电荷密度的等值线图ρ_T和差电荷密度$\Delta\rho$，等势面阈值为0.03e/Å^3 [20]

向符合鲍林电离度标度，并得到计算的玻恩有效电荷的证实，这些有效电荷具有面内（//）和面外（⊥）C原子上的组分，其中C原子上的Z×C，// =0.30，Z×C，⊥=0.35；在F原子上Z×F，// =-0.30，Z×F，⊥=-0.35。最后，注意到完美的CF是非磁性绝缘体。然而，单个孤立的F空位获得1玻尔磁子（1μB）和带隙中的局部缺陷状态。形成不配对πF空位上的电子是磁矩的来源。然而，在（7×7×1）超级晶胞中计算的两个F空位之间的交换相互作用发现，由于自旋配对，在最近邻距离上是非磁性的。与石墨烯类似，在CF结构的F空畸上也可以获得大的磁矩[30,31]。

6.1.3　锂氟化碳电池的热力学计算

氟气（F_2）是用碳阳极在900℃下电解熔融的KF·2HF产生的。碳阳极通常存在较大的过电位。电解过程中在碳阳极上形成低表面能的氟化碳膜，常导致阳极效应的发生。低表面能的氟化碳膜极大地降低了碳阳极电解液的润湿性，造成了电池电压高而没有电流流动的阳极效应。在京都大学的实验室中，对阳极效应的研究导致了对氟化碳材料，即氟化石墨的合成、结构和理化性质的研究[32-36]。20世纪60年代，人们研究了氟化物、氯化物、氧化物、硫化物等多种化合物作为一次锂电池的阴极。然而，这些试验并不成功。最终发现氟化石墨是最佳的正极材料[32-36]。在京都大学实验室对氟化石墨的研究基础上，1973年，一次锂氟化石墨电池由松下电池工业株式会社商业化[37]。锂氟化碳电池具有放电电位高且平坦、放电容量和能量密度大、储存寿命长等优异性能。京都大学实验室对Li/$(CF)_n$电池的电池反应、不同碳材料制备的氟化石墨的放电特性、影响氟化石墨放电特性的结构因素，以及由一种亚微米厚度的独特碳（亚微米层状碳）经氧化石墨（最近称为氧化石墨烯）制备的新型高性能氟化石墨进行了广泛的合成和电化学研究[32-36]。Li/$(CF)_n$电池是第一个商业化的锂电池，对高能量密度电池的研究和开发产生了强烈的影响，并导致了 1975 年的一次 Li/MnO_2电池和 1991 年的可充电锂电池（锂离子电池）的商业化。本小节对 Li/$(CF)_n$电池热力学的研究结果进行了总结。

氟化石墨是石墨插层化合物的一种。表 6.2 给出了 GICs 的分类，分为两类，一类是寄主石墨与客体之间存在共价键的 GICs。具有共价键的 GICs 是氟化石墨和氧化石墨。只有具有高电负性的氟和氧才能形成共价型石墨烯，其中氟或氧直接与石墨烯层的碳原子结合。另一类是寄主石墨与客体之间存在离子键的 GICs。具有低离子电位的原子或分子（如碱金属）和具有高电子亲和力的原子或分子（如卤素原子、氟化物、氯化物或酸）被插入石墨中，产生大量离子型 GICs。离子型 GICs 由供体和受体两种类型组成。具有低离子电位的碱金属和碱土金属通过将碱土和碱土金属的电子给到石墨基体（LiC_6、KC_8、SrC_6、CaC_6等）而嵌入石墨。这种类型的石墨烯被称为供体型石墨烯，因为电子是从客体石墨捐赠给宿主石墨的。另一方面，电子被石墨嵌入的客体物质在受体型 GICs（C_8Br、C_8AsF_6、C_8SbF_6、C_7FeCl_3等）中接受。

表 6.2　石墨插层化合物（GICs）[35]

类型		化合物
共价型 GICs		$(CF)_n$，$(C_2F)_n$（氟化碳） $C_8O_2(OH)_2$（碳氧化合物）
离子型 GICs	供体型	LiC_6、KC_8、RbC_8、CsC_8、C_aC_6、SrC_6、BaC_6，SmC_6、EuC_6、YbC_6
	受体型	$C_{x>2}F$、C_9IF_5、C_8Br、C_8ICl、C_6HNO_3、$C_{12}TiF_5$、C_8AsF_6、C_8SbF_6、C_7FeCl_3、C_6CuCl_2、C_9AlCl_3、$C_{18}AlBr_3$

氟化石墨中有$(CF)_n$和$(C_2F)_n$两种晶型，如图 6.9 所示[36]。它们由共价碳氟键组成。$(CF)_n$为白色化合物；而$(C_2F)_n$呈黑色，可能是由于相对较低的形成温度，含有微量的 sp^2碳原子。$(CF)_n$和$(C_2F)_n$都是用单质氟（F_2）在 300 ~ 600℃下氟化碳材料合成的。$(CF)_n$型氟化石墨通常有各种碳材料。另一方面，$(C_2F)_n$是在有限条件下形成的。具有高结晶度的天然石墨在 570 ~ 600℃时得到$(CF)_n$，在 350 ~ 400℃时得到$(C_2F)_n$。在 400 ~ 570℃得到$(CF)_n$和$(C_2F)_n$的混合物。

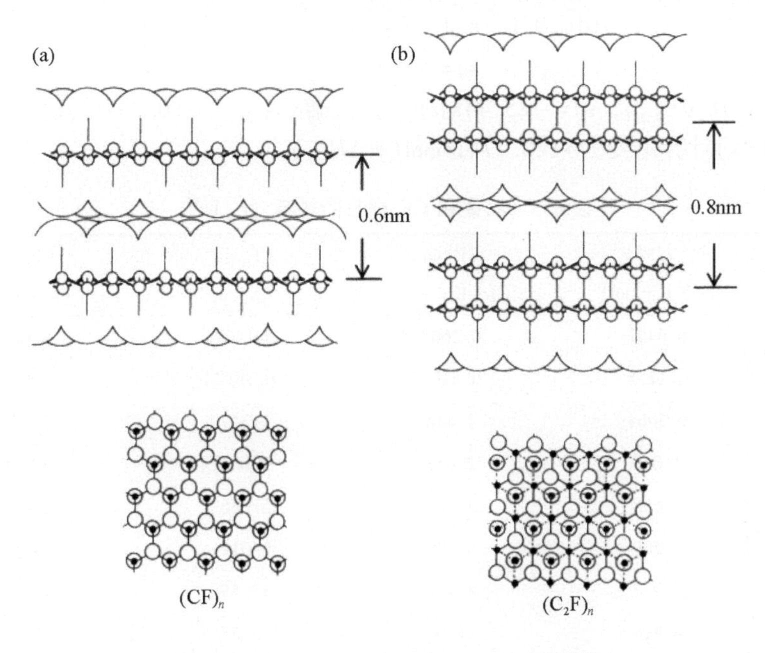

图6.9　(a)$(CF)_n$和(b)$(C_2F)_n$的结构

此外，低结晶碳如石油焦，在300~590℃时仅产生$(CF)_n$。石油焦(F_2/$(CF)_n$(300~590℃)合成石墨，如在2700℃下石墨化的石油焦，在570~600℃下得到$(CF)_n$，在337~570℃下得到$(CF)_n$和$(C_2F)_n$的混合物。因此$(C_2F)_n$是由高结晶度的天然和合成石墨在相对较低的温度下氟化形成的。高结晶天然石墨制备的氟化石墨混合物中$(C_2F)_n$含量较高。在600℃以上的高温下，碳键断裂会增加CF_4、C_2F_6等氟碳气体的形成。

Wood等[37]得到氟化石墨的热力学函数作为CF_x中x的函数来计算Li/$(CF)_n$电池的电动势(EMF)。所测样品为氟化石墨$CF_{1.125}$[$(CF)_n$]、$CF_{0.597}$[$(C_2F)_n$]和氟插层石墨$CF_{0.237}$(C_4F)，在HF存在下室温制备。用低温恒温量热计在5.310K下测量了样品的热容。用弹量热计在298K下测得燃烧热。石墨和CF_x样品的热容和标准熵如表6.3和表6.4所示[33,38]。

表6.5给出了燃烧热得到的CF_x样品的标准生成焓变。在这些数据中，1mol CF_x被定义为含有1mol碳的CF_x[23,28]。利用这些数据计算Li/$(CF)_n$电池的电动势，基于简单的电池反应：$CF_x+x\mathrm{Li} \longrightarrow \mathrm{C}+x\mathrm{LiF}$，其中LiF和C直接生成，没有任何中间产物。

(1) Li/$CF_{0.237}$电池的EMF

来自JADRANSKI NAFTOVOD(JANAF)数据如下。

$\Delta H_t°$(LiF, s)= -616.93kJ/mol, S_{298}(LiF, s)= 35.66J/(K · mol), S_{298}(Li, s)= 29.10J/(K · mol), S_{298}(C, s)= 5.69J/(K · mol)。

使用ΔH($CF_{0.237}$, s)= -25.44kJ/mol，根据$CF_{0.237}$(s)+0.237Li(s)⟶C(s)+0.237LiF(s)计算焓变为-120.77kJ/mol(=ΔH_{298})。

表 6.3 石墨和 CF_x 样品的热容（C_p）[38]

温度/K	石墨/[J/(K · mol)]	$CF_{0.237}$/[J/(K · mol)]	$CF_{0.597}$/[J/(K · mol)]	$CF_{1.125}$/[J/(K · mol)]
15	0.0427	0.2600	0.1469	0.3154
25	0.1255	0.5199	0.3612	0.7363
50	0.5063	1.448	1.347	2.449
75	1.046	2.615	3.064	5.185
100	1.658	3.852	5.086	8.468
150	3.229	6.300	9.011	14.51
200	4.937	8.735	12.55	19.45
250	6.816	11.06	15.65	23.70
300	8.590	13.32	18.54	27.57

表 6.4 石墨和 CF_x 样品在 298K 下的标准熵（S_{298}）[8]

样品	S_{298}/[J/(K · mol)]
C（石墨）	5.74
$CF_{0.237}$	11.22
$CF_{0.597}$	14.71
$CF_{1.125}$	23.64

表 6.5 298K 时 CF_x 样品的标准生成焓变（$\Delta H°_f$）[38]

样品	$\Delta H°_f$/(kJ/mol)
$CF_{0.237}$	-25.43
$CF_{0.597}$	-101.74
$CF_{1.125}$	-195.73

该电池的反应熵变为-3.98J/(K · mol)(=ΔS_{298})，其使用数据如下：

S_{298}($CF_{0.237}$, s)= 11.22J/(K · mol), S_{298}(LiF, s)= 35.66J/(K · mol), S_{298}(Li, s)= 29.10J/(K · mol)和 S_{298}(C, s)= 5.69J/(K · mol)。因此，ΔG_{298} =

−119.5kJ/mol($\Delta G=\Delta H-T\Delta S$)。

其中，$\Delta G_{298}=-0.237FE_{298}$，$E_{298}$ 为 5.23V［$E_{298}=5.23V$，$(dE/dT)_{298}=-0.2mV/K$］。

（2）Li/CF_x（$0.597\leqslant x\leqslant1.125$）电池的理论电压 EMF

将 $CF_{0.597}$ 和 $CF_{1.125}$ 的数据作为 CF_x 中 x 的函数插值得到 CF_x 的生成焓变和熵。使用以下数据：

$CF_{0.597}$：$\Delta H_f^\circ=-101.74kJ/mol$，$S_{298}=14.71J/(K\cdot mol)$，

$CF_{1.125}$：$\Delta H_f^\circ=-195.73kJ/mol$，$S_{298}=23.64J/(K\cdot mol)$，

计算 $\Delta H_f^\circ(CF_x, s)$ 和 $S_{298}(CF_x, s)$：

$\Delta H_f^\circ(CF_x, s)=(4.53-178.01x)kJ/mol$，

$S_{298}(CF_x, s)=(4.62+16.91x)J/(K\cdot mol)$。

根据这些数据和 JANAF 数据，得到了 $CF_x(s)+xLi(s)\longrightarrow C(s)+xLiF(s)$ 的热力学函数：

$\Delta H_{298}=-(438.92x+4.53)kJ/mol$，

$\Delta S_{298}=(1.07-10.35x)J/(K\cdot mol)$，

$\Delta G_{298}=-(435.83x+4.85)kJ/mol$。

CF_x 中 ΔG_{298}、E_{298} 和 $(dE/dT)_{298}$ 作为 x 的函数计算结果如表 6.6 所示。计算出的 EMF 值在 4.56～4.60V，比观察到的开路电压（OCV）3.1～3.5V 高出 1V 以上，下一节将介绍。这表明 Li/$(CF)_n$ 电池的放电反应不同于 $CF_x(s)+xLi(s)\longrightarrow C(s)+xLiF(s)$ 的简单反应。对于计算和观察到的 OCV 之间的差异，Whittingham 提出电池反应是形成三元石墨插层化合物（$CF_x+xLi\longrightarrow CLi_xF$）[39]。

表 6.6　298K 时 Li/CF_x（$0.597\leqslant x\leqslant1.125$）电池的计算电动势和温度系数[40]

CF_x 中的 x	ΔG_{298}/(kJ/mol)	E_{298}/V	$(dE/dT)_{298}$/(mV/K)
0.597	−265.0	4.60	−0.09
0.7	−309.9	4.59	−0.09
0.8	−353.5	4.58	−0.09
0.9	−397.1	4.57	−0.10
1.0	−440.7	4.57	−0.10
1.125	−495.2	4.56	−0.10

在 1mol/L $LiClO_4$-碳酸丙烯酯（PC）溶液中，在 18～30℃、5% 放电后，测量 Li/$CF_{0.93}$ 电池的 OCV［$E_{CF_{0.93}}$（V *vs* Li/Li^+）］。结果如图 6.10 所示[40]，计算出电池反应的热力学函数，如表 6.7 所示。实测 $E_{CF_{0.93}}$ 远低于计算值 4.57V。实际电池的熵减大于计算值，而吉布斯自由能和焓变都较小。这说明电池反应不是直

接生成 LiF 和 C，而放电产物是一个复合物。

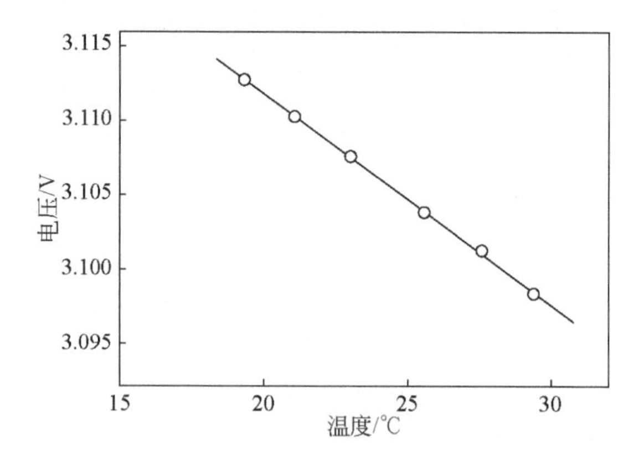

图 6.10　$Li/CF_{0.93}$电池开路电压随温度的变化[40]

表 6.7　$Li/CF_{0.93}$电池在 25℃时的观测和计算热力学数据[40]

	实验数值	计算数值
$E_{CF_{0.93}}$(V *vs* Li/Li^+)	3.10	4.57
$(\partial E_{CF0.93}/\partial T)_p$/(mV/K)	−1.44	−0.10
ΔS/[J/(K · mol)]	−129	−9.0
$T\Delta S$/(kJ/mol)	−38.4	−2.7
ΔG/(kJ/mol)	−278	−410
ΔH/(kJ/mol)	−316	−413

$Li/CF_{1.00}$和$Li/CF_{0.61}$电池的 OCV 测量分别在 1mol/L $LiClO_4$-PC、γ-丁内酯（BL）和二甲基亚砜（DMSO）中、在 25℃下以及在 1mol/L $LiClO_4$-磺烷（TMS）中、温度为 30℃（TMS 的熔点为 28.5℃），25%放电后进行[10]。表 6.8 列出了用修正的玻恩方程计算的Li^+离子的溶解吉布斯自由能、Li/Li^+基准的电极电位以及四种溶剂中的 OCV[41]。Li/Li^+参比电极的电位随着Li^+离子溶解能的增加而降低。氟化石墨阴极的电极电位相对于 PC 中Li/Li^+的电极电位见图 6.11[42]。如果电池反应是直接形成 LiF 和 C（$CF+Li \longrightarrow C+LiF$），即溶解和生成 LiF 进行得很快。换句话说，氟化石墨在 TMS、BL 和 DMSO 中的电极电位应分别比图 6.11 中的低 0.01V、0.13V 和 0.21V。

然而，测量的 OCV 值随着Li^+离子溶解能的增加而增加。放电产物分析表明，氟化石墨阴极由碳、LiF 和有机溶剂组成。这些结果表明溶剂分子参与了电池反应，即含有溶剂分子的阴极产物决定了氟化石墨阴极的电极电位。根据上面

表6.8　4种溶剂中 Li/Li^+ 的溶剂化吉布斯自由能变化、Li/Li^+ 参比电极电位以及 $Li/CF_{1.00}$ 和 $Li/CF_{0.61}$ 电池的OCV[42]

溶剂	DMSO	BL	TMS	PC
ΔG_s/[J/(mol·K)]	-5.00×10^5	-4.80×10^5	-4.58×10^5	-4.56×10^5
Li/Li^+/V	−0.45	−0.25	−0.02	0.00
OCV($Li/CF_{1.00}$)	3.50	3.30	3.28	3.28
OCV($Li/CF_{0.61}$)	3.47	3.39	3.27	3.26

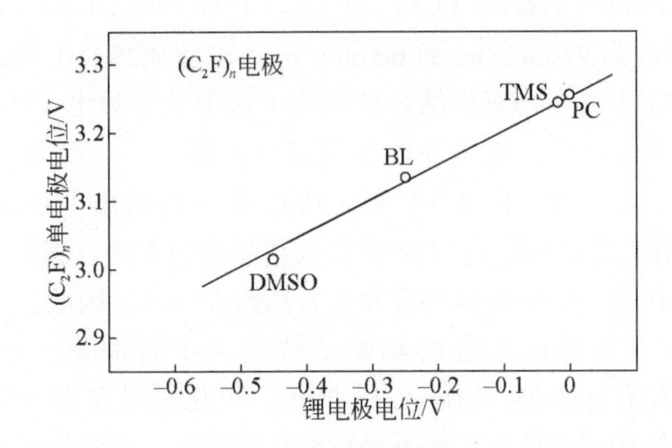

图6.11　氟化石墨阴极在四种溶剂中相对于 Li/Li^+ 的电极电势[41]

给出的热力学数据，提出了下面的电池反应[41,42]。将溶剂化锂插入氟化石墨烯层中形成阴极产物 $C_x \cdot F^- \cdot Li^+ \cdot zS$，它可能有一定的稳定性，锂离子的碳氟键强，溶剂化能力强。放电产物 $C_x \cdot F^- \cdot Li^+ \cdot zS$ 决定阴极电位，通过化学反应逐渐分解为碳、LiF和溶剂[式(6.4)]。氟化石墨放电反应如图6.12所示。

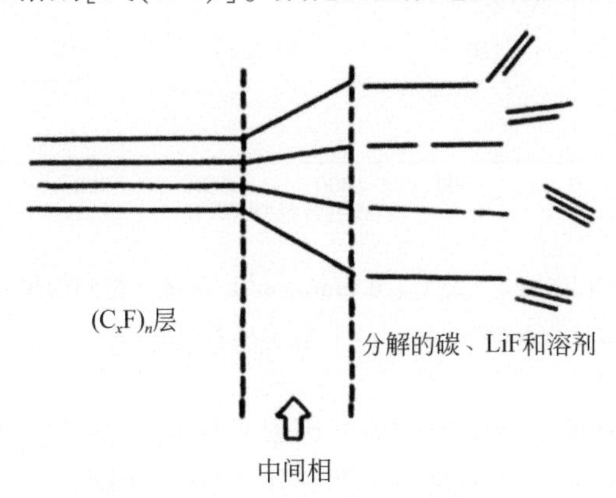

图6.12　氟化石墨阴极放电反应示意图[41]

阳极反应：$Li+yS \longrightarrow Li^{+} \cdot yS+e^{-}$（S：溶剂分子）　　(6.1)

阳极反应：$C_xF+Li^{+} \cdot yS+e^{-} \longrightarrow C_x \cdot F^{-} \cdot Li^{+} \cdot zS+(y-z)S$　　(6.2)

电池反应：$C_xF+Li+yS \longrightarrow C_x \cdot F^{-} \cdot Li^{+} \cdot zS+(y-z)S$　　(6.3)

阴极产品的分解：$C_x \cdot F^{-} \cdot Li^{+} \cdot zS \longrightarrow xC+LiF+zS$　　(6.4)

$Li/(CF)_n$电池放电时放热较大。这可能是由于阴极产物分解放出热量，即LiF的结晶。分析结果也支持了这一观点，即最终放电产物中含有低晶碳、低锂、低溶剂[43]。放电容量由化学成分决定，即石墨烯层基底面上结合的氟原子的数量。氟化石墨有两种晶体形式：$(CF)_n$和（$C_2F)_n$。$(CF)_n$比（$C_2F)_n$容量大，因为氟含量高。天然石墨制备的（$CF)_n$和（$C_2F)_n$在1mo/l L $LiClO_4$-PC中25℃下的放电容量分别约为710mA/hg和600mA/hg（电流密度：0.5mA/cm^2，截止电位：1.5V *vs* Li/Li$^+$）[44]。与基面结合的氟原子被电化学放电。而以CF_2和CF_3基团键合在边缘平面上的分子则不受电化学还原的影响[45]。因此，具有大石墨烯层的（$CF)_n$具有大容量。图6.13为天然石墨与石油焦、氟化冠烯、$C_{24}F_{36}$、PTFE制备的（$CF)_n$样品的放电容量[42]。高结晶度的天然石墨在*a*轴上的晶粒尺寸要比石油焦大得多，即石墨烯层数要比石油焦大得多。因此，在天然石墨制备的（$CF)_n$中，与石墨烯层结合的氟原子数量大于石油焦。天然石墨制备的$(CF)_n$放电容量大于石油焦，如图6.13所示。氟化冠烯含有少量可放电的氟原子。具有线性链结构的聚四氟乙烯不进行电化学放电。容量大小顺序为：天然石墨制备的（$CF)_n$（D）>石油焦制备的（$CF)_n$（C)>氟化冠烯（B)>PTFE（A)。

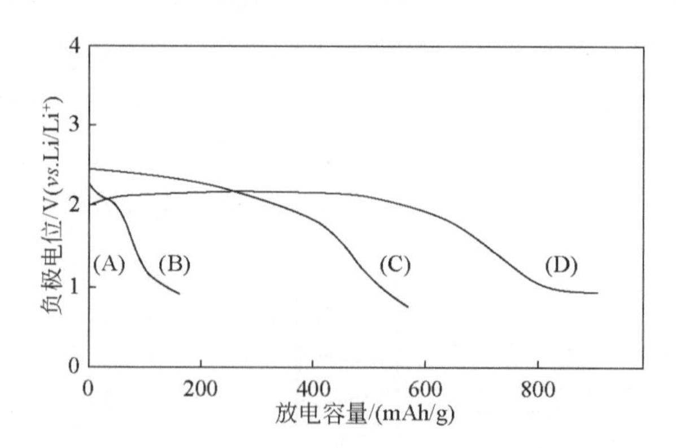

图6.13　在1mol/L $LiClO_4$-PC（25℃、0.5mA/cm^2）条件下得到的聚四氟乙烯（A)、氟化冠烯$C_{24}F_{36}$（B)、石油焦制备的（$CF)_n$（C）和天然石墨制备的（$CF)_n$（D）的放电容量[42]

影响氟化石墨阴极放电电位的主要因素是氟化石墨烯层的表面积和层间距。碳材料的氟化通过氟插入石墨烯层，部分伴随碳-碳键断裂，使氟化石墨的表面积增大，如表6.9所示[45]。以石油焦为原料和石墨化后的氟化石墨的比表面积比原始材料大30～40倍。用天然石墨片和粉末制备的氟化石墨的表面积分别是原始样品的160～190倍和75倍。表面积的增加导致氟化石墨阴极电极面积的增加，使电流密度降低，从而使阴极电位高，因为电池是恒流放电的。氟化石墨阴极放电时插入溶剂化锂离子。氟化石墨阴极过电位大是由于锂离子在阴极产物中的扩散延迟造成的[46]。放电电位和过电位受氟化石墨烯层间距、$d_{(001)}$值和(001)衍射线半宽度、$\beta_{(001)}$［沿c轴的重复距离，根据氟化石墨烯层的堆叠结构索引为（001）或（002）[47]］的影响。随着$d_{(001)}$的增加，氟化石墨烯层之间的层空间增加，使溶剂化锂离子的转移变得容易。$\beta_{(001)}$与氟化石墨晶体沿c轴的厚度成反比。随着$\beta_{(001)}$的增大，氟化石墨烯层的晶粒厚度减小，这有利于溶剂化Li^+离子的插入使氟化石墨烯层膨胀。如图6.14所示，阴极过电位随着$d_{(001)}$和$\beta_{(001)}$的增大而减小[44]。天然和合成石墨的产率$(CF)_n$结晶度高，$d_{(001)}$和$\beta_{(001)}$值相对较小。低结晶度的碳，如未经热处理的石油焦，提供了具有大$d_{(001)}$和$\beta_{(001)}$的低结晶度的$(CF)_n$。

表6.9　碳材料和氟化石墨的表面积[45]

碳材料	氟化温度/℃	碳材料比表面积/(m^2/g)	氟化碳比表面积/(m^2/g)
石油焦	380～500	6.4	205.240
2800℃处理的石油焦	560	2.4	98
天然石墨	475.600	0.6	95.115
天然石墨（61～74μm）	460～555	1.4	102～105

随着氟化温度的降低，样品中$(CF)_n$、E、F、G和H的$d_{(001)}$和$\beta_{(001)}$值增大。如图6.14所示，未经热处理的石油焦制备的$(CF)_n$样品的过电位较低。因此，石油焦制备的$(CF)_n$放电电位高于天然石墨[42]。由于氟化石墨是电绝缘体，通常在放电开始时观察到氟化石墨阴极的电位下降。为了改善这一现象，尝试在Cl_2气氛中对氟化石墨进行轻微分解[48]。氟化石墨部分分解在不降低放电容量的情况下，提高了电势降。

6.1.4　锂氟化碳电池的动力学行为

碳-氟键长度是F活性的直接表达，在不同的F/C比下，C—F键长变化范围变化不大，说明F原子与Li原子的反应性是相对稳定的。但如何控制锂离子电池的解吸过程是提高电池性能必须考虑的问题之一，为了优化氟化石墨烯一次锂电池的性能，进一步研究锂原子和锂离子在CF表面吸附行为的动力学过程是非常重要的。一般采用周期边界条件（PBC）在广义梯度近似（GGA）水平上进

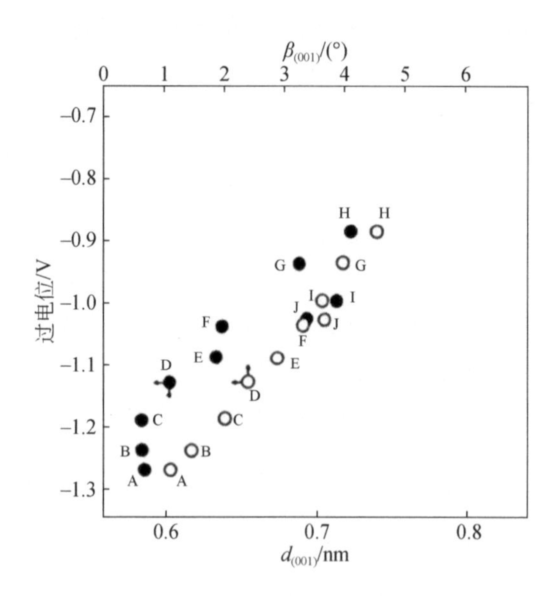

图 6.14　$(CF)_n$阴极在 1mol/L $LiClO_4$–PC 中 25% 放电时的过电位随 $d_{(001)}$（●）和（001）衍射线半宽度 $\beta_{(001)}$（○）（25℃，0.5mA/cm^2）的变化[44]。$(CF)_n$样品的原料和氟化温度：（A）天然石墨，590℃，（B）、（C）分别在 2800℃、600℃和 510℃下热处理的石油焦，（D）剥离石墨，590℃，（E）~（H）未热处理的石油焦，420℃、360℃、340℃和 290℃，（I）、（J）由石油焦制备的商业 CF[48]

行 DFT 计算。不同的 C_mF_nLi 结构意味着不同的 F/C 比，这将导致很大的计算成本。为了降低计算成本，优化计算中采用了冻结核近似。优化后的结构采用了 ams 波段的 PBE-DZP 计算[49,50]。采用 TZP 基集进行单点计算和能量分解分析（pEDA）考虑到范德瓦耳斯相互作用，采用 PBE-D 色散校正方案进行了部分吸附能计算。对于所有选定的系统，椅子配置具有最低的能量结构。所选系统的优化结构如图 6.15 所示。优化后的 C_mF_nLi 结构侧视图如图 6.16 所示。优化后的 LiF 键长以及 Li 和 LiF 在 CF_x 表面的吸收能见表 6.10。

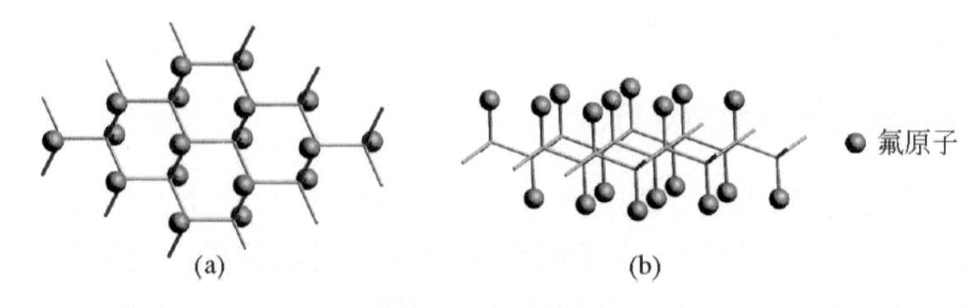

图 6.15　CF_x（x=1.0）体系结构优化。（a）俯视图，（b）侧视图。橙色球体代表被吸附在石墨烯侧面的 F 原子

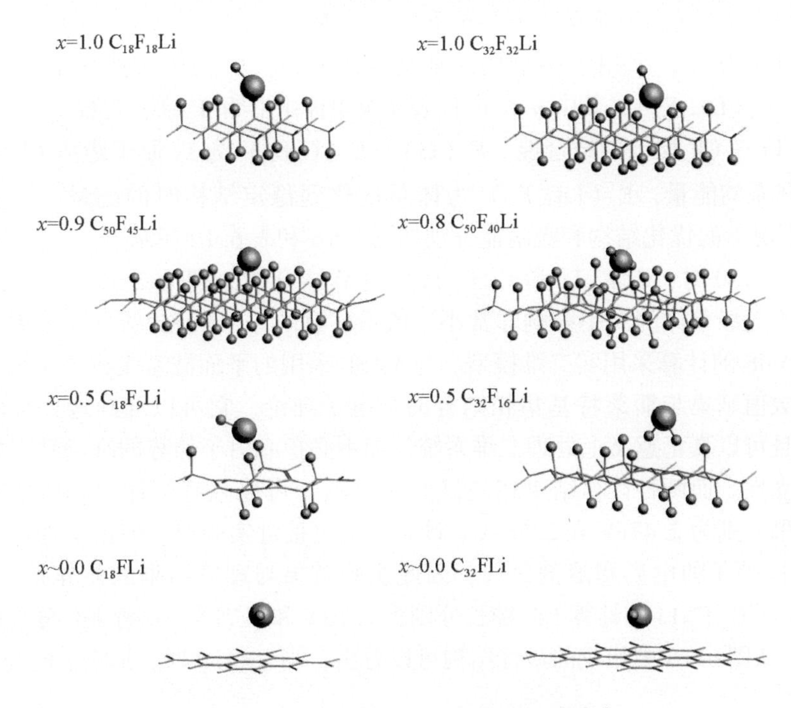

图6.16　优化后的 C_mF_nLi 结构侧视图[52]

表6.10　优化后的Li—F键长（单位：Å）；ΔE 和 ΔE′分别为Li和LiF在 CF_x 表面的吸收能（单位：eV）。I和II分别表示充分松弛和固定非反应原子坐标的情况[51]

	x=1.0		x=0.9	x=0.8	x=0.5		x=0.0	
	$C_{32}F_{32}Li$	$C_{18}F_{18}Li$	$C_{50}F_{45}Li$	$C_{50}F_{40}Li$	$C_{18}F_9Li$	$C_{32}F_{16}Li$	$C_{18}FLi$	$C_{32}FLi$
Li-F	1.70	1.71	1.87～1.91	1.71	1.72	1.38	1.71	1.60
				I				
ΔE	2.30 2.47#	2.29 2.56#	2.61～3.32	4.98	4.86	12.36	4.13	4.59
ΔE′	0.51 1.04#	0.48 1.02#	—	0.58	0.50	—	0.36#	0.02 0.12#
				II				
ΔE	—	—	—	3.87	3.53	4.04	3.31	3.74
ΔE′	—	—	—	—	0.32	0.33	0.37#	−0.02 0.06#

Li/CF_x高能量密度原电池的性能在很大程度上取决于 x 的值，因此锂层与

CF_x层之间的相互作用能是一个非常重要的参数。为了定量描述吸附质与 Li 原子之间的相互作用，采用了一个共同的结合能定义：E（LiC_nF_m）= E（Li）+E（C_nF_m）E（LiC_nF_m），其中 n 和 m 代表超级单体中 C 和 F 原子的数量。E（LiC_nF_m）为 Li 在 CF_x层上的结合能。E（Li）+E（C_nF_m）为 Li 原子距离 CF_x10Å 时 Li/CF_x体系的能量，E（LiC_nF_m）为体系优化到稳定结构时的能量[51-53]。不同 F/C比情况下的优化结构和吸附能分别如图 6.16 和表 6.10 所示。

当 x=1.0 时，$C_{18}F_{18}Li$ 和 $C_{32}F_{32}Li$ 的计算结合能分别为 2.30eV 和 2.29eV。这意味着超级单体的大小影响非常小。值得注意的是，VASP 的计算采用伪二维模型，AMS 的计算采用实二维模型。与 VASP 采用的平面波基集程序不同，AMS 采用了数值基集与斯莱特基集相结合的全电子理论。它可以准确地处理所有电子，并且可以真正意义上处理二维系统，而不必担心由于伪势的准确性而影响系统的可靠性。而两种计算结果相差仅为 0.01eV，可以忽略不计。PBE-D 泛函的计算结果分别为 2.47eV 和 2.56eV。计算结果更接近实验值，但由于理论计算中未考虑 Li 原子的电离和溶剂效应，因此实验结果与理论结果的差异是合理的。$C_{18}F_{18}Li$ 和 $C_{32}F_{32}Li$ 的计算 LiF 键长分别为 1.70Å 和 1.71Å，接近 LiF 分子的键长 1.80Å。从图 6.16 中相应的最优结构可以看出，当 x=1.0 时，F 原子已经从 CF_x 表面分离。

当 x=0.9 时，缺陷位点和吸附位点的组合较多，计算出的结合能必须随结合位点的变化而变化。研究随机选取 $C_{50}F_{45}Li$ 体系中 F 原子的缺陷位点，计算了具有随机结构的 5 种构型。图 6.17 为不同优化吸附结构示意图。相应的 Li—F 键长度和结合能列于表 6.11。不同结构的吸附能在 2.72～3.32eV 之间，键长变化范围约为 0.04Å。显然，结合能与放电位置有明显的关系。电池的实际电压可能与放电地点有关。另外，当 x=0.9 时，计算得到的 Li F 键长约为 1.90Å。当 x 取其他值时，它比 Li—F 键长 0.2Å。$C_{50}F_{45}Li$ 的五种构型是随机选取的代表性结构。其他构型的键长和吸附能性质应该与这些计算结果相差不大。如图 6.17 所示，从优化后的结构可以看出，在 x=0.9 处 LiF 的取向与其他情况明显不同。这将有助于解决锂离子在 CF_x表面的沉积问题[54-56]。

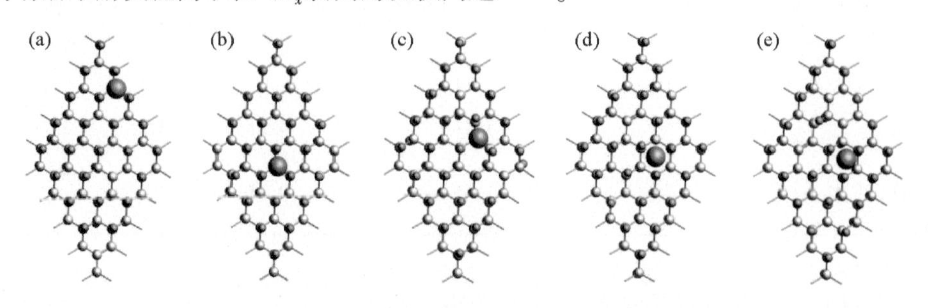

图 6.17　$C_{50}F_{45}Li$ 体系五种不同的优化吸附结构[52]

表6.11 $x=0.9$ 时，优化结构的Li—F键长度（单位：Å）和Li原子从不同位置［图16（a）~（e）］攻击C—F的结合能（单位：eV）[52]

$C_{50}F_{45}Li$	(a)	(b)	(c)	(d)	(e)
Li—F	1.91	1.89	1.87	1.91	1.90
ΔE	2.72	2.82	3.22	2.92	3.31

当$x=0.8$时，20%的碳原子是不饱和的，这使得体系的灵活性远大于$x=1.0$和$x=0.9$的情况。因此，$C_{50}F_{40}Li$中单个Li原子的结合能达到4.98eV，且与位置有很强的依赖性。相比之下，实验放电能量远低于计算值，仅为3.0eV左右。在结合能的计算中，体系的结构完全放松，空间构型也发生了很大的变化。为了考虑弛豫效应，允许参与反应的Li原子和F原子参与能量优化过程。计算得到$C_{50}F_{40}Li$体系的结合能为3.87eV。然而，在实验的放电过程中，特别是快速放电过程中，系统没有时间和空间来充分放松，就会造成放电电压大大降低。另一方面，如何规划放电行为以优化电池性能是值得研究的问题[57]。如果x取0.5，系统的反应就会更复杂。由$C_{18}F_9Li$计算得到的结合能为4.86eV，接近于$x=0.8$的结果。更特别的是，$C_{32}F_{16}Li$的结合能为12.36eV，远远大于Li—F（6.00eV）和C—F（1.95eV）的结合能。$C_{32}F_{16}Li$体系的充分弛豫使得Li原子能够同时与多个F和C原子相互作用。在优化过程中，如果固定非反应原子的坐标，$C_{18}F_9Li$和$C_{32}F_{16}Li$体系的结合能分别为3.53eV和4.04eV。在$C_{32}F_{16}Li$中，Li原子与相邻两个F原子结合，得到了相对较高的结合能4.04eV。在实际的电池中，C—F骨架的松弛是有限的，这必然会导致放电容量的下降。而松弛能量的释放会使电池升温。如果石墨烯碎片上只有一个F原子，将这种情况定义为$x=0.0$。虽然$C_{18}FLi$系统的实际F/C比值为0.06，$C_{32}FLi$系统的实际F/C比值为0.03。当系统完全松弛时，计算得到$C_{18}FLi$和$C_{32}FLi$的结合能分别为4.13eV和4.59eV。如果只对Li和F原子的几何坐标进行优化，$C_{18}FLi$和$C_{32}FLi$的结合能分别为3.31eV和3.74eV。另一方面，如果使用PBE-D功能进行计算，则$C_{18}FLi$和$C_{32}FLi$体系对LiF的吸附能分别为0.36eV和0.12eV。固定非活性原子后的LiF吸附能分别为0.37eV和0.06eV。

理论计算表明，在不同的F/C比下，Li和CF_x的结合能均大于2.29eV[58]。但在实验测量中，放电平台会随着放电速度的变化而发生较大的变化，结合能反映了系统的热力学特性，而动力学特性也会极大地影响电池的实际效率[59]。首先，考虑影响放电动态行为的一种情况。如果多个Li原子同时被CF_x吸附，该算法自动包含了多个Li原子的同时吸附。然而，实际计算结果表明，当使用不同尺寸的超级单体时，其协同吸附行为对电池性能影响不大。例如，用$C_{18}F_{18}Li$和

$C_{32}F_{32}Li$ 来计算 $x=1.0$ 情况下的结合能，能量差仅为0.01eV。此外，还应考虑不同浓度的锂原子在单 CF_x层上的无序吸附。理论计算表明，在 CF_x层上吸附的 Li 原子越多，碳-氟键断裂的就越多。另一个可能影响电池效率的动态因素是 LiF 的解吸过程。在 x 不等于 0.0 的情况下，计算得到的吸附能约为 0.50eV。室温下，吸附能为0.50eV 的 LiF 解吸速率约为 10^{-4}/s。当温度降低时，解吸速率会显著降低，从而影响放电行为。根据考虑范德瓦耳斯相互作用的 PBE-D 泛函计算结果，不同 F/C 比情况下，LiF 的吸附能在 0.12～1.04eV 之间。在室温下，LiF 的相关解吸速率有时约为 10^{-5}/s，LiF 一直倾向于停留在 CF_x表面，从而持续影响电池的放电行为理论上，选择合适的放电温度可能有利于电池效率的提高。当然，不同放电阶段对应的最佳温度可能不同。对于吸附在 CF_x表面的 LiF，除了直接离开 CF_x表面外，还可能在 CF_x表面移动。计算表明，LiF 在石墨烯表面几乎自由移动，不同吸附位点之间的平移能垒仅为 0.04eV 左右。许多文献报道的放电平台电压随着电流的增大而迅速下降，而锂离子在 CF_x表面的残留可能是一个重要原因。LiF 更倾向于停留在 CF_x表面附近，这将影响后续电池的性能，根据计算，约0.50eV 的 LiF 的吸附能，并不是特别大。在较高的温度下，LiF 可以很容易地解吸和迁移。由表6.11 的计算结果可知，在一定量的不饱和碳存在的情况下，CF_x的松弛会影响放电过程。此时，Li—F 的距离是电子转移的一个非常重要的因素[60]。

此外，计算并绘制了 $C_{18}F_{18}Li$ 体系中 CF_x和 Li 原子之间的电荷密度差，如图6.18 所示，以明确空间上的电子增益和损失。上和下面板的 Li F 距离分别为1.71Å 和 3.00Å。蓝色/黄色的轮廓对应于电子密度的积累/耗尽，很明显，当 Li 足够接近表面时，电荷转移发生。

对于反应过程中几何形状变化较大的体系，如 $C_{32}F_{16}Li$ 对于 F/C 比为 0.5 时，其反应动力学和电子传递过程非常复杂。当 $x=0.8$ 和 $x=0.5$ 时，计算吸附能与实验值偏差较大，存在明显的非完全 CF_x 松弛现象。特别是当 $x=0.5$ 时，$C_{32}F_{16}Li$ 体系中 Li 原子的吸附能约为 12.36eV。如图6.19 所示，Li 原子从一定距离出发，沿势能梯度方向到达 CF_x表面，到达 $C_{32}F_{16}Li$ 体系最优结构的能量曲线。能量曲线上的几个重要节点用 A-H 标记，A 点处的能量为 CF_x表面距离 Li 原子10Å 时 $C_{32}F_{16}Li$ 的能量，即 E_A，取其为相对能量零点。H 点的能量为体系优化后结构的能量，即 0_H。不同能量点的相对位置如图 6.19 所示。右上方的图形是 $C_{32}F_{16}Li$体系寻找最稳定结构时，Li 原子在 CF_x表面的运动。同时，在图 6.20 中绘制了每个能点对应结构的侧视图和俯视图。利用 Hirshfeld 描述的 Li 和 F 原子的电荷分布如图 6.20 所示。在图 6.19 中，Li 原子首先沿垂直表面方向从 A 点向 B 点快速靠近 CF_x。Li 原子与 F 原子的距离从 8.29Å 变为 1.72Å，系统能量下降了 5.17eV。先前的计算表明，当 Li—F 距离约为 1.89 Å 时，发生了电子转移。

虽然从B到H的后续过程有很大的能量释放，但它不会转化为电池的电能，而是转化为系统的热能。研究如此大的能量变化对系统的影响，将有助于人们从动力学的角度了解如何提高电池的性能。

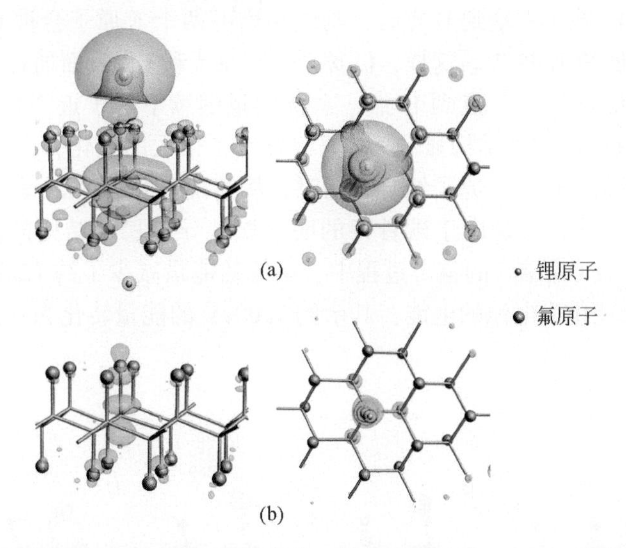

图6.18 Li原子吸附在CF_x表面的电荷密度差，等表面水平为0.0015。由蓝色和黄色等表面包围的空间分别是电子获得区和电子失去区。(a) 和 (b) 分别为上、下面板Li F距离1.71Å和3.00Å时的情况。左、右分别是系统的侧视图和俯视图[53]

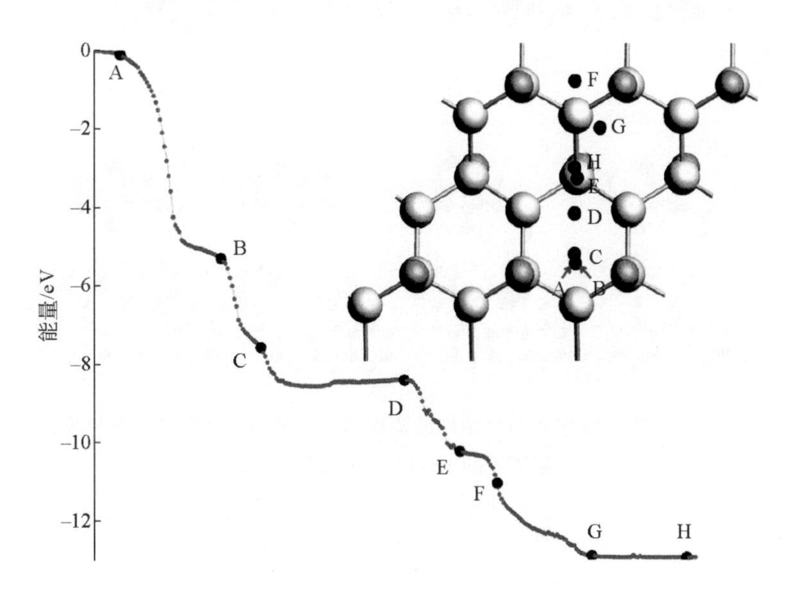

图6.19 由能量曲线可知，Li原子从远处出发，沿势能梯度方向到达CF_x表面，然后到达$C_{32}F_{16}Li$体系的最优结构，标出了几个重要的节点A到H[53]

图6.20为$C_{32}F_{16}Li$体系从A点到H点连续变化的几何图。从B点到C点，系统释放的能量为2.27eV。此外，与Li原子相邻的两个F原子逐渐从CF_x表面分离并与Li原子结合。在C点，两个F原子和Li原子之间的键长分别为1.68Å和1.70Å。当Li原子移动到D点时，与之相连的两个F原子会被CF_x表面吸引，使体系能量降低约1.03eV。这样，Li原子、F原子和CF_x表面通过不断调整位置达到最低的能量点。从D点到H点，系统能量继续下降了近3.89eV。特别是，图6.20中G点的侧视图结构显示CF_x框架发生了很大的变化，而H点的结构显示多个F原子倾向于与Li原子结合。同时，从俯视图上看，CF_x表面Li原子的轨迹在F点再次回移，这是由于碳骨架的明显松弛导致稳定结构的改变。总的来说，在Li原子与CF_x结合的整个过程中，系统的能量减少了约12.36eV，其中约5.00eV的能量转化为电池的电能，其余约7.00eV的能量转化为热能，致使电池温度上升。

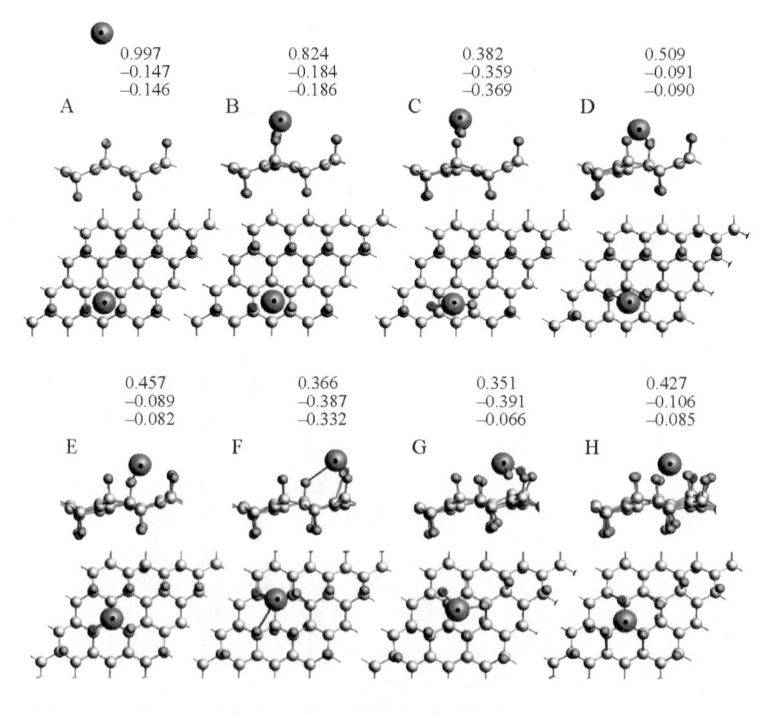

图6.20　图6.19中各节点结构的侧视图和俯视图，并列出了锂和两个氟原子的Hirshfeld电荷分布[53]

6.2　锂氟化碳电池的表征

6.2.1　固态核磁共振波谱测试

1. NMR（solid-state NMR）测试的原理和设备

核磁共振指具有固定磁矩的原子核（除了原子核中质子数和中子数均为偶数的核以外，其他的核都有自旋性质，即核围绕某一个轴做旋转运动，进而具有相应的自旋角动量$\boldsymbol{\rho}$和磁矩$\boldsymbol{\mu}$，磁矩有大小、方向和方位等参数）在恒定磁场与交变磁场的作用下，自旋核吸收特定频率的电磁波，从较低能级跃迁到较高能级（自旋能级），与交变磁场发生能量交换的现象；或者表述为是磁矩不为零的原子核，在外磁场作用下自旋能级发生塞曼分裂，共振吸收某一特定频率的射频辐射的物理过程。磁场的强度和方向决定了原子核旋转的频率和方向，在磁场中旋转时，原子核可以吸收频率与其旋转频率相同的电磁波，使自身的能量增加，而一旦恢复原状，原子核又会把多余的能量以电磁波的形式释放出来。

以氢原子为例，当原子核放在一个大的静磁场中，顺主磁场方向的氢质子处于低能级，而逆主磁场方向者为高能级。在一定温度与磁场强度下，在低能级与高能级之间的质子势必要达到动态平衡，称为“热平衡”状态。另外，根据量子力学原理，原子核磁矩与外加磁场之间的夹角并不是连续分布的，而是由原子核的磁量子数决定的，原子核磁矩的方向只能在这些磁量子数之间跳跃，而不能平滑地变化，这样就形成了一系列的能级。这种热平衡状态中的氢质子，如果被施以频率与质子群的旋进频率相一致的射频脉冲时，$h\nu=\Delta E$，原来的热平衡状态将被破坏，即原子核磁矩与外加磁场的夹角会发生变化，进而发生核磁共振现象。

图6.21（a）给出了核磁共振波谱仪的外观图，图6.21（b）是内部构造图。由图6.21（b）可以看出，一般的核磁共振波谱仪主要由以下构件组成：①永久磁铁。在NMR中要求测量的化学位移，其精度一般要达到10^{-8}数量级，这就要求磁场的稳定性至少要达到10^{-9}数量级。②扫场线圈。安装在磁铁上的亥姆霍兹（Helmholtz）线圈，提供一个附加可变磁场（梯度磁场），用它来保证磁铁产生的磁场均匀，并能在一个较窄的范围内连续精确变化，用于扫描测量，扫场速度一般为3～10mGs/min。③射频振荡器。在垂直于主磁场方向发射一定频率的电磁辐射信号到样品上。④射频信号接收器（检测器）。当质子的进动频率与辐射频率相匹配时，发生能级跃迁，吸收外激励能量，相应地在感应线圈中产生毫伏级信号。⑤试样管。一般是外径5mm、长度150mm的玻璃管，通过气动涡轮机保证试样管在测试过程中均匀旋转，使磁场作用均匀，消除不均匀带来的

影响，提高测试灵敏度和分辨率。⑥记录仪。将共振信号绘制成共振图谱。

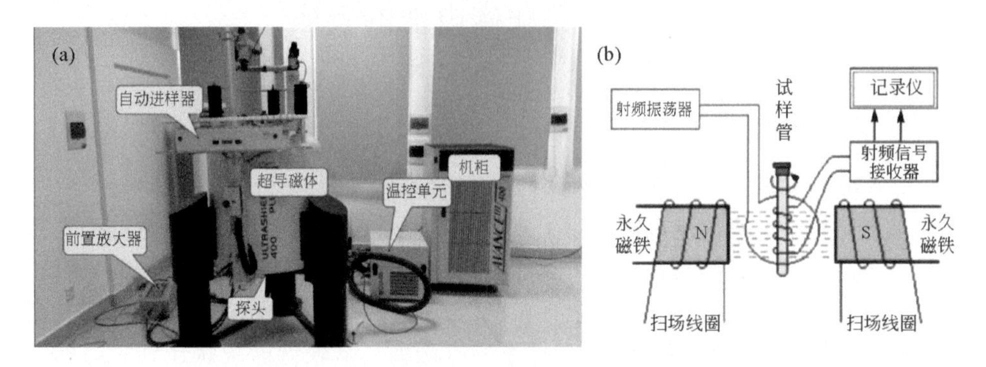

图 6. 21 （a）NMR 测试设备图和（b）内部构造图

NMR 的工作过程可以简单概括如下：将试样管（内装待测的样品：固体核磁的样品应研磨成没有颗粒感的粉末，薄膜状或弹性体等样品可用剪刀剪成细碎沫状）放置在磁铁两极间的狭缝中，并以一定的速度（如 50～60 周/秒）旋转，确保试样处于均匀的磁场中；通过射频振荡器向样品发射固定频率（如 100MHz、200MHz）的电磁波。安装在探头中的射频信号接收线圈探测核磁共振时的吸收信号；由扫场线圈连续改变磁场强度，由低场至高场扫描，在扫描过程中，试样中不同化学环境的同类磁核，相继满足共振条件，产生共振吸收；接收器和记录系统采集吸收信号并经放大记录成核磁共振图谱[61]。

测试后对得到的数据进行图谱解析，由于核磁共振谱中横坐标是化学位移，用 δ 或 τ 表示，利用专门的软件可以对吸收峰进行积分，由低磁场移向高磁场，积分线用阶梯式曲线标示在图谱上，积分曲线的起点到终点的总高度与引起该吸收峰的核数目呈正比，因此，可以根据分子中质子的总数确定每一组吸收峰对应的质子的绝对个数。在核磁共振波谱的定量分析中，主要依据磁等价的质子数的积分高度（面积）与质子数成正比。相比其他定量分析，核磁共振波谱仪不需要引入任何校正因子，不需要采用工作曲线法，并能直接使用积分高度（面积）。常用的有内标法和外标法。通过核磁共振获得的图谱（一级分裂图谱），一般可以从以下方面获得物质的结构特征：①组峰的数目：可以判断出有多少类磁不等价质子；②峰的强度（面积）：每类质子的数目（相对）；③峰的化学位移：每类质子所处的化学环境；④峰的裂分数：相邻碳原子上质子数；⑤耦合常数。

2. NMR 在氟化碳材料测试中的应用

通常 CF_x 中的 ^{19}F 和 ^{13}C 用魔角旋转（magic angle spinning，MAS）NMR，该技术主要用于消除同核偶极相互作用、化学位移各向异性。常见的 MAS NMR 测试结果如图6.22所示，图6.22显示了（CF）$_n$-PC材料的高分辨率固态^{19}F和^{13}C MAS NMR测量结果。在^{19}F和^{13}C MAS NMR谱中，宽信号主要出现在两个不同的区域。第一个区域位于^{19}F MAS中心带NMR谱中的-190和-130ppm之间，以及^{13}C交叉偏振（CP）MAS NMR谱中的+80和+105ppm之间，被分配给fluoromethanetriyl（>CF）本体骨架基团。第二个区域位于^{19}F光谱中的大约-150和-95ppm之间以及^{13}C CP NMR光谱中的+105和+120ppm之间，为二氟亚甲基（>CF_2）边缘基团。这两个信号区域之间存在一定程度的光谱重叠。在^{19}F光谱中，-85至-55ppm之间的微小信号归属于三氟甲基（-CF_3）。

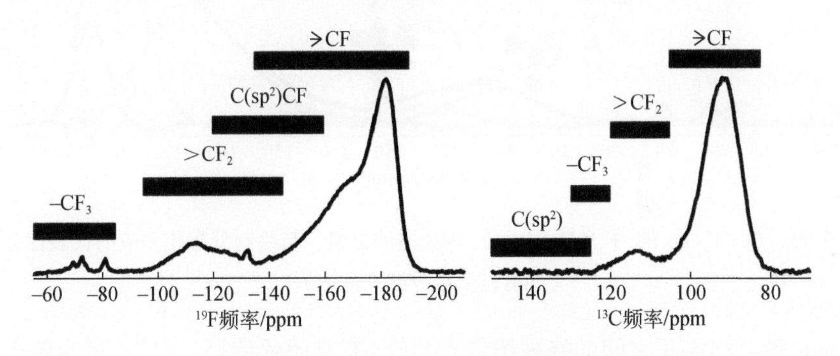

图6.22　^{19}F和^{13}C MAS NMR测试结果

MAS NMR具备微区结构分析的能力，固态核磁共振波谱可以对（CF）$_n$样品中存在的结构特征进行了定量概述。Zhong等通过将每个样本的^{19}F MAS中心带NMR谱约束分解为信号分量来实现此目的，如图6.23所示，所有样品的拟合效果都很好。主>CF峰值需要两个分量才能合理地拟合其低频边缘。次要成分的最大值为-185ppm（深蓝色），并被分配给高度有序的椅子>CF。只有该成分才可以合理地称为“结晶”。与次要成分相比，主要>CF峰的主要成分稍宽且稍微去屏蔽（青色，最大值接近-181ppm），与无序椅状“0型”>CF组的分布很好地匹配。只需两个信号分量即可对肩部特征和相关的高频尾部进行建模。>CF_2区域被分解为两个分布，分别清晰地解释为柔性>CF_2组（最大-125ppm）和刚性>CF_2组（最大-112ppm）[62]。

除了对样品中氟化碳结构的分析外，NMR还可作为F/C比的测试方法。具体来说，样品中F/C比的确定是通过定量^{13}C NMR：$F/C=(SCF+2\times SCF_2)/(SC+SCF_2+SCF)$，其中S是^{13}C NMR峰的积分强度。Zhong等通过NMR测定F/C比，图6.24（a）显示了在60kHz旋转频率下获得的^{19}F MAS NMR谱，其中^{19}F共振由三部分组成。位于-80ppm和-135ppm之间的共振峰属于CF_2基团的信号。位于-140ppm和-180ppm之间的共振峰被指定为半离子CF基团的信号，而位于

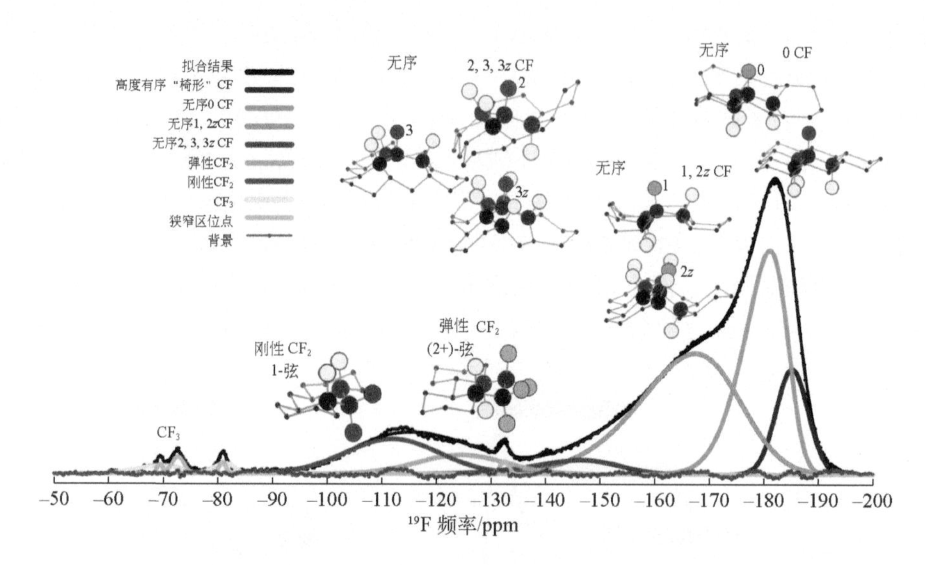

图 6.23　$(CF)_n$-PC 的^{19}F MAS 中心带 NMR 谱的分解。与绘制分布相对应的代表性分子环境显示在分解光谱上方

−185ppm和−189ppm 之间的峰被指定为共价 CF 基团的信号。对^{13}C 谱中各个峰进行积分，用积分面积作为 S 代入上述公式，即得出 F/C 比[63]。

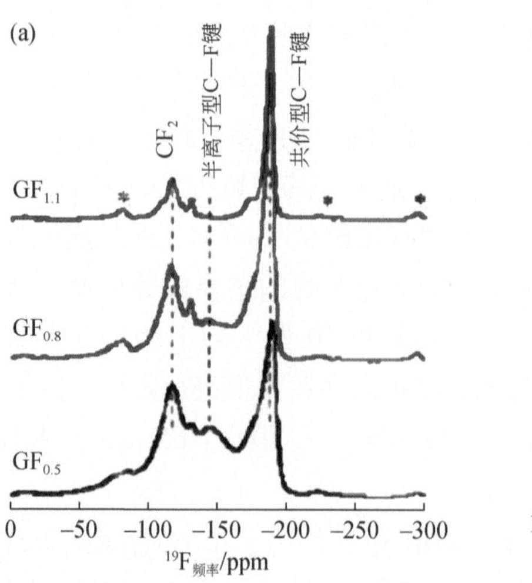

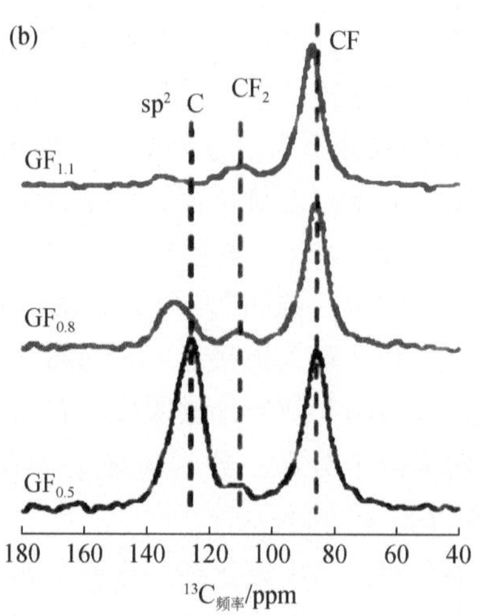

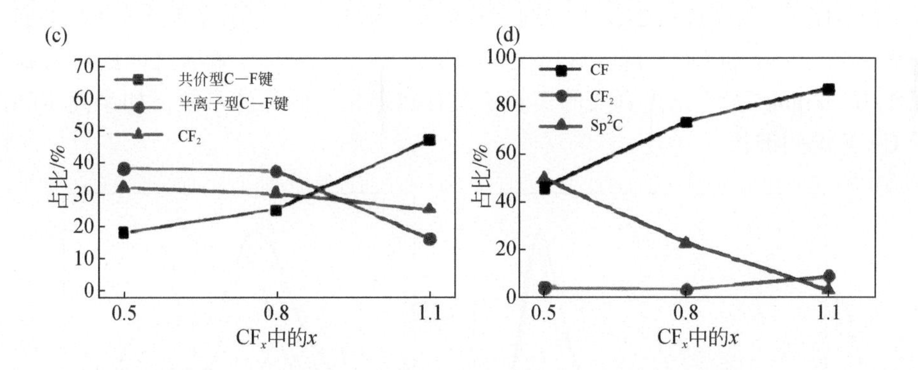

图6.24　(a)[19]F和(b)^{13}C MAS NMR谱分别在60kHz和12kHz的旋转频率下获得。星号表示旋转边带。(c)、(d)分别来自[19]F和[13]C NMR谱的具有不同键合特性的氟和碳的积分面积比例

6.2.2　X射线光电子能谱测试

X射线光电子能谱（XPS）是分析物质表面化学性质的一项技术。XPS可测量材料中元素组成、经验公式、元素化学态和电子态。详细来说，XPS就是用一束X射线激发固体表面，同时测量被分析材料表面1～10nm发射出电子的动能，而得到XPS谱。由于X射线激发源的能量较高，因此光电效应过程可以同时激发出原子多个轨道的光电子，在XPS谱图上会出现（属于同一个元素的）多组峰结构。

由于核外电子所处轨道不同，核外电子受到激发产生的谱图也不尽相同。处于s轨道的电子受到激发在XPS谱图表现为单峰；而p、d、f…轨道由于存在自旋-轨道耦合分裂效应则表现为双峰结构。除此之外，光电子激发过程终态不同，使电子结合能分布表现出不同行为，谱图中会存在振激振离峰、多重分裂峰，能量损失峰等。有不饱和侧链或不饱和骨架的聚合物，由于内层电离的$\Pi\rightarrow\Pi^*$跃迁，在XPS谱图中常表现出明显的振激伴峰。当原子或自由离子的价壳层拥有自旋未配对的电子，即当体系的总角动量不为零时，那么光致电离所形成的内壳层空位便将同价轨道未配对自旋电子发生耦合，使体系出现不止一个终态，相应于每个终态，在XPS谱图中将有一条谱线对应，进而形成多重分裂峰。当光电子离开样品表面的过程中，其可能于表面的其他电子相互作用而损失一定的能量，而在XPS低动能侧出现一些伴峰，即能量损失峰。

Wang等[64]报道了氟化碳的氟碳比随温度的变化，研究了XPS光谱的相应C 1s峰，结果表明在约289eV处的峰、在约291eV处的峰和在293eV处的峰，分别归属于CF_1、CF_2和CF_3（图6.25）。Lee等[65]报道了不同种类碳氟键的电子结合能，半离子C—F出现在287.0eV处，近共价C—F出现在288～289eV处，共

价 CF_2、CF_3一般出现在 292. 0 ~294. 05eV 处。同时，一些研究者认为 FG 平面上不存在多种类型的 C—F 键，这仅仅是由于不同芳香区与含氟区之间的超共轭相互作用。Frank 等[66] 指出真实的实验还没有确定相应的具体参数，如半离子和离子 C—F 键的键长。

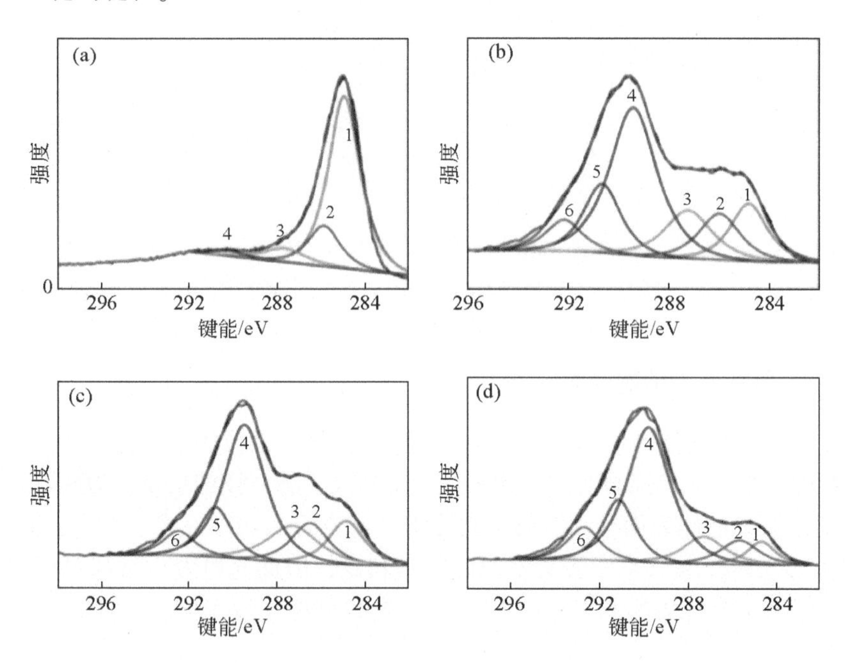

图 6. 25　石墨烯和氟化样品的 XPS C 1s 光谱的曲线拟合：(a) 石墨烯，(b) 180℃氟化，(c) 200℃氟化，(d) 210℃氟化

6. 2. 3　傅里叶变换红外光谱测试

傅里叶变换红外光谱（FTIR）仪主要由红外光源、光阑、干涉仪（分束器、动镜、定镜）、样品室、检测器以及各种红外反射镜、激光器、控制电路板和电源组成。可以对样品进行定性和定量分析，广泛应用于医药化工、地矿、石油、煤炭、环保、海关、宝石鉴定、刑侦鉴定等领域。工作原理是光源发出的光被分束器（类似半透半反镜）分为两束，一束经透射到达动镜，另一束经反射到达定镜。两束光分别经定镜和动镜反射再回到分束器，动镜以一恒定速度做直线运动，因而经分束器分束后的两束光形成光程差，产生干涉。干涉光在分束器会合后通过样品池，通过样品后含有样品信息的干涉光到达检测器，然后通过傅里叶变换对信号进行处理，最终得到透过率或吸光度随波数或波长的红外吸收光谱图。

Li 等在工作中以 Cr-MOF 为前驱体[67]，利用 F_2 直接氟化法开发了一种新型氟化碳。制备的样品不仅保持了 Cr-MOF 的形态，而且在氟化过程中还含有大量原位制造的纳米空穴。得益于纳米多孔结构的优势，在不同温度下氟化的样品在电流密度为 10mA/g 时能量密度最高，达到 2110.7Wh/kg；在电流密度为 3000mA/g 时功率密度最大，达到 6540W/kg。

图 6.26 的傅里叶变换红外光谱进一步研究了 F-CM 的化学结构。1100 ~ 1220cm^{-1}处的波段是 C—F 键的伸缩振动，其波段数与化学键的强度相关，通常红外波段数越高，共价程度越高。随着氟化温度的升高，F-CM 的 C—F 峰从 1196cm^{-1}明显蓝移到 1219cm^{-1}，这表明低温氟化样品（F-CM-250 和 F-CM-300）中的半共价 C—F 键较少，而高温氟化样品（F-CM-350）中的共价 C—F 键较多。1384cm^{-1}处的条带与 CF_2 基团有关，其强度变得更强，表明随着氟化温度的升高，CF_2 基团的数量也在增加。

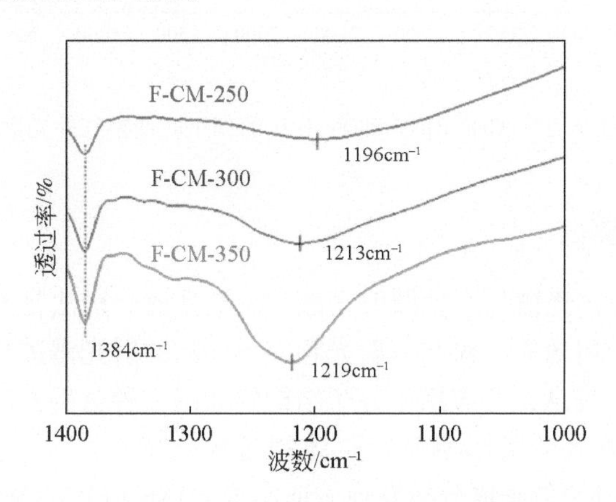

图 6.26 F-CM 的傅里叶变换红外光谱

Kong 等通过纳米级刻蚀、NH_3 处理和气相氟化，制备出具有导电 C—F 键的氟化蜂窝氮掺杂石墨烯（F-HNG）[68]。独特的孔隙为 Li^+ 的迁移提供了通畅的通道和存储场所，而电负性更强的 N 原子则进一步调节了碳骨架的电荷分布。F-HNG 具有双重优异的电化学性能，其最大能量密度为 2595.47Wh/kg，在 50C 的超高温条件下，功率密度达到了前所未有的 73.203kW/kg。

F-HNG 显示出一个以 1150 ~ 1212cm^{-1}为中心的重要波段，这是 CF_x 化合物 C—F 键的特征波段。随着氟化温度的降低，观察到共价 C—F 振动带发生了红移，这与强度降低有关。这一现象归因于在相对较低的氟化温度下形成了半离子 C—F 键。在 F-HNG 样品中，1385cm^{-1}附近观察到的频带是—CF_2 基团的特征信号，因为 HNG 中丰富的多孔缺陷有利于在石墨烯基面边缘形成全氟基团。由于 C—F 共价键的强度，随着氟化温度的升高，—CF_2 基团和共价 C—F 的组合达到峰值。

图 6.27 是 GO、HNG 和 F-HNG 的傅里叶变换红外光谱。

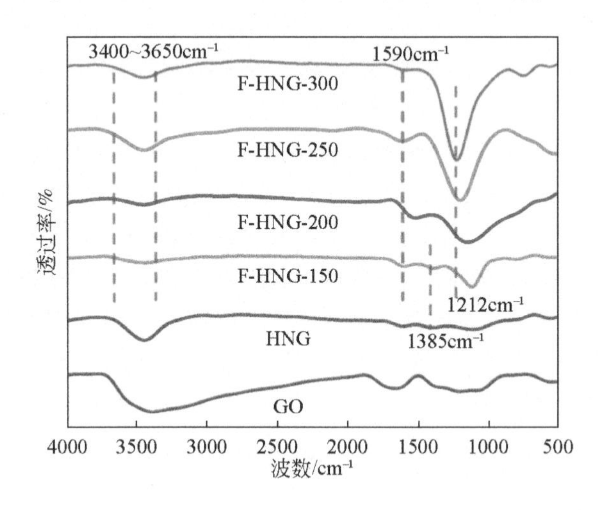

图 6.27　GO、HNG 和 F-HNG 的傅里叶变换红外光谱

6.2.4　拉曼光谱测试

拉曼（Raman）光谱是一种散射光谱。拉曼光谱分析法是基于印度科学家拉曼所发现的拉曼散射效应，对与入射光频率不同的散射光谱进行分析以得到分子振动、转动方面的信息，并应用于分子结构研究的一种分析方法。

Peng 利用夏威夷果壳作为炭前驱体制备氟化碳[69]，并命名为 cMNS 和 F-cMNS，对材料进行拉曼光谱分析发现，证实了 cMNS 和 F-cNMS 的无定形类似结构。如图 6.28 所示，在 cMNS 的光谱中，D 波段（缺陷诱导波段）峰值在 ~1348cm^{-1}处，G 波段（结晶石墨波段）峰值在 ~1589cm^{-1}处，这两个特征波段证实了 cNMS 的非晶结构。在 F-cMNS 的所有拉曼光谱中都观察到四个不同的波段。1345cm^{-1}附近的第一条带是特征 D 带，与原始 cMNS 相比，F-cMNS 的强度增强，这意味着氟化过程后无序性增加。1350cm^{-1}和 1500cm^{-1}之间的下一个波段被认为是无序诱导波段，因为在这一范围内没有 C—F 键的振动能量。随后在 1610cm^{-1}附近的波段是 CF_x 化合物特有的 G 波段，它是由于在纳米结晶相中电子从碳转移到氟的过程中，伴随着 C—C 键长度的收缩而产生的电荷密度再分布所引起。1700cm^{-1}附近的最后一个波段非常特别，因为在环境条件下很少能在 CF_x 化合物中观察到这个波段。在 F-cMNS 中，G 波段和 D 波段都向更高的频率移动，表明在高氟化石墨中，C—C 键的振动能量比传统氟石墨中的振动能量更强。

Li 利用氟化碳纳米管（FCNT）和石墨化碳纳米管（FGCNT）作为电极材

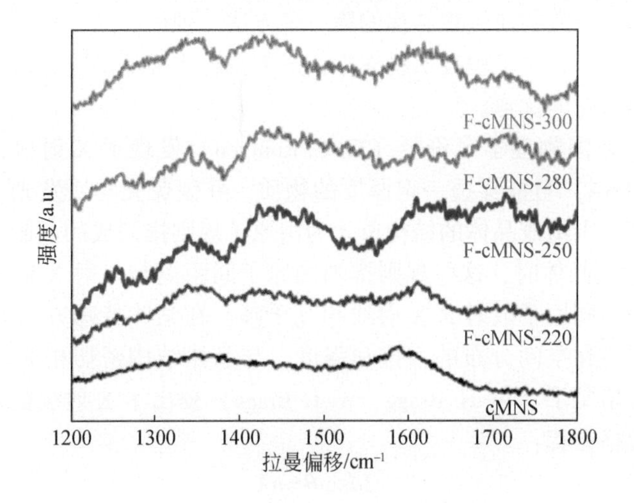

图 6.28　cMNS 和 F-cMNS 的拉曼光谱

料[70]，通过拉曼分析发现，在约 1330cm^{-1} 和 1590cm^{-1} 处检测到两个主要峰值，分别对应于 D 和 G 波段。与有序 sp^2 杂化键碳原子相对应的 G 波段来自 E_{2g} 区中心，而 D 波段则取决于材料的边缘、其他缺陷和无序碳原子。与 CNT 相比，GCNT 的 D 波段明显减弱，表明石墨化处理有效地消除了结构缺陷（图 6.29）。氟化后，I_D/I_G 比值明显增加，这表明氟原子的插层破坏了纳米管的原始结构。FGCNT-0.81 中微弱的 G 波段表明仍存在少量 sp^2 杂化键的碳原子［图 6.29（b）］。相比之下，FCNT-0.81 的曲线中 G 带和 D 带都消失了［图 6.29（a）］。

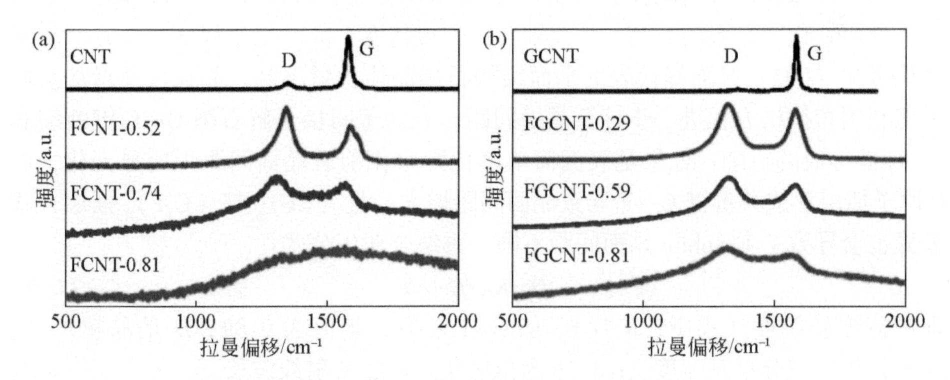

图 6.29　FCNT 和 FGCNT 的拉曼光谱

6.2.5　X 射线衍射测试

X 射线衍射（XRD）是物质结构分析中最有效和应用最广泛的手段，且 X

射线衍射是用来研究物质微观结构的第一种方法。现已渗透到物理、化学、地球科学、材料科学等各种工程技术科学中，成为一种重要的实验方法和结构分析手段，具有无损试样的优点。

1895 年，德国物理学家伦琴（W. C. Rontgen）发现了 X 射线，其波长很短（约为 20 ~ 0.06Å）且能穿透一定厚度的物质，并使荧光物质发光、照相乳胶感光、气体电离。因组成晶体的结构单元为由原子规则排列成的晶胞，故当一束单色 X 射线入射到晶体时，这些规则排列的原子间距离与入射 X 射线波长有相同数量级，故由不同原子散射的 X 射线相互干涉，在某些特殊方向上产生强 X 射线衍射，衍射线在空间分布的方位和强度，与晶体结构密切相关。1913 年英国物理学家布拉格父子（W. H. Bragg，W. L. Bragg）提出了 X 射线衍射分析的根本依据——布拉格方程：

$$2d\sin\theta = n\lambda \tag{6.5}$$

式中，d 代表晶面间距；n 代表反射级数；θ 代表掠射角；λ 是 X 射线的波长。在具体衍射分析中，将一束单色 X 射线照射在多晶样品上，X 射线管和探测器以相同角速度绕测角仪圆轴线相向旋转，当入射线与平行于样品表面的某一指数晶面之间的夹角满足布拉格方程时，即可产生衍射。用探测器接收衍射信号并累计其强度。随着衍射角从低角至高角增大，探测器逐个接收不同角度下不同晶面的衍射线，记录得到衍射数据和衍射谱线，即可用以进行物相鉴定和晶体结构的研究。峰面积与晶体含量正相关，峰宽度与晶粒尺寸负相关。

陈彦芳[71]对石墨氟化前后进行 XRD 表征并得到图 6.30。由图 6.30 可知，石墨氟化后除保留（002）与（004）晶面峰外出现了新的（001）、（100）晶面峰，说明氟化后石墨的 a 与 c 晶面轴向排列规整度下降。根据峰面积及宽窄程度变化可知（002）晶面峰代表的平面结构石墨晶体含量下降，晶粒尺寸增加。同时能利用布拉格方程进一步计算晶面间距，有助于间接了解石墨 C—C 键断裂和 F—C 键形成的机理：如果是表面简单氟化则氟化前后晶面间距无明显变化，而 F 原子插层形成共价键 C—F 导致晶面间距增大。且 $(CF)_n$ 与 $(C_2F)_n$ 插层方式差异也会导致 F-Graphite 晶面间距不同。再结合谢乐公式：

$$D = K\lambda/\beta\cos\theta \tag{6.6}$$

即可估算晶粒度。式中，K 代表 Scherrer 常数，其值为 0.89；D 是晶粒尺寸，nm；β 代表积分半高宽度，rad；θ 为衍射角；λ 是 X 射线波长。

Groult 等[72]采用电沉积法将聚吡咯（PPy）在商业 CF_x 粉末上进行电沉积，显著提高了可实现的高放电电流和高能量密度。他们对比了 $CF_{0.65}$ 和 PPy-$CF_{0.65}$ 的 XRD 图像，二者在 $2\theta \approx 14°$、30°、41°和 75°左右均显示出与氟化相对应的宽峰，但没有显示出与 PPy 存在相关的任何峰，且衍射峰的位置和形状没有变化，间接说明电沉积 PPy 层较薄，不会影响粒子核心。

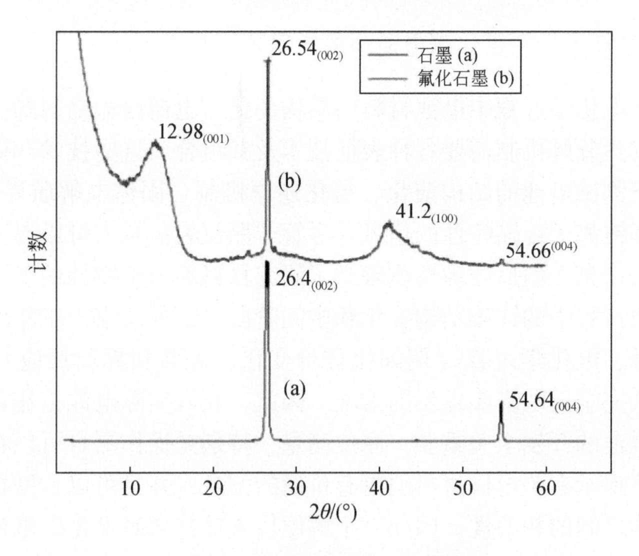

图 6.30 氟化碳与石墨 XRD 图谱

Chen 等[73]研究了氟化多壁碳纳米管（F-MWCNTs）的电化学性能。其为高纯石墨化多壁碳纳米管氟化处理后获得的一种核壳结构（氟碳原子比 C/F=1∶1）。图 6.31 为多壁碳纳米管氟化前后的 X 射线衍射（XRD）对比谱图。多壁碳纳米管在 26.5°和 42.52°呈现分别对应（002）晶面和（100）晶面的特征衍射峰。对比可知，未氟化的 MWCNTs 在（002）晶面 26.5°具有较高、尖锐的石墨峰，表明了多壁碳纳米管具有极高的结晶度；氟化后的该石墨峰强度明显降低，表明氟化反应较大地破坏了碳纳米管的碳原子有序排列结构。

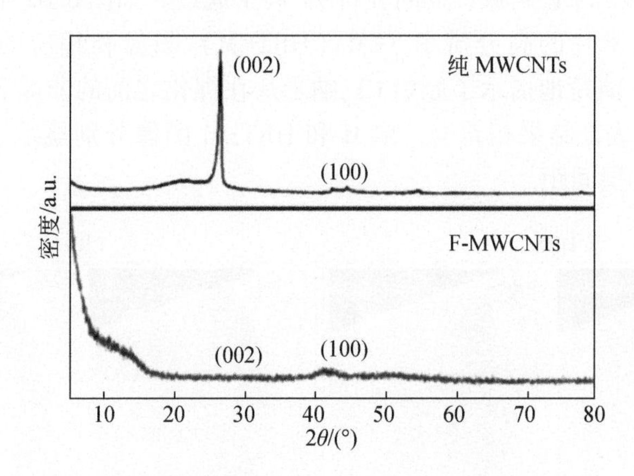

图 6.31 多壁碳纳米管氟化前后对比的 XRD 对比谱图

6.2.6 原位表征方法在氟化碳电池中的应用

深入了解电化学过程中电池材料的结构变化与电池性能之间的关系和多尺度加热过程中的热分解机制需要各种表征技术及其组合。这些技术和研究提供了有关操作条件下测试电池的结构演化、氧化还原机制、固体电解质界面（SEI）形成、副反应和锂离子传输特性的信息。尽管非原位表征技术可以提供有关电池材料的有价值的信息，但后处理性质限制了研究材料动力学特性的能力，例如充放电循环和加热过程中的详细结构变化和中间阶段。此外，由于工作电极对空气和水分的敏感性，电化学过程（例如化合价变化、表面和界面反应）的异位测量结果可能无法完全反映真实发生的情况。因此，获取实际电池工作条件下的信息对于锂离子电池的开发至关重要。原位测量，特别是操作测量可以在不拆卸测试电池的情况下揭示有关电极材料的更有价值的信息，并且可以帮助探索结构特性和电化学性能之间的相关性。因此，了解原位表征技术对氟化碳电池的研究和进一步优化具有重要意义。

其实，锂离子电池的各类原位表征技术都可以用于研究氟化碳电池，比如原位 TEM，拉曼，红外与基于同步加速器的 XRD、XAS、硬 X 射线显微镜、NMR、SEM，以及电化学和机械降解的可视化和量化。目前，原位测试技术主要用于解析氟化碳电池电化学动力学过程。例如 Wang 等通过原位 TEM 技术解析对比锂氟化碳电池与钠氟化碳电池过程的不同[74]。具体来说，采用全固态开孔的装置，以选定的单个 CF_x 纳米片（固定在金尖端上）作为工作电极，块状锂金属（固定在钨尖端上）作为对电极，以及在锂金属上自然生长的薄 Li_2O 层作为固态电解质，隔离 Li 阳极和 CF_x 阴极，同时允许 Li^+ 离子通过。如图 6.32（d）、(e）所示是探测的 CF_x 纳米片的高分辨率 TEM（HRTEM）图像和相应的选区电子衍射（SAED）图案，清楚地揭示了原始 CF_x 纳米片在锂化之前的非晶态，与之前报道的 CF_x 化合物的表征结果相符合。SEM 和 HRTEM 图像分别显示了 CF_x 纳米片的层状堆叠结构和层间距。

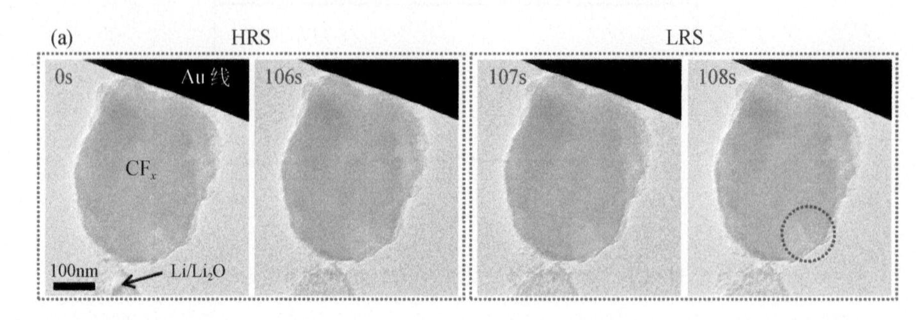

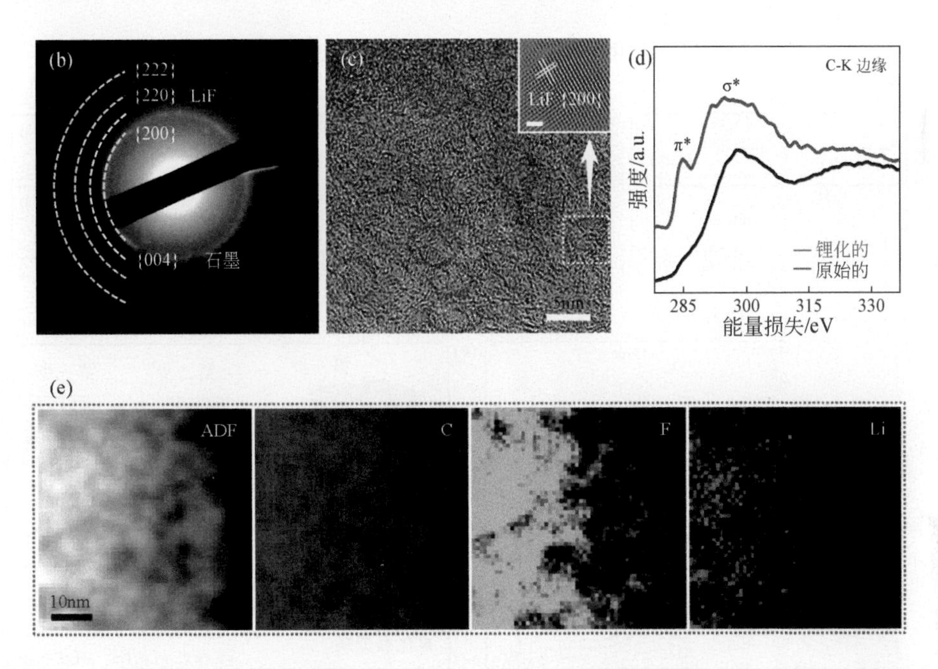

图6.32　实时监控 CF_x 的转化过程。(a) 一系列延时 TEM 图像，显示了 CF_x 纳米片在相应锂化时间的不同锂化阶段。(b) (a) 中红色虚线圆圈标记区域的 SAED 图案，在锂化实验后拍摄。(c) 锂化 CF_x 纳米片的 HRTEM 图像，其中 LiF 纳米颗粒用红色虚线椭圆标记。插图显示了某种 LiF 纳米颗粒的放大图（比例尺为 1nm）。(d) 原始和完全锂化的 CF_x 纳米片的 C—K 边缘的 EELS 结果。(e) 一片完全锂化的 CF_x 纳米片的 ADF-STEM 图像以及相应的 STEM-EELS 映射，显示 C（红色）、F（绿色）和 Li（橙色）分布

Li 等采用原位拉曼以研究放电反应过程中氟化石墨烯的结构演变[75]。考虑到其较低的荧光效应和较高的电导率，在 FG-x 样品中选择了 FG-0.5。放电之前，分别在 ~1345cm^{-1}和 ~1596cm^{-1}处观察到原始 D 带和 G 带。放电曲线和响应拉曼光谱为图 6.33（d）中不同颜色表示的三个阶段：初始电压延迟、电压高于 2.0V、电压快速下降。在第一阶段，D 带和 G 带的位置没有变化，但强度逐渐减弱，这是因为 Li 在初始阶段仅与 FG-0.5 表面的 F 原子发生反应，氟化石墨烯层几乎不带电，诱导出单个不带电的 G 带。在第二阶段，G 带分裂［图 6.33（d）］，出现了一个新特征峰，即 ~1605cm^{-1}处的带电 G 带，因为 Li 开始插入氟化石墨烯层，并且插入相邻的层上的电荷密度增加。然后，I_D/I_G在第二阶段缓慢增加，表明随着从 sp^3杂化氟化相到部分 sp^2杂化碳的转化反应，层的长程有序性丧失。最后，I_D/I_G值变得稳定，表明材料结构已经稳定。金属离子首先与表面的 C—F 键发生反应，然后逐渐嵌入氟化石墨烯层中并与内部的 C—F 键发生反应，伴随着脱氟区域由外向内的扩散，最终完成从 CF_x到无定形碳和氟化物晶体。

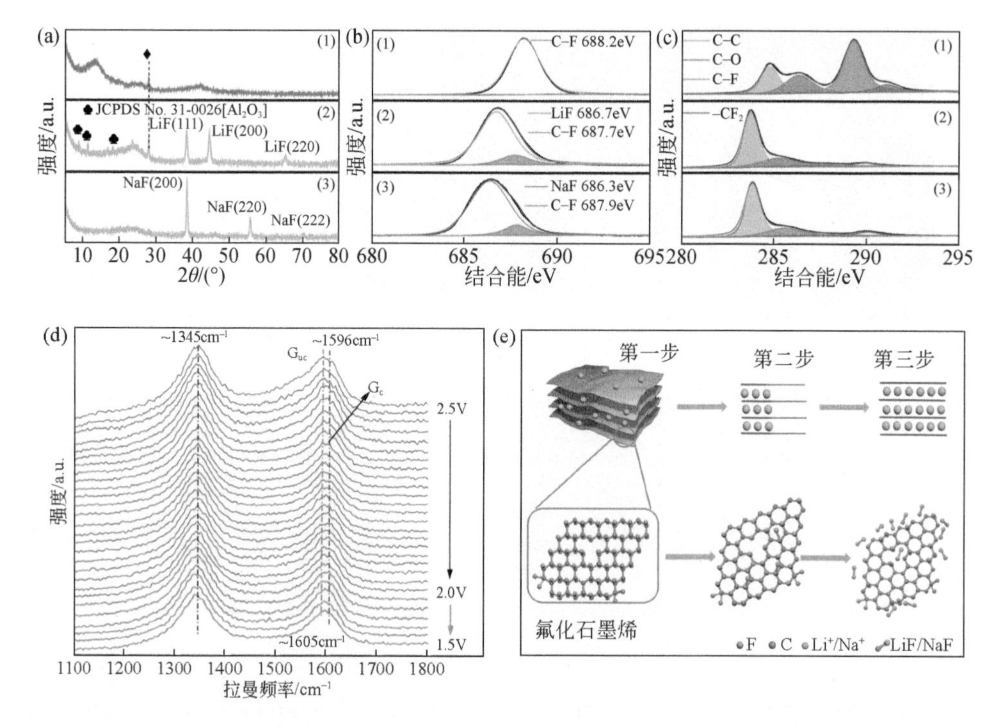

图 6.33　FG-x 与金属离子的放电反应机理：(a) 原始 FG-0.5 电极的异位 XRD 图案，在 LPB 和 SPB 中以 100mA/g 放电；(b) 原始 FG-0.5 的 F 1s 和 (c) C 1s 光谱，LPB 和 SPB 中的放电光谱；(d) FG-0.5 在 100mA/g 放电期间测试的原位拉曼光谱；(e) 表示放电机制的示意图，其中灰线和蓝线分别表示未反应和反应的氟化石墨烯层

原位 FTIR 监测 Li/CF_x电池的放电过程并记录电解液成分的稳定性[76]，如 Li 等用原位 FTIR 测试电解液添加剂的作用[77]。无添加剂的 Li/CF_x电池在 0.1C 下的放电曲线和相应的 CF_x正极的原位 FTIR 光谱分别如图 6.34 (a) ~ (c) 所示。图 6.34 (b) 中 700 ~ 850cm^{-1}处无法观察到源自 $TFSI^-$官能团的峰，表明 Li^+溶剂化结构中的 $TFSI^-$在 Li/CF_x 电池的放电过程中已分解。图 6.34 (e) 中的原位 FTIR 光谱和图 (d) 中的 C_5F_5N Li/CF_x 电池的放电曲线在 742cm^{-1}、764cm^{-1}和 792cm^{-1}处显示峰值，归因于—CF_3对称弯曲、S—N—S 和 C—$TFSI^-$分别为 S 对称的伸缩振动，峰值强度随放电深度变化不明显。图 6.34 (f) 中 1130cm^{-1}、1184cm^{-1}和 1234cm^{-1}处的峰分别是由—SO_2的对称拉伸、—CF_3的不对称拉伸和 $TFSI^-$的对称拉伸产生的。这些结果表明，电解液中引入 C_5F_5N 添加剂可以有效抑制副反应并稳定电解液组分。

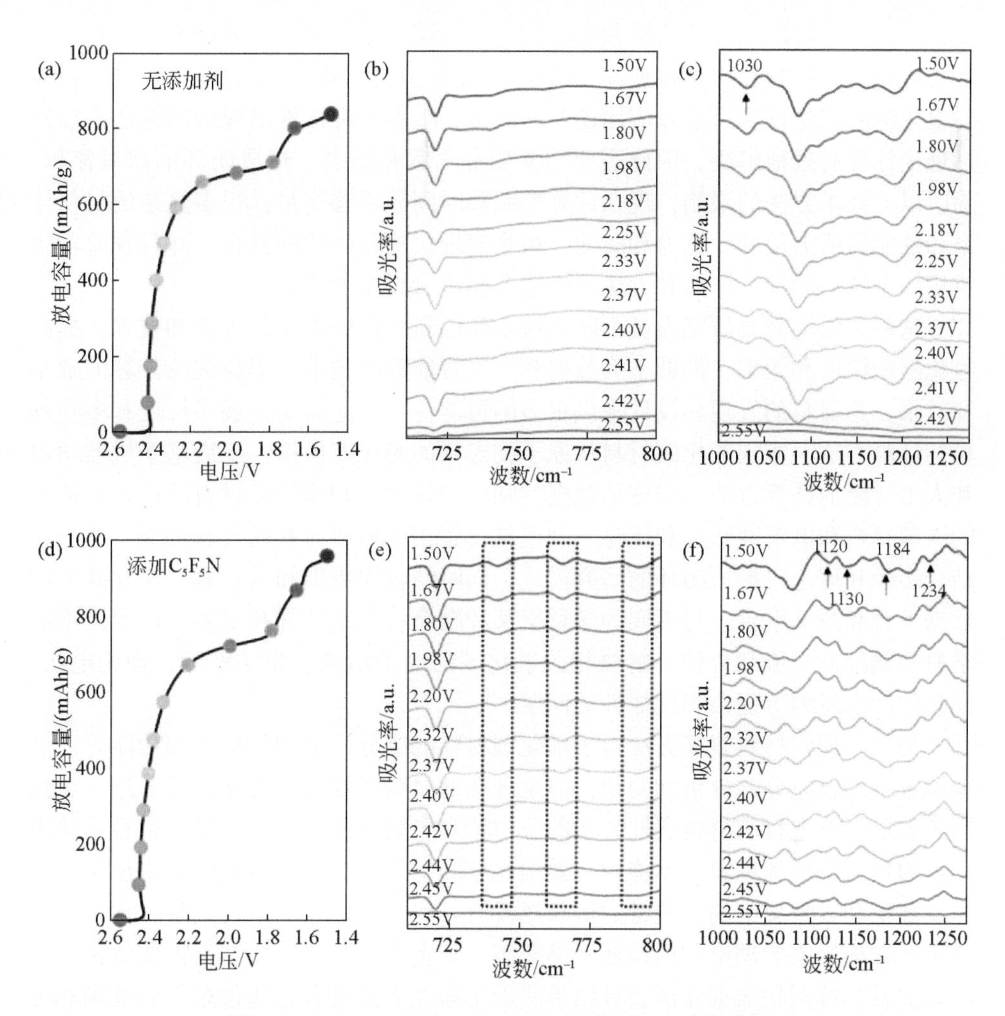

图 6.34　Li/CF_x 电池（a）~（c）不含 C_5F_5N 添加剂和（d）~（f）含有 C_5F_5N 添加剂的放电深度曲线和原位 FTIR 光谱

6.3　总结和展望

利用计算机模拟和设计氟化碳结构且预测其所表现出的宏观性能在工程领域有重要的应用和价值。但是，目前关于氟化碳的理论计算也面临众多的挑战和瓶颈，首先材料计算的基础理论还不够完善，很多问题需要依赖于近似和假设，导致计算结果的精度和可靠性受到限制；此外材料计算的尺度和范围也较为宽泛，不同的材料体系和性能需要不同的计算方法和模型，很难形成统一的标准和规范；而且材料的理论计算结果和实验数据还不够一致，很多计算预测的材料性质和实际观测的材料性质存在差异，需要实验和理论相结合，进行验证和修正；最后氟化碳的理论计算需求和应用还不够成熟，很多宏观器件出现的问题还不能通过理论计算有效地解决，因此需要与实验和工程相结合，形成闭环的研发流程。除了以上技术方法的限制，现在计算资源和时间还不够充足，很多复杂的材料体系和性能需要大量的计算力和时间，很难实现快速和高效的计算，并且现阶段很难用一个统一的计算框架和方法来描述和模拟所设定的体系。

这些局限性需要研究人员不断地探索和创新，借助于新的理论和技术，提高氟化碳的精度和效率，借助于大数据和人工智能等新技术，提高理论计算的效率和效果，为材料的发现和设计提供更多的可能性。因此需要发展多尺度和多物理场的计算方法，实现氟化碳材料从原子到宏观的跨尺度模拟；发展基于机器学习和人工智能的计算方法，实现从数据到知识的转化；利用计算材料学进行高通量的碳源材料和电解液筛选和优化，加速氟化碳相关材料体系研发和创新；充分地结合实验和理论，形成闭环的研究模式，同时结合大数据和云计算，构建共享的数据平台和测试平台，与不同的学科交叉和融合将不断加强和发展，以促进不同学科和领域的交流和合作，解决相关氟化碳的电子结构、化学键能、理论电压、锂化的动态过程等复杂和挑战性的问题。

另外，现代材料表征方法对于氟化碳材料的成分、结构、性能和功能等已经能够进行比较充分的分析和测量，但是现在的材料表征方法也存在需要进一步提高的需求。首先目前材料表征方法的分辨率和灵敏度还不够高，很多微观和纳米尺度的材料特征和现象还不能被有效地观察和探测，特别对于氟化碳中位于不同化学环境和碳骨架中的氟碳键的键长还没有可靠的表征手段进行测量；现有的材料表征方法相关的理论和模型还不够完善，很多分析和测试的结果需要依赖于经验和假设，特别是根据光谱表针结果所确定氟化碳的键合方式很难得到准确和可靠的解释和预测；先进的原位测试方法的仪器和设备往往复杂和昂贵，需要专业的操作和维护，并且测试的信号和数据往往受到多种因素的干扰和影响，需要复杂的处理和分析，不易于直观和准确地解释和预测，而且原位观测氟化碳电极的电化学反应过程测试的条件和参数往往受到仪器和技术的限制，不能完全模拟实际的电化学工作环境，因此对于氟化碳电极的电化学反应过程还需要进一步的深入。

未来需要更加先进的材料表征技术对氟化碳的结构和反应机理进行分析，这需要材料表征技术的分辨率和灵敏度不断提高，以实现对氟化碳微观甚至纳米尺度的材料特征和现象的有效观察和探测，比如同步辐射光源、散裂中子源、原位透射电镜等大科学装置和技术，实现对氟化碳材料和电极的多维多尺度高通量表征；不断完善先进材料表征技术的理论和模型以实现对氟化碳材料和电极的更加准确和可靠的解释和预测，利用数据驱动和物理驱动相结合的方法，建立材料的微观结构和宏观性能的映射关系，揭示氟化碳材料的设计原理和电极工作机理；不断加强先进材料表征技术的交叉和融合以实现对材料的多角度和全方位的表征，利用多种表征方法和技术相结合，形成氟化碳材料和电极的多模态、多参数、多功能的综合表征，提高材料的信息含量和应用价值；最后先进材料表征技术的成本和效率还需要不断地降低，以实现对氟化碳材料和电极的快速和高效的分析和测试，并利用机器学习和人工智能等新技术，实现对测试数据的智能处理和分析，提高表征的精度和效果。总之，先进材料表征技术为氟化碳材料的设计和电极反应机理提供强大的支撑和推动。

参考文献

[1] He Q, Yu B, Li Z, et al. Density functional theory for battery materials [J]. Energy & Environmental Materials, 2019, 2 (4): 264.

[2] Gallagher K G, Nelson P A, Dees D W. Simplified calculation of the area specific impedance for battery design [J]. Journal of Power Sources, 2011, 196 (4): 2289.

[3] Perdew J P, Burke K, Ernzerhof M. Generalized gradient approximation made simple [J]. Physical Review Letters, 1996, 77 (18): 3865.

[4] Blöchl P E. Projector augmented- wave method [J]. Physical Review B, 1994, 50 (24): 17953.

[5] Chadi D J. Special points for Brillouin- zone integrations [J]. Physical Review B, 1977, 16 (4): 1746.

[6] Hu C, Gong L, Xiao Y, et al. High-performance, long-life, rechargeable Li-CO_2 batteries based on a 3D holey graphene cathode implanted with single iron atoms [J]. Advanced Materials, 2020, 32 (16): 1907436.

[7] Cao W, Zhang J, Li H. Batteries with high theoretical energy densities [J]. Energy Storage Materials, 2020, 26: 45. 55.

[8] Karplus M, Petsko G A. Molecular dynamics simulations in biology [J]. Nature, 1990, 347 (6294): 631.

[9] Sun Y, Yang T, Ji H, et al. Boosting the optimization of lithium metal batteries by molecular dynamics simulations: a perspective [J]. Advanced Energy Materials, 2020, 10 (41): 2002373.

[10] Alder B J, Wainwright T E. Studies in molecular dynamics. II. behavior of a small number of elastic spheres [J]. The Journal of Chemical Physics, 1959, 31 (2): 459.

[11] Novoselov K S. Reviews of modern physics [J]. Reviews of Modern Physics, 2011, 83 (3): 837.

[12] Elias D C, Nair R R, Mohiuddin T M G, et al. Control of graphene's properties by reversible hydrogenation: evidence for graphane [J]. Science, 2009, 323 (5914): 610.

[13] Charlier J C, Gonze X, Michenaud J P. First-principles study of graphite monofluoride $(CF)_n$ [J]. Physical Review B, 1993, 47 (24): 16162.

[14] Sato Y, Itoh K, Hagiwara R, et al. On the so-called "semi-ionic" C—F bond character in fluorine-GIC [J]. Carbon, 2004, 42 (15): 3243.

[15] Hamwi A, Daoud M, Cousseins J C. Graphite fluorides prepared at room temperature 1. synthesis and characterization [J]. Synthetic Metals, 1988, 26 (1): 89.

[16] Panich A M. Nuclear magnetic resonance study of fluorine-graphite intercalation compounds and graphite fluorides [J]. Synthetic Metals, 1999, 100 (2): 169.

[17] Geim A K, Novoselov K S. The rise of graphene [J]. Nature Materials, 2007, 6 (3): 183.

[18] Berger C, Song Z, Li X, et al. Electronic confinement and coherence in patterned epitaxial graphene [J]. Science, 2006, 312 (5777): 1191.

[19] Katsnelson M I, Novoselov K S, Geim A K. Chiral tunnelling and the Klein paradox in graphene [J]. Nature Physics, 2006, 2 (9): 620.

[20] Şahin H, Topsakal M, Ciraci S. Structures of fluorinated graphene and their signatures [J]. Physical Review B, 2011, 83 (11): 115432.

[21] Dikin D A, Stankovich S, Zimney E J, et al. Preparation and characterization of graphene oxide paper [J]. Nature, 2007, 448 (7152): 457.

[22] Elias D C, Nair R R, Mohiuddin T M G, et al. Control of graphene's properties by reversible hydrogenation: evidence for graphane [J]. Science, 2009, 323 (5914): 610.

[23] Boukhvalov D W, Katsnelson M I, Lichtenstein A I. Hydrogen on graphene: electronic structure, total energy, structural distortions and magnetism from first-principles calculations [J]. Physical Review B, 2008, 77 (3): 035427.

[24] Şahin H, Ataca C, Ciraci S. Magnetization of graphane by dehydrogenation [J]. Applied Physics Letters, 2009, 95 (22): 222510.

[25] Şahin H, Ataca C, Ciraci S. Electronic and magnetic properties of graphane nanoribbons [J]. Physical Review B, 2010, 81 (20): 205417.

[26] Topsakal M, Cahangirov S, Ciraci S. The response of mechanical and electronic properties of graphane to the elastic strain [J]. Applied Physics Letters, 2010, 96 (9): 091912.

[27] Charlier J C, Gonze X, Michenaud J P. The response of mechanical and electronic properties of graphane to the elastic strain [J]. Physical Review B, 1993, 47 (24): 16162.

[28] Takagi Y, Kusakabe K. Transition from direct band gap to indirect band gap in fluorinated carbon [J]. Physical Review B, 2002, 65 (12): 121103.

[29] Boukhvalov D W. Stable antiferromagnetic graphone [J]. Physica E: Low-dimensional Systems and Nanostructures, 2010, 43 (1): 199.

[30] Cheng S H, Zou K, Okino F, et al. Reversible fluorination of graphene: evidence of a two-dimensional wide bandgap semiconductor [J]. Physical Review B, 2010, 81 (20): 205435.

[31] Robinson J T, Burgess J S, Junkermeier C E, et al. Properties of fluorinated graphene films [J]. Nano Letters, 2010, 10 (8): 3001.

[32] Watanabe N, Nakajima T, Touhara H. Graphite fluorides, in studies in organic chemistry [M]. Amsterdam: Elsevier, 2013.

[33] Watanabe N, Nakajima T. Graphite fluorides and carbon-fluoride compounds [M]. Boca Raton, FL: CRC Press, 1991.

[34] Carter R, Oakes L, Cohn A P, et al. Solution assembled single-walled carbon nanotube foams: superior performance in supercapacitors, lithium-ion, and lithium-air batteries [J]. The Journal of Physical Chemistry C, 2014, 118 (35): 20137-20151.

[35] Yuan W, Zhang Y, Cheng L, et al. The applications of carbon nanotubes and graphene in advanced rechargeable lithium batteries [J]. Journal of Materials Chemistry A, 2016, 4 (23): 8932-8951.

[36] Nakajima T. Fluorine compounds as energy conversion materials [J]. Journal of Fluorine Chemistry, 2013, 149: 104.

[37] Von Aspern N, Röschenthaler G V, Winter M, et al. Fluorine and lithium: ideal partners for high-performance rechargeable battery electrolytes [J]. Angewandte Chemie International Edition, 2019, 58 (45): 15978.

[38] Liu C, Neale Z G, Cao G. Understanding electrochemical potentials of cathode materials in rechargeable batteries [J]. Materials Today, 2016, 19 (2): 109.

[39] Nakajima T. Lithium-graphite fluoride battery—history and fundamentals, in new fluorinated carbons: fundamentals and applications [M]. Boston: Elsevier, 2017.

[40] Ueno K, Watanabe N, Nakajima T. Thermodynamic studies of discharge reaction of graphite fluoride-lithium battery [J]. Journal of Fluorine Chemistry, 1982, 19 (3-6): 323.

[41] Watanabe N, Hagiwara R, Nakajima T, et al. Solvents effects on electrochemical characteristics of graphite fluoride—lithium batteries [J]. Electrochimica Acta, 1982, 27 (11): 1615.

[42] Watanabe N, Nakajima T, Hagiwara R. Discharge reaction and overpotential of the graphite fluoride cathode in a nonaqueous lithium cell [J]. Journal of Power Sources, 1987, 20 (1-2): 87.

[43] Touhara H, Fujimoto H, Watanabe N, et al. Discharge reaction mechanism in graphite fluoride-lithium batteries [J]. Solid State Ionics, 1984, 14 (2): 163.

[44] Watanabe N, Hagiwara R, Nakajima T. On the relation between the overpotentials and structures of graphite fluoride electrode in nonaqueous lithium cell [J]. Journal of the Electrochemical Society, 1984, 131 (9): 1980.

[45] Naga K, Ohzawa Y, Nakajima T. Electrochemical reactions of surface-fluorinated petroleum coke electrodes in organic solvents [J]. Electrochimica Acta, 2006, 51 (19): 4003.

[46] Hagiwara R, Nakajima T, Watanabe N. Kinetic study of discharge reaction of lithium-graphite fluoride cell [J]. Journal of the Electrochemical Society, 1988, 135 (9): 2128.

[47] Lee J H, Koon G K W, Shin D W, et al. Property control of graphene by employing "semi-ionic" liquid fluorination [J]. Advanced Functional Materials, 2013, 23 (26): 3329.

[48] Hagiwara R, Nakajima T, Nogawa K, et al. Properties and initial discharge behaviour of

graphite fluorides decomposed under chlorine [J]. Journal of applied electrochemistry, 1986, 16: 223.

[49] Klein B P, Harman S E, Ruppenthal L, et al. Enhanced bonding of pentagon-heptagon defects in graphene to metal surfaces: insights from the adsorption of azulene and naphthalene to Pt (Ⅲ) [J]. Chemistry of Materials, 2020, 32 (3): 1041.

[50] Raupach M, Tonner R. A periodic energy decomposition analysis method for the investigation of chemical bonding in extended systems [J]. The Journal of Chemical Physics, 2015, 142 (19): 194105.

[51] Graham D C, Cavell K J, Yates B F. Oxidative addition of 2-substituted azolium salts to group-10 metal zero complexes—a DFT study [J]. Dalton Transactions, 2007 (41): 4650.

[52] Fan R, Yang B, Li Z, et al. First-principles study of the adsorption behaviors of Li atoms and LiF on the CF_x (x=1.0, 0.9, 0.8, 0.5, ~0.0) surface [J]. RSC Advances, 2020, 10 (53): 31881-31888.

[53] Petr M, Jakubec P, Ranc V, et al. Thermally reduced fluorographenes as efficient electrode materials for supercapacitors [J]. Nanoscale, 2019, 11 (44): 21364.

[54] Leenaerts O, Peelaers H, Hernández- Nieves A D, et al. First- principles investigation of graphene fluoride and graphane [J]. Physical Review B, 2010, 82 (19): 195436.

[55] Han S S, Yu T H, Merinov B V, et al. Unraveling structural models of graphite fluorides by density functional theory calculations [J]. Chemistry of Materials, 2010, 22 (6): 2142.

[56] Nieto K, Walder B J, Alam T M. Impact of disorder and defects on bond energies in highly fluorinated graphene [J]. The Journal of Physical Chemistry C, 2023, 127 (22): 10709-10719.

[57] Yang C K. A metallic graphene layer adsorbed with lithium [J]. Applied Physics Letters, 2009, 94 (16): 163115.

[58] Rao F, Wang Z, Xu B, et al. First-principles study of lithium and sodium atoms intercalation in fluorinated graphite [J]. Engineering, 2015, 1 (2): 243.

[59] Zhao Y, Liu M, Deng X, et al. Nitrogen- functionalized microporous carbon nanoparticles for high performance supercapacitor electrode [J]. Electrochimica Acta, 2015, 153: 448.

[60] Santos R B, Rivelino R, de B Mota F, et al. Exploring hydrogenation and fluorination in curved 2D carbon systems: a density functional theory study on corannulene [J]. The Journal of Physical Chemistry A, 2012, 116 (36): 9080.

[61] 黎兵，增广根. 现代材料分析技术 [M]. 成都：四川大学出版社，2017.

[62] Walder B J, Alam T M. Modes ofdisorder in poly (carbon monofluoride) [J]. Journal of the American Chemical Society, 2021, 143 (30): 11714.

[63] Zhong G, Chen H, Cheng Y, et al. Insights into the lithiation mechanism of CF_x by a joint high-resolution ^{19}F NMR, *in situ* TEM and ^{7}Li NMR approach [J]. Journal of Materials Chemistry A, 2019, 7 (34): 19793.

[64] Wang X, Dai Y, Wang W, et al. Fluorographene with high fluorine/carbon ratio: a nanofiller

for preparing low-κ polyimide hybrid films [J]. ACS Applied Materials & Interfaces, 2014, 6 (18): 16182.

[65] Lee Y S. Syntheses and properties of fluorinated carbon materials [J]. Journal of Fluorine Chemistry, 2007, 128 (4): 392.

[66] Ek Weis J, Costa S D, Frank O, et al. Fluorination of isotopically labeled turbostratic and bernal stacked bilayer graphene [J]. Chemistry-A European Journal, 2015, 21 (3): 1081.

[67] Li X, Zhang H, Liu C, et al. A MOF-derived multifunctional nano-porous fluorinated carbon for high performance lithium/fluorinated carbon primary batteries [J]. Microporous and Mesoporous Materials, 2021, 310: 110650.

[68] Kong L, Li Y, Peng C, et al. Defective nano-structure regulating CF bond for lithium/fluorinated carbon batteries with dual high-performance [J]. Nano Energy, 2022, 104: 107905.

[69] Peng C, Li Y, Yao F, et al. Ultrahigh-energy-density fluorinated calcinated macadamia nut shell cathodes for lithium/fluorinated carbon batteries [J]. Carbon, 2019, 153: 783-791.

[70] Li Y, Wu X, Liu C, et al. Fluorinated multi-walled carbon nanotubes as cathode materials of lithium and sodium primary batteries: effect of graphitization of carbon nanotubes [J]. Journal of Materials Chemistry A, 2019, 7 (12): 7128.

[71] 陈彦芳. 氟化碳材料制备及其锂电池应用研究 [D]. 天津: 天津大学, 2012.

[72] Groult H, Julien C M, Bahloul A, et al. Improvements of the electrochemical features of graphite fluorides in primary lithium battery by electrodeposition of polypyrrole [J]. Electrochemistry Communications, 2011, 13 (10): 1074.

[73] Chen L, Sun X, Qiu Z, et al. Fluorinated multiwall carbon nanotubes for high rate lithium ion primary batteries [J]. New Carbon Materials, 2018, 33 (4): 324.

[74] Wang J, Sun M, Liu Y, et al. Towards highly efficient solar-driven interfacial evaporation for desalination [J]. Journal of Materials Chemistry A, 2020, 8 (12): 6105. 11.

[75] Li Y Y, Liu C, Chen L, et al. Multi-layered fluorinated graphene cathode materials for lithium and sodium primary batteries [J]. Rare Metals, 2023, 42 (3): 940.

[76] Fang Z, Yang Y, Zheng T, et al. An all-climate CF_x/Li battery with mechanism-guided electrolyte [J]. Energy Storage Materials, 2021, 42: 477.

[77] Li P, Cheng Z, Liu J, et al. Solvation structure tuning induces LiF/Li_3N-Rich CEI and SEI interfaces for superior Li/CF_x batteries [J]. Small, 2023, 19 (49): 2303149.

第7章　锂氟化碳电池工程应用

锂一次电池是以金属锂或锂合金为负极的一次性电池。自20世纪90年代起，锂一次电池在我国开始逐步投入使用，广泛应用于工业产品、民用产品、军用产品和医疗产品等许多领域。近年来，随着锂一次电池技术进步和应用场景多样化的创新，以及物联网领域的发展，锂一次电池保持高速增长态势。根据Technavio报告，2020~2024年锂一次电池市场规模预计将以6.56%的复合增长率持续增长。根据MarketWatch的研究报告，2023年锂一次电池市场规模达到31.53亿美元，年复合增长率为4.3%。全球锂一次电池市场主包括锂亚硫酰氯电池，锂-二氧化锰电池，锂-二氧化硫电池和锂-氟化碳电池，其中锂-二氧化锰电池仍是目前全球市场用量最大、市场范围最广阔的锂一次电池。

随着工业智能化、军事装备信息化、智慧城市、万物互联、共享经济、大众健康以及人们生活智能化的快速发展，对高性能、超薄、超轻、更安全的电池产品的需求将是空前的。在现有商品化的锂一次电池产品中，锂-氟化碳电池在质量比能量、体积比能量、工作温度范围具有明显优势，在国民经济和军事领域都有广泛的应用前景。

7.1　在国民经济方面的应用

7.1.1　工业和智能化装置

一般情况下，工业和智能化装置需要的电池，大多选用可反复充电的电池，如锂离子电池或其他蓄电池等。但是，越智能化的装置，越需要程序指令和获取信息的储存安全、可靠，必须要有可靠的储备电源作为后备电源，以备不测。作为工业和智能化装置的后备电源，一般要求与主电源物理隔离，以免受到主电源和外界的干扰，存储寿命长、性能可靠，规格型号各异以适应各类装置的需求。这些要求也恰恰与先进的锂氟化碳电池的性能相吻合。

同时，工业和智能化装置的应用场景有许多处于恶劣的工作环境中，如用于石油、天然气或地质勘探过程的测井仪器电池，用于石油、天然气管道输送过程测量、监控仪器电池、海上浮漂、海下监控仪器电池、江河水文、环保监控仪器电池等等，而且高温、低温、冲击、震动等各类恶劣的条件可能同时具备，因此选用先进的锂氟化碳电池才是正确之道。

锂氟化碳电池是目前可产业化的最高比能量电池体系，随着锂氟化碳电池技术和制造工艺的逐步成熟，锂氟化碳电池已经开始在信息终端、采油作业、深海监控以及国防领域大量使用。根据使用设备对电池体积、外形、电性能以及环境适应性的具体要求，锂氟化碳电池可设计为不同外形规格，如圆柱形、软包方形、软包异形、纽扣式等（图7.1、图7.2）。

图7.1　不同规格圆柱形锂氟化碳电池

图7.2　不同规格软包方形锂氟化碳电池

7.1.2　医疗设备和医疗产品

医疗设备和医疗产品是现代医疗的重要诊断和治疗手段，是现代社会的重要福利设施，也是国家推行大健康产业的基本条件之一。如同先进的武器装备一样，先进的医疗设备和医疗产品，也需要先进的电池作为动力。

介入治疗的设备中，包括心脏起搏器、脑起搏器、心脏除颤器、迷走神经刺激器等，是目前治疗心脏疾病和癫痫疾病的重要器件。其中，心脏起搏器是一种植入体内的电子治疗仪器，通过脉冲发生器发放由电池提供能量的电脉冲，从而达到治疗由于某些心律失常所致的心脏功能障碍（图 7.3）[1]；迷走神经刺激器是一种用来辅助治疗药物难以治愈的癫痫和抑郁症的微型可植入式器件。这种植入体内的电子治疗仪器需要高比容量、高安全性、体积小、质量轻的电池提供电源，锂氟化碳电池的高比能量特性十分契合此类仪器的使用需求，在该领域也得到了广泛的应用，且市场需求保持快速增长。

胶囊内窥镜是一种类似胶囊形状的内窥镜，是用来检查人体肠道的医疗仪器。胶囊内窥镜通过食道进入人体，用于窥探人体肠胃和食道部位的疾病状况，帮助医生对病人进行诊断，它不仅克服传统检测方法难以检测到的盲区或死角，而且减轻了传统检测方法给受检者带来的痛苦。这种随着胶囊内窥镜进入人体的电池，同样要求高比容量、高安全性、体积小、质量轻。国内一家企业研发生产出多种规格型号、不同配比的锂氟化碳电池，其中 CR09060、XR09060、CR09080、XR09080 电池容量，具有 60mAh、80mAh、100mAh、120mAh 的不同容量的系列产品，以满足不同胶囊内窥镜功能的需求[2]。

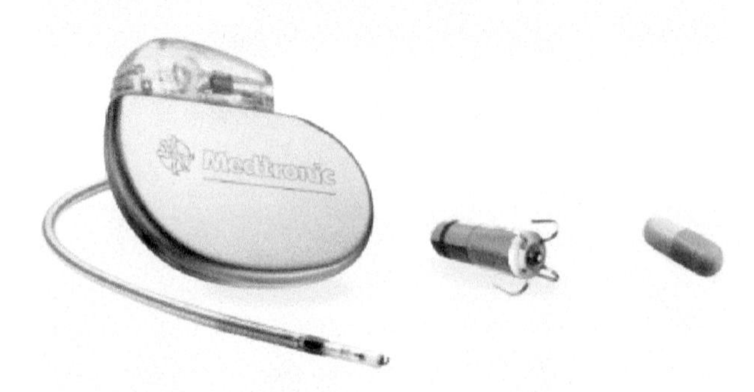

图 7.3　有线心脏起搏器与胶囊心脏起搏器[1]

7.1.3　消费领域

电子设备的电池寿命一直是影响使用体验的重大问题，锂离子电池目前在能量密度、长期免维护储存、宽温环境适应性等方面还存在一定的技术性问题，在很多对能量密度要求高、需要长期免维护使用、使用环境恶劣的场合很难满足使用要求。锂氟化碳电池具有非常高的能量密度，且非常低的自放电率，非常适合在电功率很小且不经常更换电池的场合，如电脑主板、智能传感器、健身腕表、汽车遥控器、智能胎压监控、高速 ETC 等装置上使用的纽扣电池（图 7.4），连续使用可达数年。

图7.4　不同规格纽扣式锂氟化碳电池[3]

7.1.4　其他领域

氟化碳材料兼具有很高的热稳定性和化学稳定性，高温600℃以内不分解，国内某研究所充分利用该特性，配合耐高温电解液及隔膜的开发，研制出了满足150℃温度环境下使用的高温型锂氟化碳电池，并成功应用在钻井装备的钻头上，达到了很好的应用效果（图7.5）。

图7.5　应用在钻井装备的钻头上的高温型锂氟化碳电池

但是，由于锂氟化碳电池还普遍存在电压平台低、倍率性能差、体积膨胀大和价格昂贵等问题，限制了其在民用和商用领域的应用。针对此，国内锂氟化碳电池研制单位联合上游氟化碳正极材料厂商从材料到电池设计与制备技术等方面开展了卓有成效的工作，已成功解决了小倍率放电模式下电池的膨胀问题，有效推动锂氟化碳电池的进一步推广应用。

7.2 在军事方面的应用

先进的武器装备需要配备先进的电池。现代化的军事对抗或实际战争虽然长时间比的是人心向背，但短时间比的却是武器装备的实力，先进的武器装备是取得战争胜负的关键。现代战争的主要特征表现在快速（反应）、立体（天上、空中、地面、海下）、隐蔽无人（或少人）。这就要求武器装备快速反应，通信信息及时准确，天上、空中和水下的航行器快速捕获或消灭“猎物”，地面的各类武器稳准狠的击中目标，这些都离不开性能可靠的电池作为保证[2]。

智能制导导弹、水下航行器、无人机、地面各类战车、背负若干武器装备战斗人员，迫切需要性能可靠、反应灵敏、质量轻巧电池产品作为其出敌制胜的法宝。虽然目前可反复充电的电池具有一定的经济优势，但是战备或实战需要的却是高比容量、高可靠性、提起就可以使用的电源，先进的锂氟化碳电池就是首选[2]。

目前，美国、德国等都把锂氟化碳电池体系的研究重点投注在军事应用方面。美国锂氟化碳电池正逐渐成为美国陆军的主导电池。美国 Contour Energy Systems 公司研制的 D 型锂氟化碳电池已经广泛应用于美军的通信设备、战场遥感图像设备等（图 7.6）。

美国 Eaglepicher 公司开发的 D 型纯锂氟化碳电池容量可达到 19Ah，比能量达到 710Wh/kg，并具有-35 ~ +90℃的宽温放电能力。其开发的锂氟化碳-二氧化锰混合软包电池，既有较高的比能量又有较好的功率特性，其中 3.5Ah 软包电池比能量可达到 376Wh/kg，具有 2C 连续放电，脉冲（5s）10C 放电能力，可以在-40 ~ +60℃工作。并且开发了用于单兵便携的柔性锂氟化碳电池组（图 7.7）。

德国 Varta 公司针对 BA5590 军用锂原电池组设计需求，研制 BR-20 型锂氟化碳电池单体，并通过 4 并 13 串结构组成 BA5590 电池组，图 7.8 为以锂氟化碳电池组为单兵作战系统动力源的现场演示，可以看出锂氟化碳电池的安全性获得广泛认可，并可降低士兵携带电源负荷质量的 80% 以上[4]。

图7.6　Contour Energy Systems 公司研制的圆柱形锂氟化碳电池

图7.7　美国 Eaglepicher 公司研制的锂氟化碳软包电池、圆柱电池及电池组

在国内，某单位采用国产氟化碳材料突破了抑制膨胀氟化碳电极技术、氟化碳电池体系多元高效协同自平衡技术，实现了锂氟化碳电池放电全过程无膨胀，开发出的一款40Ah 软包高比能锂氟化碳电池 BF9785162，其100h 率放电比能量达到850Wh/kg，该种电池已在多款水下装备上实现小批量应用，电池图片和放电曲线见图7.9和图7.10。

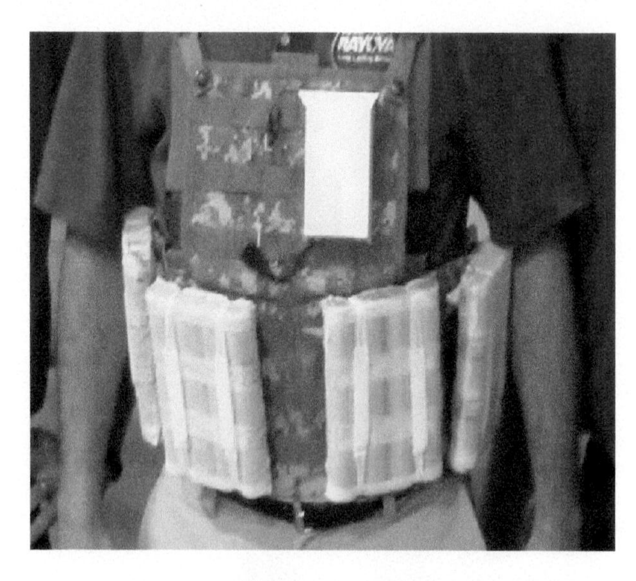

图 7.8　锂氟化碳电池组用于单兵作战系统动力源演示[4]

图 7.9　国内某单位研发的 BF9785162 软包锂氟化碳电池

国内某公司创新采用软包圆柱形单体电池设计以适应电池组外形，单体比能量达到 550Wh/kg；电池组外壳采用超轻、高强度凯夫拉材料，电池组比能量达到 365Wh/kg，同时具备−40℃环境下 0.1C 放电能力，产品外形见图 7.11。该型单兵便携式高比能锂氟化碳电池组已实现小批量列装。

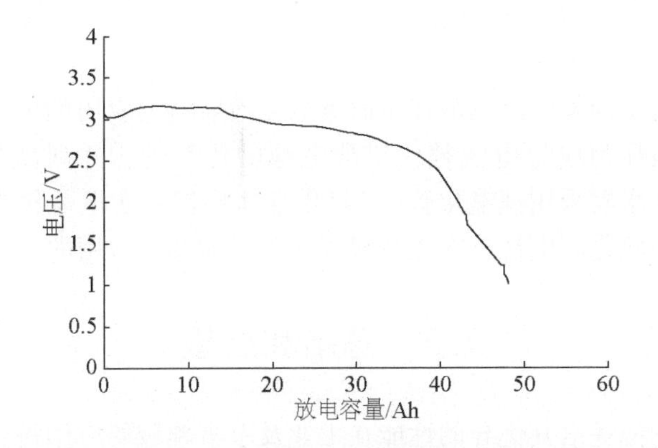

图7.10　国内某单位研发的BF9785162软包锂氟化碳电池100h率放电曲线

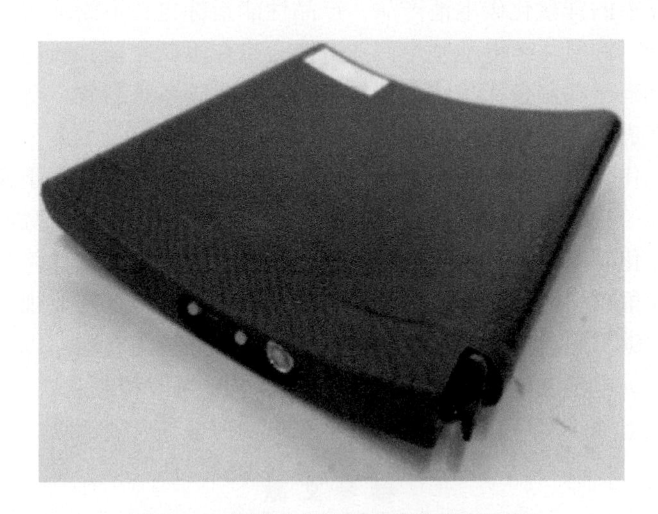

图7.11　便携式高比能锂氟化碳电池组

锂氟化碳电池除了在单兵作战方面的广泛需求外，还有望替代在导弹、运载火箭、鱼雷、长航时无人水下航行器（UUV）等领域应用广泛的锌银电池，以减小导弹、运载火箭上电源系统的体积和质量，有效增加投送质量。目前锂氟化碳电池在水下UUV、水面浮标等长航时装备领域已开始批量化的应用，并表现出优异的性能。

2020年7月23日，我国在文昌发射基地成功发射“天问一号”火星探测器也搭载了高比能锂氟化碳电池，实现了锂氟化碳电池在深空探测领域的首次应用。在此次飞行中，锂氟化碳电池技术首次应用在火星探测器进入舱中，其储电能力是锂离子电池的两倍，并实现了5kg的减重目标，极大满足了“天问一号”对于更轻装配重量，更高能量存储的需求。同时，新型电池的荷电保持能力极强，在轨长期储存能力长达 10 个月之久，为火星探测器成功着陆火星表面后的任务执行提供强劲动力[5]。

何巍巍分析了锂氟化碳电池在全海深载人潜航器上应用的可能性，说明了采用锂氟化碳电池作为应急电池替代铅酸电池的优越性，并列出了在“奋斗者”号全海深载人潜水器采用锂氟化碳-二氧化锰体系锂一次电池作为应急电池的实验数据，表明锂氟化碳电池首次在全海深载人潜航器上应用的成功案例[6]。

7.3　总结和展望

锂氟化碳电池凭借其优异的性能在工业及军事领域的应用得到快速拓展，国内外越来越多的科研院所和产业公司正在加强该领域的研发投入，不断开发出满足各种场景需求的锂氟化碳电池产品，产品性能指标也在不断取得突破。同时伴随着技术进步，锂氟化碳电池整个产业链能力也在不断完善，我国已实现了从碳源制备、氟化碳材料制备、单体电池制备到锂氟化碳系统制备全链条的自主可控能力，极大促进了锂氟化碳电池的国内应用推广。

目前，氟化碳电池的进一步发展仍面临以下挑战：首先是由于氟化碳材料碳氟键（C—F）的强共价性使得其导电性较差，以及放电过程产物对离子传输的影响等，锂氟化碳电池倍率性能较差，倍率放电过程产热严重并伴随膨胀，产热机理仍然存在争议，需进一步明确其动力学过程；其次，受产业规模及制备工艺的限制，氟化碳材料价格较高，现阶段的供应能力也较为有限。以上因素极大地限制了锂氟化碳电池的应用，相信随着研究的不断深入和产业规模的不断扩大，影响锂氟化碳电池推广应用的短板将有望在短期内得到有效解决。

参考文献

[1] 罗林，徐剑．贵州首例！全球最小胶囊起搏器成功植入八旬大爷心脏［OL］．2021.1.22. https://baijiahao.baidu.com/s? id=1656411235913124423.

[2] 汪以道．锂氟化碳在新能源领域应用的机遇与挑战［OL］．2022.5.15. https://wenku.so.com/d/23ac9421ce627229830a3fee7c8bb9be.

[3] 匿名用户．纽扣电池［OL］．https://vibaike.com/117360/? ivk_sa=1021577k.

[4] 吕殿君，祝树生，仇公望，等．锂-氟化碳电池的研究进展及应用分析［J］．电源技术，2018，42：147.

[5] 王硕．“天问一号”在轨飞行 200 余天，解密奔火路上的“黑科技”！［OL］．2021.2.10. https://baijiahao.baidu.com/s? id=1691318809219110212&wfr=spider&for=pc.

[6] 何巍巍，叶聪，张祥功，等．锂一次应急电池在全海深载人潜水器中的应用分析［J］．舰船科学技术，2022，44：180.

第8章　锂氟化碳电池技术发展方向

自20世纪70年代第一个Li/CF_x电池商业化以来，锂氟化碳电池已在植入式医疗器件、长时供电器件、三表系统电源方面得到广泛应用，近期在深空和深海探测等领域的快速发展进一步拓宽了其应用推广。上述需求不仅要求电源具备高的能量密度，还需要耐存储且具有宽的工作温度范围，锂/氟化碳（Li/CF_x）电池是目前最具应用潜力的体系，因为它不仅在一次电池中具有极高的能量密度（2190Wh/kg），还有长贮存寿命和耐高温的特点（400℃）[1]。2003年，Li/CF_x电池被用来为行星际飞船“隼鸟号”的地球返回舱供电，电池已经储存了12年，其中包括7年的空间飞行[2]，它的成功使用证实了锂氟化碳电池的可靠性；我国首个火星探测器“天问一号”在其着陆巡视器内部使用了一组锂氟化碳电池，2021年5月15日该电池成功完成了“进入—下降—着陆段”的供电任务，充分证明锂氟化碳电池在高比能量电源应用领域的领先优势；欧罗巴登陆器的设计计划中也认为Li/CF_x电池是最适合的电源。

目前，Li/CF_x电池的倍率性能和低温性能仍需要提高，其放电产热机理有待明晰，其放电电压也存在很大的开发潜力，CF_x材料的高成本和复杂的可控合成使大规模制造极具挑战性。为了进一步提高Li/CF_x电池的综合性能满足日益广泛的应用需求，需要全面了解Li/CF_x电池的工作机理、关键材料与电池性能的构效关系及电池中各个组件的特点和影响（图8.1），以便明确技术发展方向。

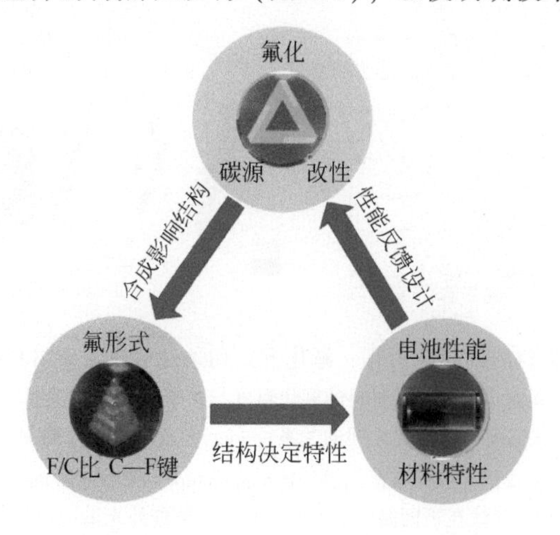

图8.1　氟化碳的制备—结构—性能之间的关系[3]

8.1 氟 化 碳

氟化碳（CF_x）是锂氟化碳电池的正极材料，CF_x是一种由多个氟化纳米畴组成的没有最小重复单元的碳衍生物，其结构主要受到碳材料的结构和氟化工艺的影响（图8.2）。碳材料不仅影响CF_x的骨架结构，还会影响氟化过程的难易，因此碳材料、氟化工艺和最终CF_x的结构之间有复杂的关系。从电池视角出发，以能量的维度构建氟化碳的制备-结构-性能关系是行之有效的方法，不同结构的碳材料能量不同，比如曲率大或缺陷多的碳在氟化时反应活性高，因此与完美的石墨相比，这些富缺陷的碳在较低的氟化温度下就可以形成较多的C—F键，既得到较高的F/C比。另外，氟化剂的扩散和C—F键的形成都是耗能过程，因此除了F/C比之外，C—F键的强度也与碳的结构和温度有关，形成高强度的共价C—F键需要碳材料由原本sp^2杂化的平面结构转变成褶皱的sp^3杂化，因此高温条件下合成的氟化碳导电性较差。

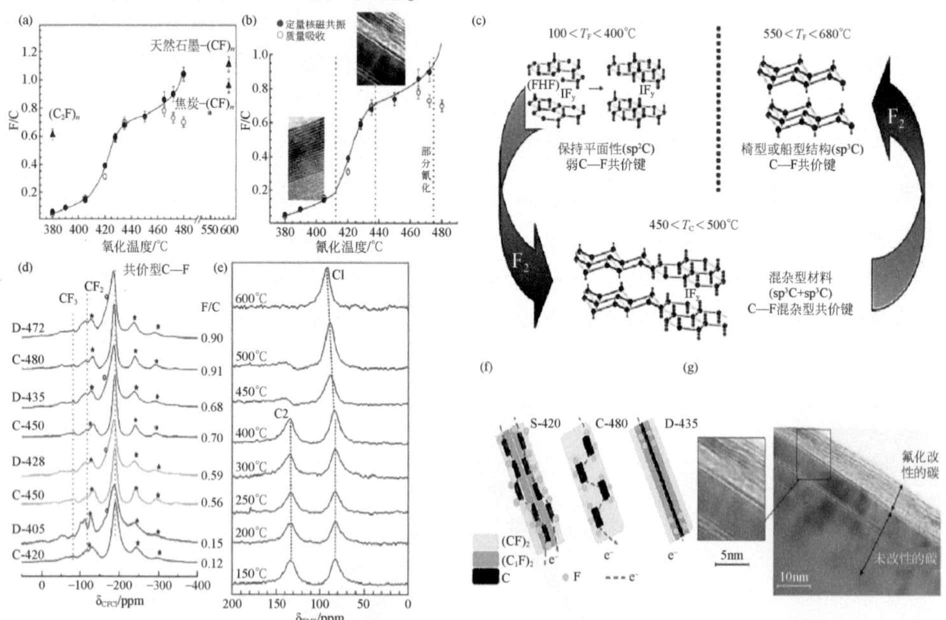

图8.2　氟化碳材料的氟化过程、氟化方式和条件对氟化碳材料结构的影响[3]

（a）通过氟气氟化天然石墨制成的氟化碳材料的氟化温度与氟碳比之间的关系；（b）通过氟化碳纳米纤维制成的氟化碳材料的氟化温度与氟碳比之间的关系；（c）催化氟化-F_2再氟化制备不同CF_x材料的结构；（d）氟化碳纤维的10kHz固体核磁共振光谱（D-temperature和C-temperature分别表示直接氟化温度和受控氟化温度；（e）使用F_2气体在不同温度下氟化层状石墨的红外光谱；（f）氟气氟化法中氟气进入碳晶格的氟形态和扩散途径示意图（D-435、S-420和D-480分别表示435℃的动态氟化、420℃的静态氟化和480℃的受控氟化）；（g）亚氟化纳米碳纤维的透射电镜图像（420℃）内壁完好，外壁氟化氟化碳对电池性能的影响主要体现在电池容量、放电电压、倍率性能等三个方面：

锂氟化碳电池容量主要与电化学活性 F 原子的数量成正比，同时与 CF_x 中 C—F 键的强度紧密相关，C—F 键（图 8.3）类型通常分为共价键、半离子键和离子键，C—F 强度依次减弱，通常较弱的 C—F 键更易于断裂，相应的电池法拉第效率更高，容量和能量输出更大；而强度高的共价型 C—F 键断裂稍微困难，容量和能量贡献较低；CF_2、CF_3 中键强更大的 C—F 共价键则更难断裂，难以贡献能量。

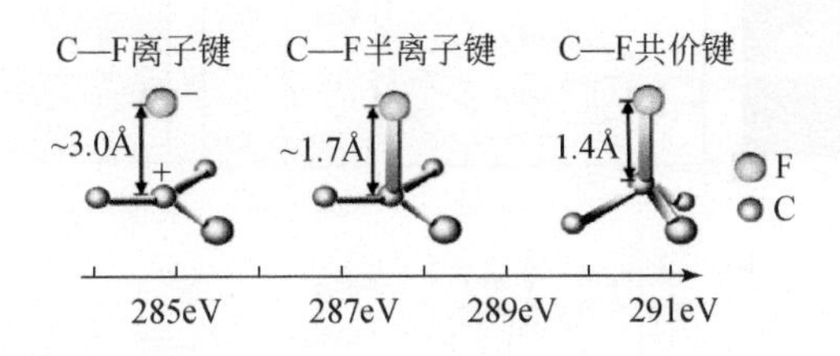

图 8.3　C—F 键的表征[3]

锂氟化碳电池放电电压与 C—F 键强度和材料导电性有关（图 8.4），从热力学定性推导可知 C—F 键强越大放电电位越低，而且共价型 C—F 键的形成导致其相应的碳骨架从 sp^2 杂化转变为 sp^3 杂化，导电性下降导致较大的极化，从而导致放电电压降低；根据热力学定律，电池的电势（E）通常接近开路电压（OCV），Li/CF_x（$x=1$）电池的理论电压应为 4.57V[4]，然而报道的 Li/CF_x 电池的 OCV 远低于 4.5V，Li/CF_x 电池的典型放电平台电压为 2.6V[5]，计算值与实验值之间的巨大差距表明 Li/CF_x 电池仍有很大的改进空间。

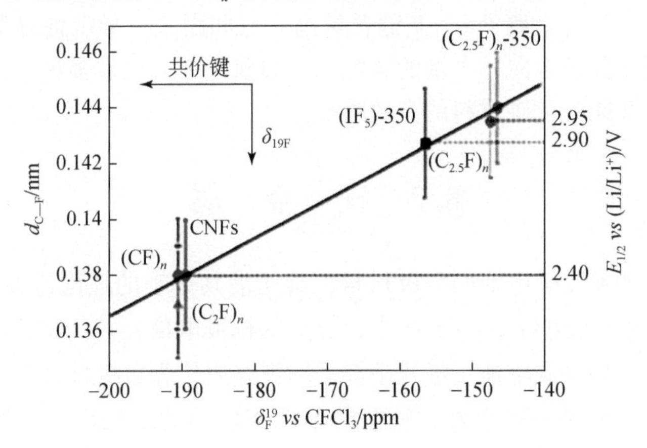

图 8.4　氟化碳电池放电电压和 C—F 键及其周围化学环境的关系[3]

电池倍率性能与 CF_x 的电子局域化有关（图 8.5），主要取决于氟化的纳米畴的环境，包括层内不同排布的 C—F 键和它们的层间排列，此外，层间距不仅影响电子电导率还影响离子电导率，扩大层间距有利于提高倍率性能。

与此同时，一系列氟化碳材料后处理改性技术得到应用，采用掺杂、辐射、包覆高导电性材料、纳米化和表面除氟等技术，可改变氟化碳材料 C—F 键键型、增强材料电导率、降低电池内阻，使锂氟化碳电池倍率特性得到提升。

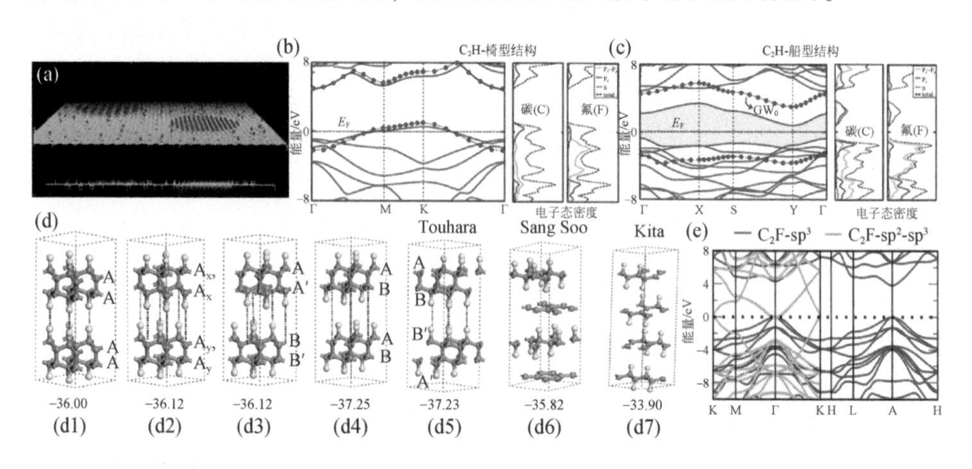

图 8.5 氟化碳材料不同氟形式的构成要素及其对导电性的影响[3]。（a）材料的 C—F 键分布示意图；（b）、（c）椅型和船型结构层状氟化碳（CF0.5）；（d）利用 DFT 计算优化的 CF0.5 晶体结构模型，灰色和青色的球体分别是碳原子和氟原子，结构下面的数字是 CF0.5 晶体相对于纯石墨和 F_2 分子的生成热（kcal/mol）；（e）通过计算得出的平衡状态下 CF0.5-sp^3（蓝色）和 CF0.5-sp^2-sp^3（橙色）的能带结构

综上所述，具有半离子 C—F 键含量高、层间距大、导电性好等特征的氟化碳材料是未来发展的方向，丰富的碳源、不同氟化方式以及多种改性方法的协同选择是通向高性能氟化碳材料的有效路径。

8.2 锂 金 属

锂金属是锂氟化碳电池的负极材料，其凭借其卓越的理论比容量（3.86Ah/g[1]）和最低的还原电位（-3.05V[1]，25℃的标准电位）成为构建高比能电池的理想负极，常见的一次电池负极几乎都采用锂金属作为负极材料[6]；但是锂金属在电解质中的热力学不稳定性、较差的柔性和较高的阻抗仍然是使用中存在的问题。

通过将锂金属与导电的柔性材料复合使其兼具有柔性、高导电和锂金属特有的锂源反应活性；通过设计3D结构或者改变锂金属自身形貌，改善锂金属的比表面积以及表面形貌，提升其电化学性能或赋予其特殊宏观结构。这些都是今后锂金属负极优化的主要方向[7]。

8.3　电　解　质

锂氟化碳电池中液体电解质与锂金属之间的兼容性对电池的储存性能至关重要，特别是当电解质中使用高DN溶剂时，问题尤为突出；通过特殊电解质来增强SEI被认为是一种有效的方法，常用手段是人工构建SEI和电解质原位构建SEI，从工程化应用的角度值得深入探究。

锂氟化碳电池中电解质不仅作为离子迁移的载体，根据溶剂化第三相的假设，液态电解质中的溶剂也会参与电化学反应，并且提供反应产物LiF的迁移环境，使其在材料表面聚集进而重结晶[8]，带来电导率下降和放热的问题；固态电解质则有利于形成颗粒较小的无定形氟化锂，放电后沉积在内表面，不会再结晶成覆盖颗粒表面的大晶体，原位电子衍射实验表明，放电后，无定形离散LiF颗粒均匀分布在整个碳基体中[9]，有效解决了上述难题（图8.6）。

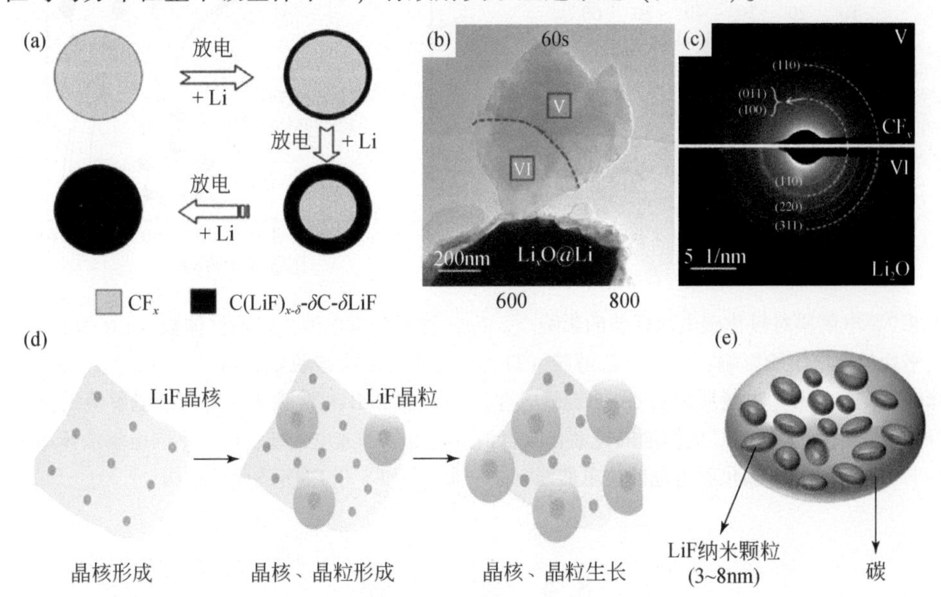

图8.6　氟化碳电池的放电机理：氟化锂的形成过程及液态、固态电解质的对比[3]。(a)“核-壳”结构模型的锂氟化碳电池的放电机理；(b) 锂化60s后的氟化碳材料原位透射电镜图；(c) 纯氟化碳放电前后选定区域电子衍射图；(d) 液态电解质的锂氟化碳电池中氟化锂晶核和晶粒的形成和生长示意图；(e) LiF在放电后的全固态锂氟化碳电池中的形态和分布示意图

尽管 LiF 是 SEI 膜中有益的成分，作为放电产物，氟化碳电池中 LiF 的量远远超过了 SEI 形成需要的量，因此氟化碳电池中的 LiF 是弊大于利的；然而，目前通过氟化碳材料的设计和处理无法解决这个问题，因此很多电解质的研究围绕着溶解 LiF[10]或者影响 LiF 的形成和形貌进行；除此之外，部分电解质能够通过影响 C—F 键提高电池动力学，如有的溶剂能够削弱 C—F 键[11]，从而提高电池放电电压；还有的电解质能够自己参与放电反应[12]，进一步提高电池能量，具有以上功能的电解液称为多功能电解液，是未来氟化碳电池电解质开发的重要方向之一（图 8.7）。

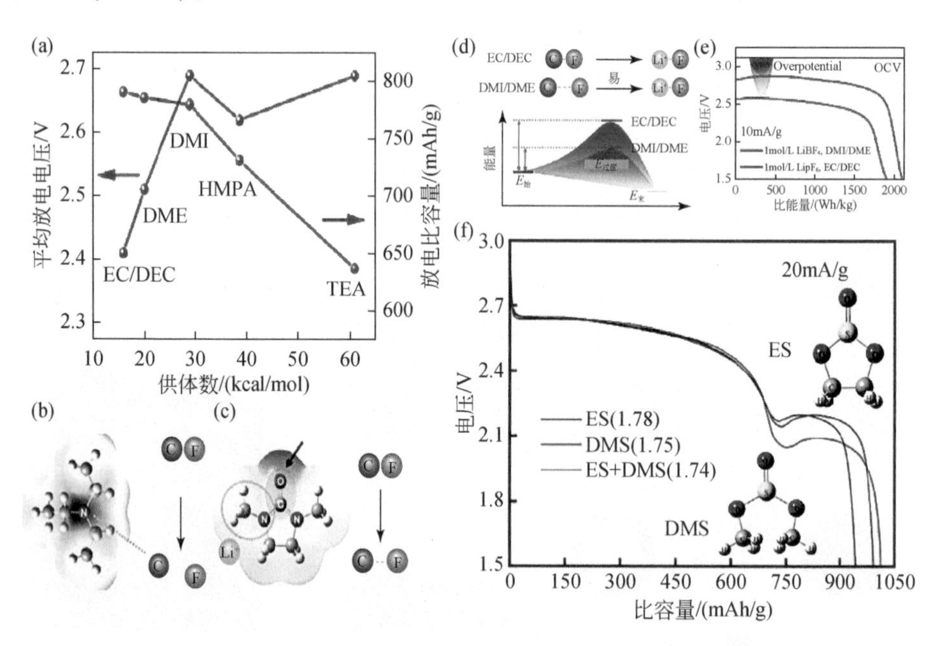

图 8.7　电解质对氟化碳电池性能的影响[3]。(a) 锂氟化碳电池中溶剂供体数（DN 值）对相应平均放电电压的影响；(b) 三乙醇胺（TEA）诱导的氟化碳脱氟；(c) 含 1，3-二甲基-2-咪唑啉酮（DMI）电解质削弱 C—F 键的机理；(d) 含 DMI 和含碳酸盐溶剂的电解液的能垒；(e) 含 DMI 和 EC/DEC 电解液的锂氟化碳电池的过电位和放电曲线；(f) 不同电解液体系下锂氟化碳电池的放电曲线，图中显示了 ES 和 DMS 的分子结构

8.4　隔　　膜

传统锂氟化碳电池使用的隔膜为常规锂电池隔膜，其特点为：具有电子绝缘性，保证正负极的机械隔离；有一定的孔径和孔隙率，保证高的离子电导率，对锂离子有很好的透过性；由于电解质的溶剂为强极性的有机化合物，隔膜必须耐

电解液腐蚀，有足够的化学和电化学稳定性；对电解液的浸润性好并具有足够的吸液保湿能力；具有足够的力学性能，包括穿刺强度、拉伸强度等；平整性好；热稳定性和自动关断保护性能好。

由于锂氟化碳电池放电温升高，目前使用的聚乙烯（PE）、聚丙烯（PP）及其双层复合材料（PE/PP）和三层（PP/PE/PP），这些隔膜熔点在150℃以内，故而热稳定性略有不足；聚酰亚胺（PI）是一种新型绝缘材料，由于其优异的化学和热力学稳定性（耐温530℃），已应用于各个领域；PI几乎满足了锂氟化碳隔膜的所有要求，是锂氟化碳电池的优选隔膜类型，应加大实用化开发力度。

8.5　集　流　体

传统锂氟化碳电池采用常规锂离子电池使用的铝箔为集流体，由于氟化碳材料比表面积大，溶剂浸润性差，导致氟化碳电极内阻大，影响电池能量和功率发挥。

用功能涂层对电池导电基材进行表面处理是一项突破性的技术创新，涂碳铝箔就是将分散好的纳米导电石墨和碳包覆颗粒，均匀、细腻地涂布在铝箔上。它能提供极佳的静态导电性能，收集活性物质的微电流，从而可以大幅度降低正极材料和集流之间的接触电阻，并能提高两者之间的附着能力，可减少黏结剂的使用量，进而使电池的整体性能产生显著的提升。

涂碳铝箔的使用可以有效弱化氟化碳材料导电性差、黏附性差的缺陷，实验数据显示在5Ah-18650电池中使用涂碳铝箔电极黏附力可以提升220%（相同配方）、黏结剂可以由5%降低到3%（相同剥离强度）、0.1C放电平台可以提升0.15V；涂碳铝箔是锂氟化碳电池的首选正极集流基材。

8.6　成型工艺（干法电极）

氟化碳正极材料具有的高比表面积（>300m^2/g）、密度低（<1.5g/cm^3）、溶剂浸润性能差等特性，干法电极工艺与氟化碳材料特性高度契合。

电池传统制造工艺为湿法电极工艺，传统的湿法涂布工艺由于浆料固含量和溶剂蒸发的原因，限定在一定正极厚度范围内，研制高能量密度的锂氟化碳电池需要开发厚度较大的电极，因此需要对电极成型工艺技术进行改进。

由于湿法电极工艺使用了溶剂，与黏结剂形成黏结剂层，氟化碳整个颗粒被黏结剂层包围，阻碍了氟化碳颗粒之间以及与导电剂颗粒间的接触，电极导电性差，而且电极中残留的溶剂会与电解质发生副反应，导致性能下降，如容量降低、产生气体、储存寿命衰减等。而干法电极工艺特点是工艺过程简单、电极更厚、无溶剂化；由于过程中不使用溶剂，黏结剂是以纤维状态存在，氟化碳颗粒之间以及与导电剂颗粒接触更为紧密，电极密度大、导电性好、容量高；另外，干法工艺生产的电极在高温电解质存在下的黏聚力和附着力性能更好；干法电极韧性好，密度大，容量发挥高，氟化碳不易脱落，储存寿命长，这种特性助力了超高能量密度电极的制造（表 8.1）。

表 8.1　干法电极与湿法电极比较

项目	干法电极	湿法电极
材料适配性	高比表、低密度	低比表、高密度
电极厚度	厚电极 1mm、牢固	电极厚度<0.5mm、分层
活性物质	占比高	占比低
压实密度	高压实，低孔隙，高电导率	孔隙率高，辊压裙边
贮存性能	长（无助剂）	短（助剂引入杂质）
机械性能	柔软，高黏结强度，耐颠簸服役	易脆断，黏结性较差，易剥离
黏结剂	线型，确保良好的浸润通道	球粒，容易堵塞浸润通道

高速纤维化 PTFE 与超高精度热辊压结合的干法电极制造工艺流程如图 8.8 所示。

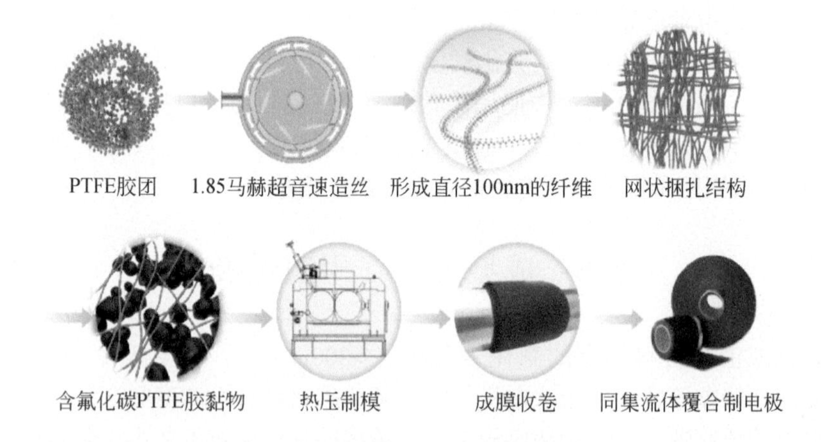

图 8.8　干法电极制造工艺流程图

干法电极工艺的核心技术是电极配方和成膜的挤压技术与设备（图 8.9）。使用少量（3%~5%）细粉状 PTFE 粉末作为黏结剂，使涂层能够自支撑成膜、收卷至关重要。

图8.9　干法电极核心工艺设备

经计算干法电极比湿法电极工艺锂氟化碳电池比能量可提升10%，工程化1000Wh/kg锂氟化碳电池值得期待。目标可喜，但大量细致的工作需要稳步开展，由于氟化碳材料性状各异，定制化的干法电极工艺是锂氟化碳电池从业者面临的挑战。

8.7　复合正极

CF_x材料的主要固有缺点是导电性低，针对提高材料倍率性能的需求，采用复合正极策略是改善材料放电性能的重要途径。通过将具有良好倍率性能或较高放电电压的第二相正极活性材料与氟化碳复合，如MnO_2、LiV_3O_8、$Ag_2V_4O_{11}$、单质S等，由于第二相正极材料初始放电电势高，将在电池工作时优先放电，在电池放电初期表现出第二相正极材料的放电行为，避免了放电初期电压滞后的现象。

8.8　放电产热

放电过程中的发热是Li/CF_x电池的一个重要缺点。美国国家航空航天局研究了D型Li/CF_x电池的热能和电能的能量分配，并确认了55：45的分配比例[13]，热的产生浪费了能源，并且由于温度的迅速升高会引起了安全问题[14]。Li/CF_x电池的热建模还没有系统的研究。通常，热量的产生是由于CF_x材料的导电性差，从而导致极化，并在放电时促进热量的产生。Li/CF_x电池的产热机制是复杂的，通常具有高电阻的材料主要产生焦耳热；然而，相关研究显示焦耳热仅占

Li/CF_x电池总热输出的1%[15]，这表明是其他过程产生了热量。从整个电化学过程来看，LiF在热生成中起着至关重要的作用。无论LiF的形成是否涉及中间相，低温再结晶是一个放热过程；此外，当CF_x表面被LiF饱和时，CF_x的内阻增加，产生焦耳热；Read等利用LiF晶体生长引起的表面能变化计算出再结晶热，LiF的再结晶热为1.5Wh[16]。LiF还可以通过饱和CF_x颗粒表面，阻止Li^+离子扩散来产生热量，这导致CF_x的内阻增加，在放电时产生热量；除此以外的其他过程，如去除F后CF_x骨架结构的变化也会产生热量，Fan等进行了第一性原理计算，并证明CF_x骨架的松弛可以释放能量来加热电池并降低了放电容量[17]；高性能Li/CF_x电池的发展需要发展其优势并优化其弱点。近年来，研究人员致力于阐明Li/CF_x电池的发热机理，并试图建立一种防止Li/CF_x电池发热的发热模型，因此，应该进行持续且系统的研究，以确定所有产生热量的过程，这是未来锂氟化碳电池研究的重中之重，是确保锂氟化碳电池的安全运行和高功率密度输出的关键，同时通过Li/CF_x电池的放电电压高低直观的预判电池的产热趋势，可以简化氟化碳材料产热评测（图8.10）。

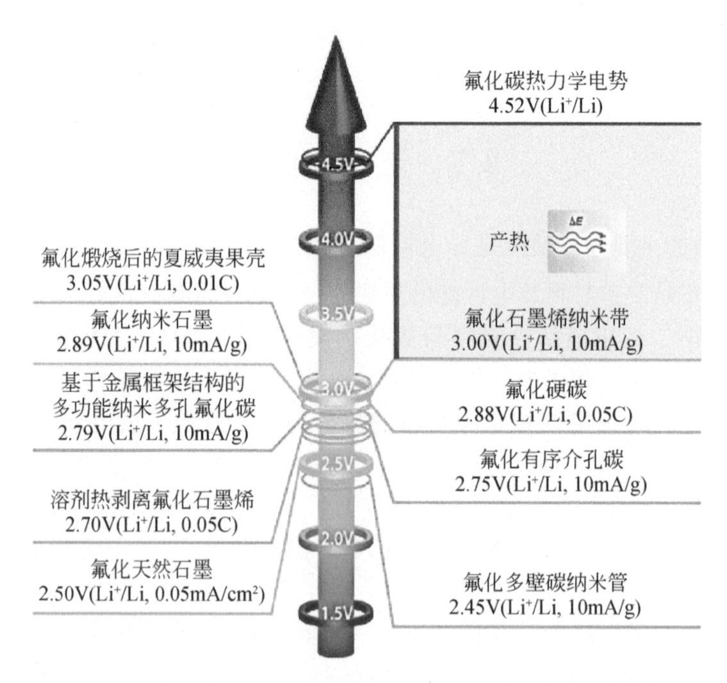

图8.10　氟化碳电池的性能特点和电极结构设计对性能的影响[3]

8.9　可逆锂氟化碳电池的探索

锂氟化碳电池具有非常高的理论容量（865mAh/g），如果作为二次电池正极能够解决目前二次电池正极材料理论容量低、正极质量占比大的问题，因此可逆氟化碳电池是非常有吸引力的研究方向（图 8.11）。目前最大的困难是生成的 LiF 难以还原（LiF 解离能 6.1eV[18]），仅有理论计算表明通过抑制中间相 LiCF 的分解可以实现理想的可逆，然而实验中 LiF 的生成几乎是与放电同步的，因此目前可逆研究的第二次放电行为都明显区别于首次放电，尤其是当充电电压低于 3.0V 时，第二次放电电位低于 0.5V。提高充电电压是一个可能的方向，当电压窗口在 0.5～4.8V 时，电池在 1.0V 和 4.3V 左右分别出现可逆的放电和充电平台，这是基于新的放电机理。

首次放电：

阶段 1：$CF+Li^{+}+e^{-}\longrightarrow LiF+C$（开路电压 1.5V）

阶段 2：$LiF+C+xLi^{+}+xe^{-}\longrightarrow Li_{1+x}FC$（1.5～0.5V）

首次充电：

$Li_{1+x}FC\longrightarrow LiF+C+xLi^{+}+xe^{-}$（0.5～4.8V）

后续循环：

$LiF+C+xLi^{+}+xe^{-}\longrightarrow Li_{1+x}FC$（0.5～4.8V）

综上所述[19-21]，目前的可逆研究仍有很长的路要走，随着对电解质和氟化碳材料研究的深入，锂氟化碳电池的可逆也充满希望。

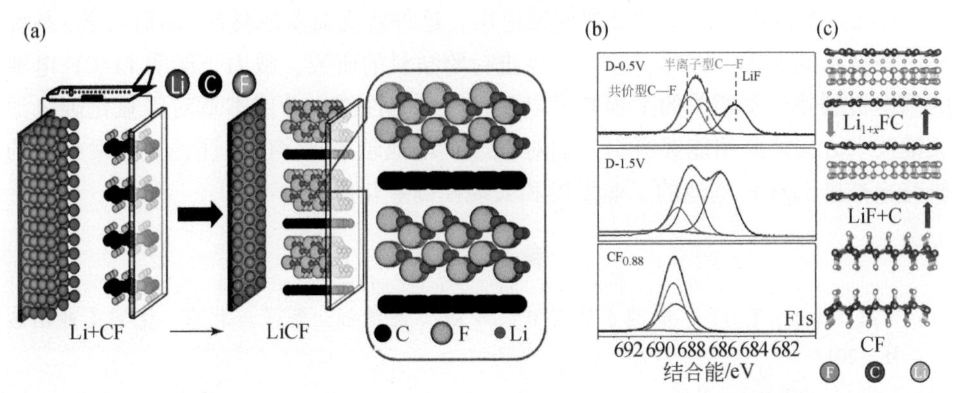

图 8.11　可逆氟化碳电池的研究：最新的机理和性能展示[3]。（a）锂氟化碳电池反应机理和 LiCF 三元化合物结构示意图；（b）高分辨率氟化石墨（CF0.88）的 X 射线光电子能谱图，D-电压表示放电的截止电压；（c）氟化碳作为可循环锂离子电池正极的反应机理示意图

8.10 总结和展望

锂氟化碳（Li/CF）电池开路电压为3.2～3.8V，工作电压约为1.5～3.2V，在小型金属壳体电池中，其实际比能量达到400Wh/kg和635Wh/L；在大型塑料/复合壳体电池（铝塑膜软包装电池）中，其实际比能量为820Wh/kg和1180Wh/L[1]，大型电池中的体系能量密度表现已达到其理论比能量2190Wh/kg，能量密度优于其他固体正极电池体系，展现出其在能量型一次电池领域的领先地位。

锂氟化碳电池是非常值得继续开发的体系，这不仅是因为它作为一次电池具有突出的性能，能够在航天航空、军事装备和植入式医疗器件中发挥作用，还因为它展现出作为二次电池的潜力，这将对二次电池正极开发带来新的思路和解决方案。目前，氟化碳电池的进一步发展仍面临以下几个挑战：首先，LiF的形成机理仍然存在争议，明确的动力学过程对指导氟化碳材料的设计非常重要；其次，氟形式作为氟化碳材料结构最精确的描述方法，由于缺乏对应的表征手段而在实际研究中应用较少；再次，针对锂氟化碳电池的电解质开发应该同步加速进行，尤其是具有氟化锂溶解、弱化C—F键和本身能提供能量的多功能电解液会极大提高锂氟化碳电池的性能；此外，可逆的锂氟化碳电池有两个可能的方向，一个是防止LiF的形成，这需要理论计算确认能否抑制LiF生成，什么样的条件下才能做到，另一个是开发耐高压的固态电解质，利用固态电解质抑制LiF的团聚和重结晶，同时提高充电电压。

Li/CF_x电池正在逐步过渡到规模应用，这种转变需要原材料-制造工艺-系统集成等技术的支撑，因此，应该积极进行跨学科的研究，致力于阐明Li/CF_x电池的基本机制并开发相关的工程技术以改善电池的性能。希望本章对锂氟化碳电池关键技术方向的介绍能够吸引人们对Li/CF_x电池越来越多的关注，并激发相关的研究来推进Li/CF_x电池的工业发展和大规模商业化应用。

参考文献

[1] 雷迪（Reddy T B）. 电池手册［M］.4版. 汪继强，等译. 北京：化学工业出版社，2013.

[2] Y Sone, S Tahara, T Shimizu, et al, Performance of Li-CF_x cells installed in earth Re-entry capsule of interplanetary spacecraft ‘HAYABUSA’［J］. Electro-Chemistry, 2021, 89: 606-612.

[3] Zhang S, Kong L, Li Y, et al. Fundamentals of Li/CF_x battery design and application［J］. Energy & Environmental Science, 2023, 16 (5): 1907.

[4] Nakajima T. Lithium-graphite fluoride battery—history and fundamentals. new fluorinated carbons: fundamentals and applications [M]. Amsterdam: Elsevier, 2017: 305.

[5] A Lewandowski, P Jakobczyk. Kinetics of Na/CF_x and Li/CF_x systems [J]. Solid State Electro-Chem, 2016, 20: 3367-3373.

[6] An H, Li Y, Long P, et al. Hydrothermal preparation of fluorinated graphene hydrogel for high-performance supercapacitors [J]. Journal of Power Sources, 2016, 312: 146.

[7] Min C, He Z, Song H, et al. Fluorinated graphene oxide nanosheet: a highly efficient water-based lubricated additive [J]. Tribology International, 2019, 140: 105867.

[8] Zhong G, Chen H, Cheng Y, et al. Insights into the lithiation mechanism of CF_x by a joint high-resolution ^{19}F NMR, *in situ* TEM and ^{7}Li NMR approach [J]. Journal of Materials Chemistry A, 2019, 7 (34): 19793.

[9] Ding Z, Yang C, Zou J, et al. Reaction mechanism and structural evolution of fluorographite cathodes in solid-state K/Na/Li batteries [J]. Advanced Materials, 2021, 33 (3): 2006118.

[10] Li Q, Xue W, Sun X, et al. Gaseous electrolyte additive BF_3 for high-power Li/CF_x primary batteries [J]. Energy Storage Materials, 2021, 38: 482.

[11] A Fu, Y Xiao, J Jian, et al. Boosting the energy density of Li || CF_x primary batteries using a 1, 3-dimethyl-2-imidazolidinone-based electrolyte [J]. ACS Appl. Mater. Interfaces, 2021, 13: 57470-57480.

[12] Yang X X, Zhang G J, Bai B S, et al. Fluorinated graphite nanosheets for ultrahigh-capacity lithium primary batteries [J]. Rare Metals, 2021, 40: 1708.

[13] K Billings, K Bugga, K Chin, et al. Li/CF_x cell development and testing for deep space [C]. Interagency Advanced Power Group (IAPG) Chemical Working Group (CWG) Safety Panel Meeting. California: Pasadena, 2019-2-13.

[14] Kong L, Li Y, Feng W. Strategies to solve lithium battery thermal runaway: from mechanism to modification [J]. Electrochemical Energy Reviews, 2021, 4 (4): 633.

[15] J Read, D Foster, J Wolfenstine et al, Microcalorimetry of Li/CF_x cells and discharge mechanism [J]. Proc. Power Sources Conf., 2008, 43 (1): 549-552.

[16] Read J, Collins E, Piekarski B, et al. LiF formation and cathode swelling in the Li/CF_x battery [J]. Journal of The Electrochemical Society, 2011, 158 (5): A504.

[17] R Fan, B Yang, Z Li, et al, First-principles study of the adsorption behaviors of Li atoms and LiF on the CF_x (x = 1.0, 0.9, 0.8, 0.5, ~0.0) surface [J]. RSC Adv., 2020, 10: 31881-31888.

[18] Wang J, Sun M, Liu Y, et al. Unraveling nanoscale electrochemical dynamics of graphite fluoride by *in situ* electron microscopy: key difference between lithiation and sodiation [J]. Journal of Materials Chemistry A, 2020, 8 (12): 6105.

[19] R Yazami, A Hamwi. A reversible electrode based on graphite fluoride prepared at room temperature for lithium intercalation [J]. Solid State Ionics, 1990, 40-41: 982-984.

[20] Zhan L, Yang S, Wang Y, et al. Fabrication of fully fluorinated graphene nanosheets towards

high-performance lithium storage [J]. Advanced Materials Interfaces, 2014, 1 (4): 1300149.
[21] Chen P, Jiang C, Jiang J, et al. Fluorinated carbons as rechargeable Li-ion battery cathodes in the voltage window of 0.5 ~ 4.8V [J]. ACS Applied Materials & Interfaces, 2021, 13 (26): 30576.